AF542109

Johannes Henneberg

# Blechmassivumformung von Funktionsbauteilen aus Bandmaterial

## FAU Studien aus dem Maschinenbau

## Band 405

Herausgeber/-innen:

Prof. Dr.-Ing. Jörg Franke
Prof. Dr.-Ing. Nico Hanenkamp
Prof. Dr.-Ing. habil. Tino Hausotte
Prof. Dr.-Ing. habil. Marion Merklein
Prof. Dr.-Ing. Sebastian Müller
Prof. Dr.-Ing. Michael Schmidt
Prof. Dr.-Ing. Sandro Wartzack

Johannes Henneberg

# Blechmassivumformung von Funktionsbauteilen aus Bandmaterial

**Dissertation aus dem Lehrstuhl für Fertigungstechnologie (LFT)**
**Prof. Dr.-Ing. habil. Marion Merklein**

Erlangen
FAU University Press
2022

Bibliografische Information der Deutschen Nationalbibliothek:
Die Deutsche Nationalbibliothek verzeichnet diese Publikation in der Deutschen Nationalbibliografie; detaillierte bibliografische Daten sind im Internet über http://dnb.d-nb.de abrufbar.

Bitte zitieren als
Henneberg, Johannes. 2022. *Blechmassivumformung von Funktionsbauteilen aus Bandmaterial.* FAU Studien aus dem Maschinenbau Band 405. Erlangen: FAU University Press. DOI: 10.25593/978-3-96147-580-3.

Das Werk, einschließlich seiner Teile, ist urheberrechtlich geschützt.
Die Rechte an allen Inhalten liegen bei ihren jeweiligen Autoren.
Sie sind nutzbar unter der Creative-Commons-Lizenz BY-NC.

Der vollständige Inhalt des Buchs ist als PDF über den OPUS-Server der Friedrich-Alexander-Universität Erlangen-Nürnberg abrufbar:
https://opus4.kobv.de/opus4-fau/home

Verlag und Auslieferung:
FAU University Press, Universitätsstraße 4, 91054 Erlangen

Druck: docupoint GmbH

ISBN: 978-3-96147-579-7 (Druckausgabe)
eISBN: 978-3-96147-580-3 (Online-Ausgabe)
ISSN: 2625-9974
DOI: 10.25593/978-3-96147-580-3

# Blechmassivumformung von Funktionsbauteilen aus Bandmaterial

Der Technischen Fakultät
der Friedrich-Alexander-Universität
Erlangen-Nürnberg

zur
Erlangung des Doktorgrades Dr.-Ing.

vorgelegt von

Johannes Henneberg, M.Sc.

aus Bühl

Als Dissertation genehmigt
von der Technischen Fakultät
der Friedrich-Alexander-Universität Erlangen-Nürnberg

Tag der mündlichen
Prüfung: 18.07.2022

Gutachter: Prof. Dr.-Ing. habil. Marion Merklein
Prof. Dr.-Ing. Stephan Tremmel,
Universität Bayreuth
Prof. Dr.-Ing. Sandro Wartzack

# Vorwort

Die vorliegende Dissertation entstand im Rahmen meiner Tätigkeit als wissenschaftlicher Mitarbeiter am Lehrstuhl für Fertigungstechnologie der Friedrich-Alexander-Universität Erlangen-Nürnberg. Wesentliche Erkenntnisse der Arbeit wurden in den von der Deutschen Forschungsgemeinschaft geförderten Projekten „Konstitutives Reibgesetz zur Beschreibung und Optimierung von Tailored Surfaces TR73 C1" sowie „Grundlegende Untersuchungen zur Herstellung von Funktionsbauteilen vom Band" erarbeitet.

Mein besonderer Dank gilt der Ordinaria des Lehrstuhls für Fertigungstechnologie, Prof. Dr.-Ing. habil. Marion Merklein, für die intensive wissenschaftliche Betreuung meiner Forschung und das entgegengebrachte Vertrauen. Prof. Dr.-Ing. Sandro Wartzack danke ich für die Übernahme des zweiten Fachgutachtens. Prof. Dr.-Ing. Stephan Tremmel danke ich für das dritte Fachgutachten sowie die angenehme und erfolgreiche Zusammenarbeit im Rahmen des SPP1676. Für ihr Mitwirken an meinem Promotionsverfahren als Prüfungsvorsitzender sowie fachfremder Gutachter möchte ich mich bei Prof. Dr.-Ing. habil. Dipl.-Inf. Hinnerk Hagenah sowie PD Dr.-Ing. Heinz Werner Höppel bedanken.

Zudem danke ich sämtlichen Kollegen des Lehrstuhls für Fertigungstechnologie für die produktive und erfolgreiche Zusammenarbeit. Mein Dank gilt auch den Mitarbeiten aus der Buchhaltung, dem Sekretariat, der Systemadministration, dem technischen Bereich sowie den Studierenden für ihre Unterstützung.

Für die fachliche Diskussion der Arbeit sowie die außergewöhnlich wertvolle Unterstützung danke ich Martin Killmann. Zudem gilt Alexander Horn, Christoph Kiener, Jennifer Tenner, Stephan Schirdewahn, Patrik Schwingenschlögl, Florian Pilz, Manuel Reck, Andreas Rohrmoser, Andreas Jobst und Alina Biallas mein Dank für die vertrauensvolle und angenehme Zusammenarbeit.

Letztlich gilt mein besonderer Dank meinen Eltern, meinen Brüdern und meinen Freunden, die mich stets unterstützen und somit zum erfolgreichen Anfertigen meiner Dissertation beigetragen haben.

Erlangen, im Juli 2022 Johannes Henneberg

# Inhaltsverzeichnis


**Formelzeichen- und Abkürzungsverzeichnis** ..... vii

1 **Einleitung** ..... 1

2 **Stand der Technik und Forschung** ..... 3

2.1 Blechmassivumformung ..... 3

2.1.1 Bauteile der Blechmassivumformung ..... 4

2.1.2 Klassifikation der Blechmassivumformung ..... 5

2.1.3 Herausforderungen der Blechmassivumformung ..... 5

2.2 Bauteilfertigung vom Band ..... 7

2.3 Maßnahmen zur Stoffflusssteuerung in der Kaltumformung ..... 9

2.3.1 Stoffflusssteuerung in der Blechumformung ..... 10

2.3.2 Stoffflusssteuerung in der Massivumformung ..... 13

2.3.3 Stoffflusssteuerung in der Blechmassivumformung ..... 16

2.4 Zusammenfassende Bewertung ..... 19

3 **Zielsetzung und Vorgehensweise** ..... 23

4 **Angewandte Werkstoffe, Oberflächenmodifikationen, Analysemethoden und Versuche** ..... 27

4.1 Eingesetzte Werkstoffe und Schmierstoff ..... 27

4.2 Werkzeugseitige Oberflächenmodifikationen ..... 30

4.3 Verfahren zur Charakterisierung der Bauteil- und Werkzeugeigenschaften ..... 32

4.4 Versuchsstand ..... 34

4.5 Eingesetzte Simulationssoftware ..... 35

5 **Prozessanalyse** ..... 37

5.1 Prozessauslegung ..... 37

5.1.1 Prozessanforderungen ..... 37

5.1.2 Prozessaufbau ..... 38

5.2 Analyse der Bauteilausformung ..... 44

5.2.1 Einfluss der Halbzeuggeometrie auf die Bauteilausformung im Einzelhub ..... 45

5.2.2 Einfluss der Fertigung mehrerer Werkstücke von einem Halbzeug auf die Bauteilausformung ..... 51

5.2.3 Ableitung werkstückseitiger Herausforderungen ..... 58

5.3 Numerische Abbildung ........ 59
5.4 Analyse des Werkzeugbeanspruchungszustandes ........ 65
5.5 Analyse des Einflusses der Halbzeugeigenschaften ........ 71
5.5.1 Werkstückwerkstoff ........ 71
5.5.2 Ausgangsblechdicke ........ 75

**6 Maßnahmen zur Stoffflusssteuerung ........ 83**

6.1 Numerische Analyse stoffflusssteuernder Maßnahmen ........ 84
6.1.1 Adaption der Bandbreite als werkstückseitige Maßnahme ........ 84
6.1.2 Adaption der Vorschubweite als prozessseitige Maßnahme ........ 91
6.1.3 Lokale Adaption der Reibung als werkzeugseitige Maßnahme ........ 100
6.1.4 Adaption der Stempelgeometrie als werkzeugseitige Maßnahme ........ 106
6.2 Experimentelle Verifizierung der Wirksamkeit stoffflusssteuernder Maßnahmen ........ 112
6.2.1 Anpassung der Bandbreite im Experiment als werkstückseitige Maßnahme zur Stoffflusssteuerung ........ 112
6.2.2 Anpassung der Vorschubweite im Experiment als prozessseitige Maßnahme zur Stoffflusssteuerung ........ 115
6.2.3 Anpassung der Reibung durch Modifikation der Werkzeugoberfläche im Experiment als werkzeugseitige Maßnahme zur Stoffflusssteuerung ........ 118

**7 Verschleißbedingte Veränderungen der Wirksamkeit stoffflusssteuernder Maßnahmen ........ 123**

7.1 Analyse des umformungsbedingten Verschleißes der Werkzeugoberflächen ........ 123
7.2 Analyse der Auswirkungen des Verschleißes auf die Bauteilmaßhaltigkeit ........ 133

**8 Wissenschaftliche Bewertung der Ergebnisse ........ 139**

8.1 Ableitung eines Verständnisses für das Fließpressen von Bauteilen vom Band ........ 139
8.2 Bereitstellung und Bewertung von Maßnahmen zur Erweiterung der Prozessgrenzen beim Fließpressen von Kavitäten und Zapfen ........ 144

**9 Zusammenfassung und Ausblick ........ 153**

**10 Summary and outlook ........ 155**

**11 Literaturverzeichnis ........ 157**

# Formelzeichen- und Abkürzungsverzeichnis

| *Symbol* | *Einheit* | *Beschreibung* |
|---|---|---|
| $a_e$ | mm | Radiale Eingriffsbreite des Fräsers |
| b | mm | Bandbreite |
| fz | mm | Zahnvorschub |
| $h_{Zapfen}$ | mm | Zapfenhöhe |
| $h_{Zapfen\ o.\ Rbd.}$ | mm | Zapfenhöhe abzüglich der Restblechdicke |
| m | - | Reibfaktor |
| n | 1/min | Spindeldrehzahl des Fräsers |
| $n_{Knoten}$ | - | Anzahl an ausgewerteten Knoten |
| $n_{Proben}$ | - | Anzahl an Proben |
| $n_{Werkstücke}$ | - | Anzahl an Werkstücken |
| $n_{Werkzeuge}$ | - | Anzahl an eingesetzten Werkzeugen |
| $r_\varepsilon$ | mm | Werkzeugeckenradius des Fräsers |
| $s_0$ | mm | Ausgangsblechdicke |
| v | mm | Bandvorschub je Hub |
| $v_{Umformung}$ | mm/min | Umformgeschwindigkeit |
| +x | - | normierter Radius in Vorschubrichtung |
| −x | - | normierter Radius entgegen der Vorschubrichtung |
| y | - | normierter Radius senkrecht zur Vorschubrichtung |
| | | |
| R | - | normierter Radius |
| Rz | µm | gemittelte Rautiefe |
| | | |
| α | ° | Anstellwinkel des Fräsers |
| λc | mm | Grenzwellenlänge |
| λs | µm | kurzwelliger Profilfilter |
| $\sigma_{HS\ max.}$ | MPa | maximale Hauptspannung |
| $\sigma_{HS\ min.}$ | MPa | minimale Hauptspannung |
| $\sigma_{v.\ Mises}$ | MPa | Vergleichsspannung nach von Mises |
| φ | - | Umformgrad |
| | | |
| Al | - | Aluminium |
| AS | - | Abrasivgestrahlt |
| B | - | Bor |

| *Symbol* | *Einheit* | *Beschreibung* |
|---|---|---|
| C | - | Kohlenstoff |
| Cr | - | Chrom |
| DIN | - | Deutsches Institut für Normung |
| DLC | - | Diamond like Carbon |
| EDT | - | Electro Discharge Textured |
| EN | - | Europäische Norm |
| Exp | - | Experiment |
| FCF | - | Flow control forming |
| FEM | - | Finite-Elemente-Methode |
| Geo | - | Geometrie |
| GPS | - | Geometrische Produktspezifikation |
| HS | - | Hauptspannung |
| HVF | - | Hochvorschubgefräst |
| ISO | - | Internationale Organisation für Normung |
| IT | - | ISO-Toleranzklasse |
| max | - | maximal |
| Mg | - | Magnesium |
| min | - | minimal |
| Mn | - | Mangan |
| Mo | - | Molybdän |
| NH | - | Niederhalter |
| Ni | - | Nickel |
| Num | - | Numerik |
| O | - | Sauerstoff |
| P | - | Phosphor |
| QFP | - | Querfließpressen |
| Ref | - | Referenz |
| RFP | - | Rückwärtsfließpressen |
| S | - | Schwefel |
| Si | - | Silizium |
| ta-C | - | tetraedisch amorphe Kohlenstoffschicht |
| V | - | Vanadium |
| W | - | Wolfram |

# 1 Einleitung

Die produzierende Industrie ist von großer Bedeutung für die globale Wirtschaft, da sie nicht nur benötigte Produkte bereitstellt, sondern für einen hohen Anteil der Arbeitsplätze und somit der wirtschaftlichen Stärke der Weltgemeinschaft verantwortlich ist [1]. Eine industriell häufig eingesetzte Fertigungstechnologie ist die Umformtechnik. Diese ist durch eine hohe Effizienz bezüglich der Materialausnutzung sowie eine gute Wirtschaftlichkeit aufgrund kurzer Fertigungszeiten gekennzeichnet [2]. Zudem ist durch Umformen nicht nur die Bauteilgeometrie endkonturnah herstellbar, sondern auch das mechanische Eigenschaftsprofil der Werkstücke gezielt einstellbar [3]. Intensiver internationaler Wettbewerb sowie globale Ereignisse wie die COVID-19-Pandemie stellen die deutsche Industrie vor wirtschaftliche Herausforderungen [4]. Ein zunehmendes Umweltbewusstsein der Kunden [5] sowie strengere Umweltschutzvorschriften sind weitere geänderte Randbedingungen. Neuartige Umformprozesse oder die Kombination von Prozessen - realisiert durch technologische Innovationen - ermöglichen die Herstellung von verbesserten Produkten [6]. Dies ist ein Ansatz zum Lösen der genannten Herausforderungen.

Die Blechmassivumformung, als Kombination von Blech- und Massivumformverfahren [7], ermöglicht die effiziente Herstellung von funktionsintegrierten Bauteilen [8]. Durch die Funktionsintegration wird Leichtbau realisiert [9]. Es wird Energie bei der Werkstückherstellung sowie während des Bauteileinsatzes eingespart und somit den ökologischen Herausforderungen begegnet. Des Weiteren verkürzt die Blechmassivumformung die Prozessketten [10]. Folglich ist sie ein Ansatz zur Reaktion auf verschärfte wirtschaftliche Randbedingungen. Aufgrund der genannten Vorteile ist die Prozessklasse Gegenstand aktueller Forschung. In einem Großteil der hierzu durchgeführten Arbeiten werden vorbeschnittene Ronden eingesetzt. Diese ermöglichen eine flexible Materialzufuhr [11]. Im Vergleich zu vorbeschnittenen Ronden wird durch eine Fertigung vom Band aufgrund des Wegfalls von taktzeitbegrenzenden Greifersystemen das Bauteilhandling vereinfacht und eine höhere Ausbringungsmenge realisiert [12]. Dies würde für Bauteile der Blechmassivumformung, die zum Beispiel im Antriebsstrang eingesetzt [13] und deshalb in großen Stückzahlen benötigt werden, einen ökonomischen Vorteil darstellen. Insbesondere vor dem Hintergrund der verschärften ökonomischen Situation motiviert dies die Erforschung der Blechmassivumformung von Bauteilen aus Bandmaterial. Erste Untersuchungen zeigen, dass beim inkrementellen Massivumformen von Bandabschnitten ein anisotroper Stofffluss und folglich nicht maßhaltige Bauteile auftreten [14]. Zur Nutzung der Vorteile einer Bauteilfertigung vom Coil ist deshalb ein grundlegendes Prozessverständnis für das Umformen vom Band und den dabei auftretenden Herausforderungen notwendig. Des Weiteren sind Maßnahmen bereitzustellen, um dem ungleichmäßigen Stofffluss zu begegnen.

Vor diesem Hintergrund werden im Rahmen der vorliegenden Arbeit zwei Fließpressprozesse zur Herstellung von Funktionsbauteilen vom Band aufgebaut. Diese stellen die Grundlage für die Erarbeitung eines Prozessverständnisses dar. Es werden die Gemeinsamkeiten und Unterschiede bei einer Umformung von vorbeschnittenen Ronden sowie Band erforscht. Ein anisotroper Stofffluss und infolge eine ungleichmäßige sowie nicht maßhaltige Bauteilausformung werden als bandspezifische, werkstückseitige Herausforderung identifiziert. Desweitern wird der Einfluss des anisotropen Stoffflusses auf die in der Blechmassivumformung häufig kritischen Werkzeugbeanspruchungen [15] ermittelt. Hierzu werden virtuelle Prozessmodelle genutzt. Zur Sicherstellung der Übertragbarkeit der Erkenntnisse werden auch der Einfluss der Halbzeugeigenschaften durch Variation des Werkstückwerkstoffes sowie der Ausgangsblechdicke auf das Prozessergebnis erforscht.

Um der Herausforderung der begrenzten Bauteilmaßhaltigkeit infolge des anisotropen Stoffflusses entgegenzuwirken, werden werkstück-, prozess- sowie werkzeugseitige Ansätze zur Stoffflusssteuerung analysiert. Neben den Auswirkungen der Maßnahmen auf die Bauteilausformung und den Stofffluss wird der Einfluss dieser auf die Werkzeugbeanspruchungen ermittelt. Zudem wird das Einsatzverhalten der potenziell verschleißanfälligen werkzeugseitigen Maßnahmen in Standmengenuntersuchungen erforscht.

Durch die Kombination der Ergebnisse wird das Ziel erreicht, ein grundlegendes Verständnis für das Blechmassivumformen von Funktionsbauteilen aus Bandmaterial sowie die hierbei auftretenden Gemeinsamkeiten und Unterschiede zur Umformung von vorbeschnittenen Ronden zu erarbeiten. Es werden anwendungsbezogene Empfehlungen für die Auslegung von Prozessen für die Fertigung vom Band abgeleitet und die Eignung der erforschten Maßnahmen zur Stoffflusssteuerung bewertet.

# 2 Stand der Technik und Forschung

Verschärfte ökologische und ökonomische Randbedingungen sowie die Forderung nach leistungsfähigeren Bauteilen motivieren den Leichtbau [16]. Neben dem Einsatz von Werkstoffen mit besseren gewichtsspezifischen Eigenschaften, der beanspruchungsangepassten Bauteilkonstruktion und der präzisen Definition der notwendigen Bauteilbeanspruchbarkeit stellt die Funktionsintegration eine Option dar, das Systemgewicht zu reduzieren [9]. Hieraus wird der Bedarf der Fertigung von geometrisch herausfordernden Funktionsbauteilen abgeleitet. Die aufgrund kurzer Fertigungszeiten und hoher Materialausnutzung wirtschaftlich und ressourceneffiziente Umformtechnik [2] ermöglicht die near-net-shape oder net-shape Fertigung von Funktionsbauteilen ohne spanende Endbearbeitung [17]. Insbesondere durch die Kaltumformung sind qualitativ hochwertige Bauteile [18] mit guten Oberflächenqualitäten in Toleranzklassen von IT 8 bis IT 13 herstellbar [19]. Der durch die steigenden Funktionsanforderungen an Bauteile bedingte Trend zu komplizierteren Bauteilgeometrien stellt etablierte Verfahren der Umformtechnik vor Herausforderungen. Ursächlich hierfür ist, dass derartige Werkstücke konventionell nur mit langen Prozessketten sowie hohen Kosten herstellbar sind [20]. Dies motiviert die Erforschung der Prozessklasse der Blechmassivumformung. Vor diesem Hintergrund wird der Stand der Wissenschaft und Technik bezüglich der Blechmassivumformung und deren Herausforderungen dargestellt. Zudem werden die Bauteilherstellung vom Band als Möglichkeit zur effizienten Produktion hoher Losgrößen sowie die in der Umformtechnik bestehenden Ansätze zur Stoffflusssteuerung diskutiert. Abschließend wird anhand der Bewertung der bestehenden Untersuchungen der Forschungsbedarf für die vorliegende Arbeit abgeleitet.

## 2.1 Blechmassivumformung

Durch die Kombination von Prozessen der Blech- sowie Massivumformung werden die jeweiligen verfahrensspezifischen Vorteile kombiniert und die Fertigung von funktionsintegrierten Leichtbauteilen ermöglicht [5]. Erste Ansätze der Anwendung von Massivumformverfahren auf Bleche zur Erzielung lokaler Materialanhäufungen wurden durch RICK erforscht [21]. Der Begriff der Blechmassivumformung wurde durch MERKLEIN ET AL. für Verfahren mit dem Ziel des direkten Ausformens von Funktionselementen aus der Blechebene verwendet [22]. Diese Definition wurde in [8] auf das Anwenden von Massivumformverfahren, häufig in Kombination mit Blechumformoperationen, auf flächige Halbzeuge zur Herstellung von Bauteilen mit integrierten Funktionselementen durch einen dreidimensionalen Werkstofffluss erweitert. Von der Blechumformung, in der in der Regel keine Änderung der Blechdicke angestrebt wird [23], ist die Blechmassivumformung durch einen dreidimensionalen Werkstofffluss mit einer beabsichtigten Blechdickenänderung abzugrenzen [24]. Im Gegensatz zu der Massivumformung, in der gedrungene Halbzeuge umgeformt werden [25], setzt die Blechmassivumformung flächige Halbzeuge mit 1 mm bis 5 mm Dicke ein [8]. Vorteile der Prozessklasse sind eine hohe Vielfalt an herstellbaren Bauteilgeometrien, wie zum Beispiel Funktionselemente auf flächigen Werkstücken, sowie die Verkürzung von Prozessketten durch eine Verringerung der notwendigen Anzahl an Umformstufen [15].

### 2.1.1 Bauteile der Blechmassivumformung

Verfahren der Blechmassivumformung werden zur Herstellung definierter Kanten, zur lokalen Materialaufdickung sowie zur Ausformung von Funktionselementen eingesetzt [26]. Charakteristische blechmassivumgeformte Funktionsbauteile sind Komponenten des Antriebsstrangs [27] wie Synchronringe [28], Duplexzahnräder [29], Lammellenträger [13] oder Ritzel für Verbrennungsmotoren [30]. Aber auch andere Bauteile, wie zum Beispiel Sitzversteller [28] oder Stahlfelgen [31] mit lokaler Aufdickung zur Erhöhung der Steifigkeit, sind durch das Verfahren herstellbar. Die Funktionselemente haben Abmessungen in der Größenordnung der Ausgangsblechdicke [32]. Die häufig zyklisch-symmetrischen Bauteile weisen zum Beispiel Verzahnungen oder Mitnehmer als Funktionselemente auf [33]. Bei den Verzahnungen werden sowohl geometrisch einfache Zähne mit dreieckiger Grundform [34] als auch lauffähige Evolventenverzahnungen in Kombination mit Mitnehmerelementen [11] untersucht. Zudem werden Zapfen und Vertiefungen durch Fließpressen als Grundform für nachfolgende Umformungen sowie als Positionierelemente an Blech fließgepresst [35]. Es sind rotationssymmetrische Ronden als Halbzeuggeometrie verbreitet, die entweder direkt blechmassivumgeformt werden oder in einer vorgelagerten Blechumformoperation zu einem Grundkörper, wie zum Beispiel einem Napf, tiefgezogen werden [36].

### 2.1.2 Klassifikation der Blechmassivumformung

MERKLEIN ET AL. stellen in [32] eine umfassende Systematik vor, welche die Verfahren der Blechmassivumformung in Bezug auf die Werkzeugbewegung und die Blechdickenänderung charakterisiert. Diese Unterteilung wird in [20] um den Umformkraftbedarf sowie die Option zur Integration des Verfahrens in eine Prozesskette bestehend aus Blechumformoperationen erweitert. Prinzipiell bestehen in der Blechmassivumformung Verfahren mit linearer und rotatorischer Werkzeugbewegung [20]. Prozesse zur flexiblen Blechdickenänderung wie Stauchen [37], Fließpressen [20] oder Prägen [20], aber auch Verfahren zur reinen Blechdickenreduktion wie Abstreckgleitziehen, sind durch eine lineare Werkzeugbewegung gekennzeichnet. Eine rotatorische Werkzeugkinematik ermöglicht hingegen beim Taumeln [38] und Nabenanformen [39] eine flexible Blechdickenänderung sowie beim Drückwalzen [20] eine Blechdickenreduktion.

Die Kinematik ist zudem in Prozesse, in denen das gesamte Bauteil in einem Hub ausgeformt wird, sowie in inkrementelle Blechmassivumformung zu unterteilen. Ein geringerer Kraftbedarf aufgrund der lokal begrenzten Umformung [38] sowie eine höhere Flexibilität [40] sind Vorteile inkrementeller gegenüber konventionellen Prozessen. Wegen der im Vergleich zur Umformung in einem Hub längeren Taktzeit sind inkrementelle Prozesse hingegen für kleine Losgrößen geeignet [41].

### 2.1.3 Herausforderungen der Blechmassivumformung

Als neuartige Prozessklasse steht die Blechmassivumformung aktuell vor Herausforderungen. Diese sind nach [11] in werkstück- sowie werkzeugseitige Problemstellungen zu klassifizieren.

Eine werkstückseitige Herausforderung ist eine häufig begrenzte geometrische Bauteilmaßhaltigkeit [34]. Die auftretenden Maßabweichungen in Form von Unterfüllungen der Funktionselemente sind insbesondere bei Verzahnungen für den Bauteileinsatz kritisch [29]. Ursächlich hierfür ist die Kombination aus lokal variierenden Spannungen und Umformgraden [42] sowie umformungsbedingte Festigkeitsunterschiede im Bauteil [36]. Diese bewirken einen Stofffluss aus der Umformzone in angrenzende Bauteilbereiche und somit ein Unterfüllen der Funktionselemente [36] sowie eine Volumenzunahme des restlichen Bauteils [43]. Eine Möglichkeit zur Verbesserung der Bauteilmaßhaltigkeit ist der Einsatz maßgeschneiderter Halbzeuge. Diese sogenannten Tailored Blanks weisen durch eine Materialvorverteilung im Bereich der Funktionselemente einen

Materialüberschuss auf und verbessern somit die Formfüllung [44]. Derartige Tailored Blanks werden in aktueller Forschung durch Taumeln [45] sowie Walzen [46] hergestellt. Die zusätzliche Umformstufe verlängert allerdings die Prozesskette, weshalb als alternativer Ansatz eine Verbesserung der Bauteilausformung durch eine Stoffflusssteuerung erforscht wird. Hierzu besteht die Möglichkeit zur Anpassung der Werkzeuggeometrie [36]. Ein weiterer Ansatz ist die Beeinflussung des Stoffflusses durch eine Adaption des tribologischen Systems [22]. Durch eine lokale Reibungsanpassung wird der Stofffluss steuerbar und die Ausformung der Funktionselemente verbessert [47]. Im Detail wird auf die bestehenden Ansätze in Abschnitt 2.3.3 eingegangen.

Neben den werkstückseitigen Herausforderungen bestehen werkzeugseitige Problemstellungen. Einerseits treten in der Blechmassivumformung hohe Umformkräfte auf, welche die Notwendigkeit von leistungsfähigen Umformmaschinen bedingen [15]. Andererseits sind die hohen Werkzeugbeanspruchungen eine Herausforderung [11]. Da in der industriellen Anwendung der Umformtechnik die Werkzeuglebensdauer von entscheidender Bedeutung ist [48] und diese von der Werkzeugbeanspruchung beeinflusst wird [49], ist diese im Kontext der Blechmassivumformung Bestandteil aktueller Forschung. Ursächlich für die hohen Beanspruchungen sind lokal variierende tribologische Lasten mit ausgeprägten Kontaktdrücken von über 2.000 MPa [50]. Einerseits verursacht ein hoher Kontaktdruck Verschleiß [51]. Andererseits treten infolge der hohen Kontaktdrücke in Kombination mit filigranen Werkzeuggeometrien sowie kleinen Radien und feinen Übergängen hohe Spannungen im Werkzeug auf [36]. Diese sind aufgrund der Werkzeuggeometrien lokal ausgeprägt [8]. Überschreitet die Beanspruchung des Werkzeugs dessen Beanspruchbarkeit, tritt Versagen in Form von Verschleiß, Ermüdung oder Gewaltbruch auf [52]. Hieraus leiten sich hohe Anforderungen an die Auslegung und Fertigung von Blechmassivumformwerkzeugen ab [43]. Eine weitere Folge hoher Kontaktdrücke ist das elastische Auffedern von Umformwerkzeugen [53]. Dies ist in der Blechmassivumformung kritisch, da es zu Maßabweichungen der Bauteile führt [11]. Ein konventioneller Ansatz zur Reduktion der Werkzeugbeanspruchung sowie des Auffederns der Werkzeuge ist das Armieren [53]. Hierbei werden im unbelasteten Zustand durch ein Armierungssystem Druckspannungen auf das Werkzeug aufgebracht, welche im Einsatz kritische Zugspannungen kompensieren und Auffedern im Fall von Bandarmierungen mit Hartmetallkern reduzieren. Dieser Ansatz ist allerdings nicht für sämtliche Blechmassivumformprozesse geeignet, da lokal hohe Druckspannungen das globale Armieren verhindern [11]. Folglich ist bei der Auslegung von Blechmassivumformpro-zessen sowie bei der Erforschung von Maßnahmen zur Prozessbeeinflussung die Analyse der Werkzeugbeanspruchungen von besonderer Bedeutung.

## 2.2 Bauteilfertigung vom Band

Übergeordnetes Ziel der Blechmassivumformung ist neben einer varianten- und stückzahlflexiblen Fertigung die Steigerung der Wirtschaftlichkeit [54]. Die in Abschnitt 2.1.1 diskutierten Werkstücke werden häufig durch Verfahrenskombinationen in mehrstufigen Umformoperationen hergestellt. Es sind zum Beispiel Bauteile des Antriebstrangs [27], welche in hohen Stückzahlen benötigt werden. In aktueller Forschung werden als Halbzeuge für diese Prozesse laserbeschnittene Ronden eingesetzt [11]. Dies ermöglicht eine hohe Flexibilität der Halbzeuggeometrie und Materialzufuhr. Die Fertigung vom Band mit Folgeverbundwerkzeugen hat im Vergleich zur Umformung von vorbeschnittenen Ronden mit Transferwerkzeugen Vorteile bezüglich des Bauteilhandlings. Durch die Anbindung der Bauteile an das Coil bis zur letzten Stufe erfolgt der Werkstücktransport durch den Vorschub des Bands [12]. Es werden keine taktzeitbegrenzende Greifersysteme benötigt. Hierdurch sind ein schnellerer Teiletransport und somit höhere Ausbringungsmengen realisierbar [12]. Charakteristische Ausbringungsmengen von Transferwerkzeugen betragen zehn bis 28 Bauteile pro Minute [55], wohingegen mit Folgeverbundwerkzeugen über 100 Bauteile pro Minute herstellbar sind. Deshalb ist diese Art der Umformung ein kostengünstiger und effizienter Ansatz zur Herstellung großer Stückzahlen an hochwertigen Werkstücken [56] kleiner bis mittlerer Größe [12]. Folglich erfüllt eine Fertigung vom Band die übergeordnete Zielsetzung der Blechmassivumformung bezüglich einer Verbesserung der Wirtschaftlichkeit der Fertigung.

Industriell werden aus diesen Gründen bereits erste Bauteile vom Band durch Verfahren der Blechmassivumformung hergestellt. So werden zum Beispiel Trägerschalen für Kopfhörer durch eine Kombination aus Stauchen, Tiefziehen und Feinschneiden aus 1 mm dickem DC04 Band produziert [26]. Auch geometrisch kompliziertere Bauteile mit integrierten Funktionselementen in Form von Verzahnungen werden industriell vom Band gefertigt. HAYASHI zeigt zum Beispiel die Herstellung eines Duplex-Zahnrads vom Band durch einen fünfstufigen Umformprozess mit einem Folgeverbundwerkzeug [57]. SCHLAGAU ET AL. fertigen innenverzahnte Planetenradträger mit Funktionselementen in Form von Zapfen und Kavitäten vom Band [58]. Es sind allerdings keine systematischen Untersuchungen zum Stofffluss sowie den Herausforderungen bei diesen Prozessen bekannt.

In der Forschung schlagen Mori et al. ein Konzept zur Fertigung von Sitzverstellern aus hochfestem Stahl vom Band vor [59]. Bei diesem Ansatz wird der Bauteilbeschnitt kalt, das Ausformen der Funktionselemente bei durch konduktive Erwärmung erhöhten Umformtemperaturen durchgeführt. Durch ein Abschrecken der ausgeformten Verzahnung in der nachfolgenden Umformstufe werden die mechanischen Eigenschaften der Funktionselemente lokal beeinflusst. Dies ersetzt ein in der konventionellen Prozesskette notwendiges Nitrieren der Bauteile [15]. Auch zu diesem Ansatz sind keine Analysen des Stoffflusses als die zentrale Herausforderung der Blechmassivumformung bekannt. Tajul et al. analysieren den Stofffluss bei der Blechmassivumformung von Bandabschnitten zu Klingen für Laserstrahldrucker [14]. In einem inkrementellen Prozess wird der rechteckige Querschnitt des Bandmaterials zu einem trapezförmigen Querschnitt umgeformt. Es wird gezeigt, dass bei der Umformung des Bands ein stark anisotroper Stofffluss auftritt. Folglich resultiert ein nicht maßhaltiges Bauteil. Die Erkenntnisse sind nur bedingt verallgemeinerbar, da keine Funktionselemente durch ein lokales Erhöhen der Blechdicke hergestellt werden. Allerdings ist bekannt, dass die Maßhaltigkeit der vom Band hergestellten Bauteile durch die Bandführung und Positionierung beeinflusst wird [60]. Ein asymmetrischer Stofffluss, welcher Bandverzug verursacht, ist somit für die Fertigung präziser Bauteile aufgrund einer Beeinträchtigung der Bandführung kritisch. Die Herstellung von Funktionselementen in Form von Zapfen vom Band wird in [61] untersucht. So wurde durch Merklein et al. gezeigt, dass beim Vorwärtsfließpressen von Zapfen aus Band sowohl die Ausgangsblechdicke als auch der Bandbeschnitt den Stofffluss und somit die Ausformung des Funktionselementes beeinflussen [62]. Zudem wurde die Unterfüllung des Funktionselementes infolge eines Stoffflusses aus dem Zapfen in angrenzende Bereiche als Herausforderung identifiziert [62]. Die Erkenntnisse sind nur bedingt auf die Blechmassivumformung übertragbar, da die Abmessungen der Funktionselemente im Submillimeterbereich liegen und somit Größeneffekte wirken [63]. Zudem wurde Kupfer und nicht Stahl als Werkstückwerkstoff eingesetzt.

Die bestehenden Ansätze der industriellen Anwendung von Bandmaterial in der Blechmassivumformung bestätigen, dass diese Art der Umformung ein großes wirtschaftliches Potential hat. Die Forschung zur Blechmassivumformung von Bauteilen aus Band zeigt, dass wie beim Einsatz von Ronden eine begrenzte Bauteilmaßhaltigkeit resultiert. Zusätzlich ist der

Stofffluss beim Einsatz von Band anisotrop. Die Ursachen hierfür sind zu erforschen. Ein systematischer Vergleich des Stoffflusses beim Einsatz von Ronden und Band als Halbzeug ist nicht bekannt. Außerdem bauen die Auslegungsprozesse von Werkzeugen für die Umformung von Bauteilen aus Bandmaterial aufgrund der hohen Komplexität [64] und vielfältigen Wechselwirkungen stark auf Erfahrungswissen auf [65]. Deshalb werden Programme zur automatisierten Auslegung von Prozessen vom Band entwickelt [66]. Das fehlende Prozessverständnis motiviert die grundlegende Erforschung der Blechmassivumformung von Bauteilen aus Bandmaterial. Es sind die Ursachen der Unterschiede und Gemeinsamkeiten im Vergleich zur Umformung von vorbeschnittenen Ronden zu identifizieren. Die Erkenntnisse sind die notwendige Grundlage für die Analyse von Maßnahmen zur Verbesserung der begrenzten Bauteilmaßhaltigkeit.

## 2.3 Maßnahmen zur Stoffflusssteuerung in der Kaltumformung

In Abschnitt 2.1.3 wurde gezeigt, dass eine Herausforderung der Blechmassivumformung von vorbeschnittenen Ronden ein Stofffluss aus dem Bereich der Funktionselemente ist. Dieser begrenzt die Bauteilmaßhaltigkeit. Basierend auf den Erkenntnissen aus Abschnitt 2.2 tritt bei der Umformung von Bandmaterial ein anderer Stofffluss als beim Einsatz von vorbeschnittenen Ronden auf. Dennoch resultieren auch bei der Umformung von Band Maßabweichungen. Diese Herausforderung bedingt die Notwendigkeit einer Stoffflusssteuerung zur Verbesserung des Prozessergebnisses. Aus diesem Grund gibt der folgende Abschnitt einen Überblick über die in der Kaltumformung hierzu eingesetzten Maßnahmen. Prozesse der Blech- und Massivumformung sind durch hohe Ausbringungsmengen gekennzeichnet [67]. Folglich sind hohe Standmengen eine Anforderung an die in diesen Verfahren eingesetzten stoffflusssteuernden Maßnahmen. Da die Fertigung vom Band für hohe Stückzahlen eingesetzt wird [56], ist diese Anforderung an die im Rahmen der Arbeit zu erforschenden Maßnahmen zu übertragen. Es ist deshalb die Eignung der bestehenden Ansätze für die Blechmassivumformung von Bauteilen aus Bandmaterial zu prüfen. Die stoffflusssteuernden Maßnahmen der Blech- und Massivumformung sind nach [68] in werkstück-, prozess- und werkzeugseitige Ansätze zu untergliedern. Auch für die Blechmassivumformung von vorbeschnittenen Ronden bestehen Maßnahmen zur Materialflusskontrolle. Auf diese wird eingegangen, um deren Eignung für eine Fertigung vom Band zu bewerten.

### 2.3.1 Stoffflusssteuerung in der Blechumformung

Die Blechumformung ist durch den Einsatz von flächigen Halbzeugen gekennzeichnet. Das bedeutendste Verfahren dieser Klasse ist das Tiefziehen [23]. Nach DIN 8584-3 ist es als das Zugdruckumformen eines Blechzuschnittes zu einem Hohlkörper oder eines Hohlkörpers zu einem Hohlkörper mit geringerem Umfang ohne beabsichtigte Blechdickenänderung definiert [69]. Durch die Kombination von Streckziehen und Tiefziehen sind zum Beispiel komplexe Karosseriebauteile herstellbar [12]. Häufige Bauteilfehler beim Tiefziehen sind Bodenreißer und Faltenbildung [70]. Reißer treten im Bodenradius oder dessen Übergang zur Zarge am Ort der höchsten Blechausdünnung auf [12]. Falten werden hingegen im Flanschbereich durch ein Übersteigen der Knickgrenze durch tangentiale Druckspannungen verursacht [12]. Insbesondere beim Umformen geometrisch anspruchsvoller und großflächiger Bauteile ist es deshalb notwendig, durch lokales Reduzieren oder Begünstigen des Stoffflusses die Ausformung zu unterstützen [71].

Werkstückseitig ist eine Stoffflusssteuerung durch die Adaption des Platinenbeschnitts realisierbar [12]. Eine Vergrößerung der Platine bremst den Stofffluss, verursacht durch höhere Formänderungsarbeit [12] sowie Reibkräfte [72]. PAPADIA ET AL. zeigen, dass beim Ziehen eines Rechtecknapfes durch ein Anpassen des Platinenaußenbeschnittes die lokale Blechausdünnung reduziert wird und rissfreie Bauteile herstellbar sind [73]. Für die numerische Optimierung der Beschnittgeometrie wird ein Simulationsprogramm mit einem externen Solver kombiniert. Neben dem Anpassen der Platinenaußenkontur besteht die Möglichkeit der Adaption der Platineninnengeometrie zur Stoffflussbeeinflussung durch Entlastungsschlitze und Löcher [12]. Hierdurch werden Zugspannungen im Bauteilboden reduziert und das Ausformen des Bauteils durch einen Stofffluss aus dem Bauteilzentrum begünstigt. Eine weitere Option zur Unterstützung des Stoffflusses ist eine Reduktion der Reibung durch das globale Modifizieren der Werkstückoberflächen mit einer Texturierung [74]. Diese werden im Walzwerk während des Dressierens global auf die Blechoberfläche aufgebracht und sind in der Blechumformung weit verbreitet [75]. Die als Schmiertaschen wirkenden Texturen halten den Schmierstoff während der Umformung in der Wirkfuge und reduzieren somit die Reibung [76]. Die Reibungsreduktion ist auf hydrodynamische und -statische Schmiereffekte zurückzuführen. Diese sind im Detail in [77] analysiert. Zudem nehmen die Texturen Verschleißpartikel auf [78] und verbessern die Lackierbarkeit der Bauteile [79]. Texturen sind nach deren Anordnung in stochastische, pseudo-stochastische und deterministische Strukturen zu unterteilen [74].

Verbreitete stochastische Strukturen sind Shot Blast Textured, Electro Discharge Textured (EDT) und Pretex Strukturen [23]. Dressierwalzen für pseudo-stochastische Strukturen werden mittels Electron Beam Texturing erzeugt, wohingegen durch Laser Texturing deterministische Strukturen erzielt werden [23]. Aufgrund des globalen Aufbringens der Texturierung auf die Werkstückoberfläche ist hierdurch keine lokale Stoffflusssteuerung möglich. Der Einsatz von Tailored Blanks ermöglicht hingegen eine lokale Stoffflusssteuerung. Diese sind nach MERKLEIN ET AL. als Halbzeuge mit einer lokalen Variation der Blechdicke, des Blechwerkstoffes, der Beschichtung oder der Werkstoffeigenschaften definiert [80]. Hauptvorteil dieses Ansatzes ist eine Reduktion des Bauteilgewichts. Eine lokale Variation der mechanischen Werkstoffeigenschaften ermöglicht hingegen ein Verhindern von Rissen aufgrund einer Stoffflussbeeinflussung [81]. Dies erfolgt durch eine der Umformung vorangehende Laserwärmebehandlung mit dem Ziel der lokalen Entfestigung des Werkstoffes. Die Maßnahme wird vor allem bei AlMgSi-Legierungen sowie bei durch Accumulative Roll Bonding hergestellten ultra-feinkörnigen Blechen eingesetzt, welche im Ausgangszustand eine geringe Umformbarkeit aufweisen [82].

Des Weiteren bestehen prozessseitige Maßnahmen zur Stoffflusssteuerung in der Blechumformung. Durch ein lokales Adaptieren der Niederhalterspannung wird der Stofffluss lokal gehemmt oder unterstützt. Somit wird die erreichbare Ziehtiefe bei nicht rotationssymmetrischen Bauteilen erhöht [83]. Zudem wird die Qualität der Bauteiloberflächen durch das Reduzieren lokaler Flächenpressungsmaxima im Flanschbereich verbessert [84]. Die Niederhalterspannung ist über verschiedene Maßnahmen lokal einstellbar. Im Rahmen des Hart-Weich-Tuschierens wird in Bereichen, in denen der Stofffluss durch eine höhere lokale Flächenpressung zu hemmen ist, ein geringerer Spalt zwischen Niederhalter und Matrize eingestellt [12]. Vorteil dieses Ansatzes ist, dass keine zusätzliche Steuerung benötigt wird. Allerdings ist die Reproduzierbarkeit beispielweise aufgrund von Werkzeugverschleiß begrenzt [12]. Ein alternativer Ansatz zur Einstellung von lokalen Niederhalterspannungen bei einer Vielpunktzieheinrichtung sind lokal variierende Pinolenkräfte [12]. Hierzu werden geteilte Niederhalter eingesetzt, deren Segmente mit unterschiedlichen Kräften beaufschlagt werden [85]. Nachteilig ist bei diesem Ansatz das Abformen der Trennfugen in Form von Oberflächenfehlern auf den Bauteilen [67]. Zur Vermeidung dieser Defekte werden elastische Niederhalter eingesetzt und lokal mit unterschiedlichen Kräften beaufschlagt [12]. WURSTER ET AL. diskutieren ein numerisches Vorgehen, bei dem durch lokale Anpassung der Niederhalterspannung faltenfreie Bauteile mit um 19 % reduzierten

Blechausdünnungen herstellbar sind [86]. Durch eine zeitliche Variation der Spannungen wird die Blechausdünnung um weitere 3 % verringert [86]. Neben der lokalen Einstellung der Niederhalterspannung ist der Stofffluss beim Tiefziehen prozessseitig durch das Anpassen der Schmierung steuerbar [12]. MÜLLERSCHÖN wies nach, dass beim Tiefziehen nicht rotationssymmetrischer Bauteile der Stofffluss durch lokales Variieren der Schmierstoffmenge gezielt beeinflusst wird [71]. Ein Erhöhen beziehungsweise Reduzieren der Schmierstoffmenge begünstigt oder hemmt den Stofffluss und verringert die eingesetzte Gesamtschmierstoffmenge. Auch das lokale Variieren der Umformtemperatur ist ein Ansatz zur Verbesserung der erreichbaren Ziehtiefen. KAYHAN ET AL. zeigen beim Rundnapfzug für die Werkstückwerkstoffe DC04 sowie DP600, dass das lokale Herabsetzen der Fließspannungen im Flanschbereich durch örtlich begrenzte Erwärmung auf bis zu 300°C bei gleichzeitiger Kühlung des Bauteilzentrums das erreichbare Grenzziehverhältnis um bis zu 26 % ohne signifikante Veränderung der Bauteilmikrostruktur erhöht [87].

Werkzeugseitig sind die Prozessgrenzen beim Tiefziehen durch eine Adaption der Werkzeugtopographie erweiterbar. Durch eine lokale Reduktion der Reibung im Flanschbereich sowie am Ziehringradius wird die benötigte Umformkraft verringert und somit aufgrund der geringeren Beanspruchung der Zarge das Grenzziehverhältnis verbessert [23]. Eine höhere Reibung an der Stempelstirnseite und dem Radius vergrößert hingegen die übertragbare Kraft [23]. Dies motiviert die Erforschung einer gezielten Reibungseinstellung durch eine Adaption der Werkzeugtopographie. Ein Ansatz zur Reibungsreduktion besteht im Einbringen von werkzeugseitigen Schmiertaschen durch maschinelles Hämmern [88]. Im Streifenziehversuch wurde im Vergleich zu einer glatten Oberfläche durch die gehämmerte Oberfläche eine Reibungsreduktion erzielt und im industriellen Tiefziehversuch verifiziert [89]. Zudem werden durch das Hämmern oberflächennahe Druckeigenspannungen eingebracht [90], welche in Kombination mit der reduzierten Rauheit die Ermüdungsfestigkeit im Vergleich zu einer erodierten Werkzeugoberfläche verbessern [91]. Einen weiteren Ansatz stellen makroskopische Strukturen im Flanschbereich beim schmierstofffreien Tiefziehen dar [92]. Hierdurch wird der flächige Kontakt zwischen Werkstück und Werkzeug zu einem Linien- oder Punktkontakt verringert, weshalb die Reibung abnimmt [93]. Des Weiteren wurden für das schmierstofffreie Tiefziehen im Streifenziehversuch ta-C beschichtete und lasertexturierte Werkzeugoberflächen erforscht [94]. Es wurde nachgewiesen, dass in Abhängigkeit der Strukturparameter die Reibung im

Vergleich zu einer unstrukturierten Werkzeugoberfläche für den Werkstückwerkstoff DC04 zwischen 80 % und 110 % einstellbar ist [95]. Auch beim geschmierten Tiefziehen mit keramischen Werkzeugen ermöglichen laserbasierte Strukturen eine Beeinflussung der Reibung [96]. NEUDECKER zeigt, dass insbesondere mit zunehmender Schmiertaschengröße eine tendenzielle Abnahme der Haftreibung auftritt [96]. Ein werkzeugseitiges vollständiges Unterbinden oder Hemmen des Stoffflusses wird durch Ziehsicken im Flanschbereich erreicht [12]. Durch Umlenken des Werkstoffes resultiert eine Biegekraft, welche der Stoffflussrichtung entgegenwirkt [97]. Dieser Ansatz ist im Vergleich zum lokalen Erhöhen der Niederhalterspannung reproduzierbarer, bewirkt aber insbesondere bei hochfesten Werkstoffen mit geringem Umformvermögen eine Vorbeanspruchung des Werkstoffes [12].

### 2.3.2 Stoffflusssteuerung in der Massivumformung

Die Massivumformung ist von der Blechumformung durch den Einsatz von Rohteilen, welche in alle drei Raumrichtungen vergleichbare Abmessungen aufweisen, abzugrenzen [98]. Eines der bedeutendsten Verfahren der Kaltmassivumformung ist das Fließpressen [53]. Dieses ist als das Durchdrücken eines zwischen Werkzeugteilen aufgenommenen Werkstückes zur vornehmlichen Fertigung von einzelnen Bauteilen definiert [99]. Die Verfahren des Fließpressens sind hinsichtlich des Werkstoffflusses in Relation zur Wirkrichtung der Maschine sowie bezüglich der hergestellten Bauteilform zu klassifizieren [23]. Die Stoffflussrichtung ist in, entgegen oder quer zur Werkzeugbewegungsrichtung orientiert. Es werden volle, hohle und napfförmige Bauteile gefertigt [53]. Durch Fließpressen sind hochwertige Funktionsbauteile mit ausgezeichneten mechanischen Eigenschaften und Oberflächengüten von bis zu IT 7 herstellbar [100]. Ein zum Fließpressen ähnliches Verfahren ist das Einsenken [25]. Es ist nach DIN 8583-5 als das Eindrücken eines Formwerkzeugs in ein Werkstück zum Erzeugen einer genauen Innenform definiert [101]. Beim Einsenken mit Einspannung wird ein radialer Stofffluss aus der Umformzone durch einen Stützring verhindert. Es tritt ein Materialfluss in entgegengesetzte Werkzeugbewegungsrichtung auf [25]. Die Bauteilhöhe nimmt zu. Einsenken ohne Einspannung mit radialem Stofffluss aus der Umformzone wird als freies Einsenken bezeichnet. Dieses Verfahren wird vor allem zum Ausformen flacher Gravuren [102] bei niedrigen Umformgeschwindigkeiten von 0,01 bis 0,1 mm/s genutzt [25]. In der Anwendung wird Einsenken primär zum Fertigen von Formen für Werkzeuge angewendet [102]. Ein weiteres nach DIN 8583-5 definiertes Verfahren mit wirtschaftlicher Bedeutung ist das Einprägen. Hierbei wird ein Prägestempel in die Werkstückoberfläche eingedrückt [101]. Die plastische Formänderung bleibt auf die Werkstückoberfläche begrenzt [102]. Das Verfahren wird zum Beispiel für die Herstellung von Münzen [102] oder im Kontext der Blechmassivumformung zum Einprägen reibungsreduzierender Strukturen [103] angewendet.

Prozessspezifische Herausforderungen bei der Kaltmassivumformung sind neben hohen Umformkräften unzureichende Formfüllungen [104]. Dies motiviert die Erforschung von stoffflussbeeinflussenden Maßnahmen. Insbesondere die Tribologie hat in der Massivumformung einen Einfluss auf den Stofffluss [105].

Wie beim Tiefziehen ist beim Fließpressen die Adaption der Halbzeugtopographie ein Ansatz zur Beeinflussung des Stoffflusses. Da die konventionell eingesetzten Schmierstoffe in der Regel keine ausreichende Tragfähigkeit aufweisen, werden Konversionsschichten auf die Werkstücke appliziert [106]. Diese sind kristalline Salzschichten aus Metallphosphaten oder –oxalaten [107]. Sie halten den Schmierstoff während der Umformung auf der Trägerschicht [107]. Aufgrund der Umweltschädlichkeit der Phosphatierung [108] fokussieren aktuelle Arbeiten auf eine Erforschung von Alternativen zu Schmierstoffträgerschichten. Vergleichbar mit der Texturierung von Blechen werden deshalb Modifikationen der Werkstückoberfläche zum Halten des Schmierstoffs in der Wirkfuge untersucht. Vor diesem Hintergrund analysiert KAPPES abrasivgestrahlte Drahtabschnitte in Kombination mit einem Fließpressöl [109]. Er weist nach, dass dieser Ansatz die Reibung im Vergleich zu phosphatierten Werkstücken reduziert [109]. Die aufgeraute Werkstückoberfläche mit Profiltälern hält den Schmierstoff in der Wirkfuge. KÖHLER zeigt, dass der reibungsreduzierende Effekt der Maßnahme in der zweiten Umformstufe verstärkt wird [106]. Ursächlich hierfür ist, dass Rauheitsspitzen der gestrahlten Halbzeuge in der ersten Umformstufe eingeglättet werden. Insgesamt wird über beide Umformstufen eine Umformkraftreduktion von 20 % erreicht. Nach BOBZIN ET AL. ist mit gestrahlten 16MnCr5 Halbzeugen in Kombination mit selbstschmierenden Werkzeugbeschichtungen schmierstofffreies Vorwärtsfließpressen ohne Phosphatierung der Werkstücke realisierbar [110]. Einen weiteren werkstückseitigen Ansatz stellt beim Fließpressen das Setzen dar. Hierbei werden die Rohteile nach dem Vereinzeln und vor dem Fließpressen im geschlossenen Gesenk gestaucht, um die notwendige Durchmessertoleranz, Rundheit sowie Planparallelität der Stirnflächen sicherzustellen [53]. Der übliche Setzvorgang kann allerdings auch genutzt werden, um für das nachfolgende Fließpressen eine Materialvorverteilung vorzunehmen [53] und die Bauteilmaßhaltigkeit zu verbessern.

Eine prozessseitige Maßnahme zum Ersatz der Schmierstoffträgerschicht ist die Überlagerung der Stempelbewegung mit einer niederfrequenten Oszillation von bis zu 19 Zyklen je Hub [111]. In einem Napfrückwärtsfließpressprozess auf einer Servopresse wurde gezeigt, dass hierdurch die Umformkraft gesenkt wird. Ursächlich ist, dass Schmierstoff durch die Oszillation in die Wirkfuge zurückfließt und die Reibung reduziert [111]. Eine andere prozessseitige Maßnahme zur Stoffflussbeeinflussung ist der Einsatz einer lokalen Warmumformung. Ziel dieses Ansatzes ist das lokale Herabsetzen der Fließspannung [112]. WEIDIG ET AL. untersuchen ein zylindrisches Bauteil, an das durch lokale induktive Erwärmung unterstützt ein Flansch angestaucht wird. Hierbei wird nachgewiesen, dass bei einer gezielten Abkühlung durch diese Maßnahme graduierte mechanische Werkstückeigenschaften eingestellt werden [113].

Auch werkzeugseitig besteht in der Massivumformung die Möglichkeit zur Beeinflussung des Stoffflusses. Die Ansätze sind in Adaption der Werkzeuggeometrie sowie -topographie zu untergliedern. So ist zum Beispiel die Adaption der Matrizengeometrie beim Vorwärtsfließpressen von Zahnrädern ein Ansatz zur Prozessbeeinflussung [114]. Durch Erhöhung des Verzahnungseinlaufradius beim Herstellen von Geradverzahnungen werden sowohl die Werkzeugbeanspruchungen gesenkt, als auch die Bauteilmaßhaltigkeit verbessert [114]. Neben der statischen Adaption der Werkzeuggeometrie stellt deren dynamische Anpassung während der Umformung einen weiteren Ansatz zur Stoffflusssteuerung dar. Beim Fließpressen bewirken hohe Beanspruchungen eine elastische Deformation der Werkzeuge und infolge eine reduzierte Bauteilmaßhaltigkeit [53]. Der Einsatz von Armierungen zur Reduktion der elastischen Werkzeugdeformation und Verbesserung der Bauteilmaßhaltigkeit ist etabliert [115]. Dennoch tritt beim Auswerfen der umgeformten Bauteile ein Klemmen im Werkzeug auf. Vor diesem Hintergrund stellen DOEGE ET AL. ein Konzept vor, bei dem ein außerhalb der Umformzone in die Matrize eingelassener Elastomerring während der Umformung durch einen Stempel belastet wird [115]. Hierdurch werden der Matrizeninnendruck und somit die elastische Deformation des Werkzeugs während der Umformung ausgeglichen. Die mit diesem Ansatz hergestellten Zahnräder weisen eine im Schnitt um 40 % niedrigere Profilabweichung als mit konventionellen Werkzeugen gefertigte Bauteile auf [116]. Allerdings bewirkt dieser Ansatz einen deutlichen Anstieg der maximalen Umformkräfte. Ein vergleichbares Konzept, das den Ausgleich von abweichenden Bauteilabmessungen durch Einstellen des

Matrizeninnendurchmessers ermöglicht, wird von GROENBAEK diskutiert [117]. Hierbei werden durch eine hydraulisch angetriebene Armierung die Bauteilmaße durch eine Adaption der Werkzeuggeometrie vor oder während der Umformung eingestellt. Neben der Anpassung der Werkzeuggeometrie stellen angepasste Reibbedingungen, erzielt durch die Adaption der Werkzeugoberfläche, einen Ansatz zur Stoffflussbeeinflussung dar. Konventionell sind Werkzeugoberflächen zur Reduktion der Reibung und des Verschleißes durch Polieren oder Läppen feinbearbeitet. Laserbasierte lokale Texturierungen der Werkzeugoberflächen mit Schmiertaschen eines Durchmessers von 10 µm haben in industriellen Standmengenversuchen eine Verbesserung der Werkzeuglebensdauer um bis zu 169 % bewirkt [118]. Durch systematische Untersuchungen des Einflusses der Schmiertaschengeometrie auf die Reibung im asymmetrischen Flachstauchversuch wurde ermittelt, dass kleine Schmiertaschen mit einem Durchmesser von 10 µm und einer Tiefe von 1 µm anzustreben sind [119]. Hierdurch wird mechanisches Verhaken der Schmiertaschen mit den Halbzeugen durch zu große Abmessungen vermieden. Die Schmiertaschen reduzieren die Reibung durch einen Schmierfilm, welcher durch eine Kombination aus hydrostatischen und -dynamischen Schmiereffekten aufgebaut wird. Neben dem direkten Einbringen von Schmiertaschen durch Laserabtrag stellen STEINHOFF ET AL. eine Alternative zur indirekten Modifizierung von Massivumformwerkzeugen vor [120]. Hierbei wird die Verschleißbeständigkeit der Werkzeugoberflächen durch örtlich begrenztes laserbasiertes Einschmelzen von Titancarbid lokal erhöht. Durch den schnelleren Verschleiß der nicht modifizierten Bereiche werden Schmiertaschenstrukturen freigelegt. Der Vorteil dieses Ansatzes gegenüber dem direkten Einbringen von Schmiertaschen ist, dass die Strukturen auch bei fortschreitendem Verschleiß der Werkzeugoberfläche bis zu einem gewissen Grad kontinuierlich neu gebildet werden [120].

### 2.3.3 Stoffflusssteuerung in der Blechmassivumformung

Die begrenzte Bauteilmaßhaltigkeit stellt eine der zentralen Herausforderungen bei der Blechmassivumformung von vorbeschnittenen Ronden dar. Um dieser zu begegnen, wurden verschiedene stoffflusssteuernde Maßnahmen erforscht. Diese sind in werkstück-, prozess-, und werkzeugseitige Ansätze zu untergliedern.

Werkstückseitig bestehen Möglichkeiten zur Stoffflusssteuerung über eine lokale Anpassung der Halbzeugtopographie [68] oder des Rondenzuschnitts [121]. Durch die lokale Modifikation der Rondenoberfläche besteht die Option einer Stoffflusssteuerung durch eine örtlich begrenzte Erhöhung oder Reduktion der Reibung [122]. Hierbei ist eine niedrige Reibung im Bereich der Funktionselemente und eine hohe Reibung in den angrenzenden Bereichen anzustreben. Ziel ist es, den von den Funktionselementen weg orientierten Stofffluss zu hemmen und somit das Ausformen der Bauteile zu unterstützen [50]. Durch Abrasivstrahlen der Werkstückoberfläche wird ein Reibungsanstieg erzielt [68]. Dieser ist einerseits auf die durch das Strahlen erzeugte Topographie mit im Vergleich zur Ausgangsoberfläche hoher Rauheit und dem hieraus resultierenden mechanischen Verhaken von werkstück- und werkzeugseitigen Rauheitsspitzen zurückzuführen [123]. Andererseits wird durch das Strahlen die Randzone der Werkstücke verfestigt [124]. Durch die Untersuchung von Werkstücken mit gleicher Rauheit und unterschiedlicher Randzonenverfestigung wurde identifiziert, dass durch die Verfestigung ebenfalls die Reibung erhöht wird [68]. Zur werkstückseitigen Reduktion der Reibung werden deterministische Schmiertaschen, eingebracht durch Mikroprägen, erforscht [122]. Diese verringern die Reibung durch das Ausbilden eines hydrostatischen Schmierfilms, welcher die tatsächliche Kontaktfläche zwischen Werkzeug und Werkstück reduziert [50]. Hierbei wurde identifiziert, dass ein großer Schmiertaschendurchmesser von 500 µm mit einer hohen Tiefe von 15 µm die stärkste Reibungsreduktion verursacht [103]. Ursächlich hierfür ist einerseits das hohe Volumen der Schmiertaschen und die dadurch bedingte große Menge an Schmierstoff, welche durch das Einglätten freigesetzt wird. Andererseits ist im Vergleich zu niedrigeren Durchmessern das Verhältnis des Schmiertaschenvolumens zum Umfang geringer. Somit ist die Interaktion zwischen der Blechtexturierung und den geprägten Schmiertaschen niedriger. Folglich werden mehr reibungsreduzierende geschlossene Schmiertaschen ausgebildet [103]. Nachteilig bei einer Stoffflusssteuerung über die Adaption der Werkstückoberfläche ist, dass jedes Halbzeug modifiziert und somit die Prozesskette verlängert wird. Ein werkstückseitiger Ansatz, welcher die Prozesskette nicht verlängert, ist die Adaption des Rondenbeschnitts. Sowohl in einem Vorwärts- als auch einem Querfließpressprozess wird die Ausformung von Verzahnungen durch die Vergrößerung des Rondeninnendurchmessers erhöht [121]. Bedingt wird der positive Effekt dadurch, dass durch eine Verkleinerung des Bauteilbodens der unerwünschte Stofffluss aus den Verzahnungen in diesen Bereich reduziert wird. LANDKAMMER ET AL. stellen zudem einen Ansatz zur Verbesserung der Bauteilmaßhaltigkeit durch Adaption der Rondenaußengeometrie mittels inversen numerischen Methoden vor [125]. Durch einen unrunden Rondenbeschnitt wird die Ausformung von Funktionselementen unterstützt [126]. Die Wirksamkeit dieses Ansatzes wird experimentell in [127] bestätigt.

Prozessseitig ist der Stofffluss durch das gezielte Einstellen von Prozessparametern steuerbar. Bei der Blechmassivumformung mit geschlossenem Werkzeugsystem wird durch die Erhöhung der Gegenhalterkraft, welche auf das Bauteilzentrum wirkt, der Stofffluss aus den Funktionselementen reduziert. Folglich wird die Formfüllung der Verzahnung gesteigert. Die Wirksamkeit dieses Ansatzes wurde für einen Stauchprozess [37] und zwei Fließpressprozesse [121] nachgewiesen. Nachteilig an diesem Ansatz ist, dass hierdurch die hohen Umformkräfte weiter ansteigen. Ein alternativer Ansatz ist die schwingungsüberlagerte Blechmassivumformung. Im Ringstauchversuch wurde gezeigt, dass durch eine Oszillation des Stempels mit einer Frequenz von 200 Hz und einer Amplitude von 30 µm die Reibung reduziert wird [128]. Es wird davon ausgegangen, dass die Ursache für die niedrigere Reibung das regelmäßige Unterbrechen des Kontakts zwischen Werkstück und Werkzeug ist [128]. Ein vergleichbares Verhalten trat beim schwingungsüberlagerten Stauchen von 2 mm dicken AA 5052 Ronden auf [129]. Die Wirksamkeit dieses Ansatzes bei der Herstellung von Bauteilen wurde durch BEHRENS ET AL. beim Abstreckgleitziehen verifiziert [130]. Durch die Oszillation wird sowohl die Bauteilmaßhaltigkeit verbessert, als auch die Umformkraft reduziert. MAENO ET AL. erforschen schwingungsüberlagertes Fließpressen von Blech mit einer niedrigeren Frequenz von 0,025 Hz [131]. Durch das Zurückfließen des Schmierstoffes während der Schwingung in die Wirkfuge wird die Reibung gesenkt und die Maßhaltigkeit der Bauteile verbessert. Aufgrund der niedrigen Frequenz ist dieser Ansatz auf den meisten Servopressen ohne zusätzliches Oszillationssystem realisierbar [132].

Werkzeugseitig ist der Stofffluss in der Blechmassivumformung über die Adaption der Werkzeuggeometrie oder der Topographie steuerbar. KOCH ET AL. stellen einen Ansatz vor, bei dem der unerwünschte Stofffluss aus dem Bereich der Funktionselemente durch eine geometrische Fließbehinderung in Form einer Ringnut gehemmt wird [133]. Hierdurch wird die Formfüllung beim Fließpressen von Verzahnungen um 6 % gesteigert. Nachteilig an diesem Ansatz ist, dass die Geometrie der hergestellten Bauteile durch das Einprägen der Fließbehinderung beeinflusst wird. Bei einer Stoffflusssteuerung durch ein lokales Einstellen der Reibung besteht dieser Nachteil nicht. Eine Adaption der Werkzeugoberfläche ermöglicht das lokale Variieren der Reibung. Zahlreiche Ansätze sowohl zur Erhöhung als auch zur Reduktion der Reibung sind Gegenstand der Forschung [68]. Möglichkeiten zur Reduktion der Reibung stellen Diamond like Carbon

(DLC)-Schichten und chrombasierte Hartstoffschichten dar [134]. Durch die Kombination mehrerer Beschichtungsarten auf einem Umformwerkzeug wird der Stofffluss gesteuert [135]. Sowohl die Schichttopographie als auch deren chemische Zusammensetzung beeinflussen ihr tribologisches Verhalten. In [47] wird identifiziert, dass durch Hartstoffschichten mit möglichst niedriger Rauheit und hohem Kohlenstoffanteil eine Reibungsreduktion von bis zu 15 % im Vergleich zu einem nicht beschichteten Werkzeug realisiert wird. Eine höhere Reibung zur Stoffflusshemmung wird durch das Erhöhen der Werkzeugrauheit erreicht. Der Wirkmechanismus dieser Oberflächen ist das mechanische Verhaken von Rauheitsspitzen [68]. Zur Modifikation der Oberflächen bestehen verschiedene Ansätze wie Hochvorschubfräsen [136], Mikrofräsen [137], Schleifen oder Abrasivstrahlen. Durch reibungserhöhende Oberflächenmodifikationen sind höhere Reibfaktorgradienten als durch reibungsreduzierende Maßnahmen erreichbar [68]. Somit haben diese ein höheres stoffflusssteuerndes Potential. Vorteil der werkzeugseitigen Oberflächenmodifikationen im Vergleich zu werkstückseitigen Ansätzen ist, dass diese die Prozesskette nicht verlängern. Andererseits müssen sie für einen wirtschaftlichen Einsatz eine hohe Verschleißbeständigkeit aufweisen. Zudem beeinflusst ein Verändern der Werkzeugrandzone das Ermüdungsverhalten hochbeanspruchter Umformwerkzeuge [138]. Für hochvorschubgefräste Werkzeugoberflächen wurde im Umlaufbiegeversuch identifiziert, dass die Ermüdungsfestigkeit durch die modifikationsbedingten oberflächennahen Druckeigenspannungen im Vergleich zu einer polierten Werkzeugoberfläche ansteigt [139].

## 2.4 Zusammenfassende Bewertung

Die Blechmassivumformung als innovative Prozessklasse ermöglicht die Herstellung von funktionsintegrierten, flächigen Leichtbauteilen. Durch eine Kombination von Verfahren der Massiv- und Blechumformung werden Bauteile gefertigt, die mit konventionellen Verfahren nicht oder nur mit langen Prozessketten herstellbar sind. Die Blechmassivumformung bietet somit eine Möglichkeit, den verschärften ökologischen und ökonomischen Anforderungen durch Leichtbau sowie Funktionsintegration zu entsprechen. Dies erklärt die hohe Anzahl an Forschungsarbeiten, die aktuell zu diesem Thema durchgeführt werden. In einem Großteil der Untersuchungen werden vorbeschnittene Ronden eingesetzt. Grund hierfür ist, dass diese eine Flexibilität bezüglich der Halbzeuggeometrie ermöglichen, welche für grundlagenwissenschaftliche Untersuchungen vorteilhaft ist [121].

Die Fertigung vom Band hat im Vergleich zur Umformung von vorbeschnittenen Ronden den Vorteil einer höheren Ausbringungsmenge durch kürzere Taktzeiten. Blechmassivumgeformte Bauteile werden häufig im Antriebsstrang eingesetzt. Bauteile für dieses System werden in hohen Stückzahlen benötigt. Zudem ist ein übergeordnetes Ziel der Blechmassivumformung die Steigerung der Wirtschaftlichkeit der Fertigung. Vor diesem Hintergrund hat die Blechmassivumformung von Bandmaterial großes Potential. Wie in Abschnitt 2.2 aufgezeigt, bestehen hierzu erste Ansätze. Es treten grundlegende Unterschiede im Stofffluss zwischen der Umformung von Band und vorbeschnittenen Ronden auf. Die Ursachen hierfür sind nicht erforscht. Für eine Nutzung der Vorteile und das Auslegen von Prozessen ist die Erarbeitung eines grundlegenden Verständnisses für die Blechmassivumformung von Bandmaterial erforderlich. Durch systematische Untersuchungen sind die Ursachen für den bandspezifischen Stofffluss zu ermitteln. Basierend auf diesen Erkenntnissen sind die Herausforderungen bei der Blechmassivumformung vom Band zu identifizieren.

Bei der Blechmassivumformung von vorbeschnittenen Ronden stellt eine begrenzte Bauteilmaßhaltigkeit infolge eines Stoffflusses aus dem Bereich der Funktionselemente eine zentrale Problemstellung dar. Auch in den ersten Forschungsansätzen zur Blechmassivumformung von Band ist dies eine Herausforderung. Um die Vorteile der Blechmassivumformung zu nutzen, sind maßhaltige Bauteile notwendig. Andernfalls wird die Prozesskette durch Nacharbeit der Werkstücke verlängert. Folglich sind Maßnahmen zur Verbesserung der Bauteilmaßhaltigkeit durch eine Stoffflusssteuerung zu erforschen. Es wurde gezeigt, dass sowohl in der Blech-, der Massiv- als auch der Blechmassivumformung von vorbeschnittenen Ronden zahlreiche Maßnahmen zur Beeinflussung des Stoffflusses bestehen. Die sowohl in der Massiv- als auch in der Blechmassivumformung eingesetzte schwingungsüberlagerte Umformung reduziert global die Reibung. Folglich ist dieser Ansatz nicht für eine lokale Stoffflusssteuerung geeignet. In der Blechumformung wird örtlich begrenztes Schmieren der Platinen zur Steuerung der Bauteilausformung eingesetzt. Aus den filigranen Abmessungen der Funktionselemente in der Blechmassivumformung resultieren kleine Bereiche mit scharfen Übergängen, in denen die Reibung einzustellen ist. Dies ist durch Variation der Schmierstoffmenge nicht realisierbar [50]. Somit ist der Ansatz ungeeignet. Sämtliche anderen identifizierten Maßnahmen werden nach den Kriterien Auswirkung auf die Prozesskettenlänge [68], Energie- und Materialeffizienz [68] sowie Anwendbarkeit bezüglich ihrer Eignung für die Stoffflusssteuerung bei der Blechmassivumformung von Bandmaterial bewertet.

Eine lokale Adaption der Halbzeugtopographie als werkstückseitige Maßnahmen ist geeignet, den Stofffluss durch Einstellen der Reibung zu steuern. Allerdings ist hierfür die Modifikation jeder Werkstückoberfläche notwendig. Dies erfordert einen zusätzlichen Prozessschritt und verschlechtert somit die Energieeffizienz. Zudem ist das lokale Modifizieren der Bandtopographie nur bedingt realisierbar. Vor diesem Hintergrund wird dieser Ansatz nicht weiterverfolgt. Die Adaption der Halbzeuggeometrie zur Stoffflusssteuerung verlängert hingegen nicht die Prozesskette. Folglich ist die Eignung dieses Ansatzes im Rahmen dieser Arbeit zu erforschen. Hierbei ist allerdings der Einfluss einer Adaption der Halbzeuggeometrie auf die Materialeffizienz zu berücksichtigen. Diese wird je nach Geometrieanpassung verbessert oder verschlechtert.

Prozessseitig wird sowohl in der Blech- als auch in der Blechmassivumformung die Adaption von Gegen- oder Niederhalterkräften zur Stoffflusssteuerung eingesetzt. Dieser Ansatz beeinflusst weder die Prozesskettenlänge noch Materialeffizienz, erhöht allerdings aufgrund einer Zunahme der Umformkräfte den Energiebedarf. In der Blechmassivumformung von vorbeschnittenen Ronden im geschlossenen Gesenk besteht der Wirkmechanismus dieses Ansatzes darin, dass durch eine Erhöhung der Gegenhalterkraft der Stofffluss aus den Funktionselementen in angrenzende Bereiche verhindert wird. In der Blechmassivumformung vom Band ist das Werkzeug nicht geschlossen. Folglich ist davon auszugehen, dass dieser Ansatz nicht wirksam ist. Auch eine lokale Erhöhung der Umformtemperatur, wie sie in der Blech- und Massivumformung angewendet wird, ist für die Blechmassivumformung vom Band nur bedingt geeignet. Einerseits würde durch das lokale Erwärmen und geregelte Abkühlen die Prozesskette verlängert werden. Andererseits ist bei der Umformung einer hohen Anzahl an Bauteilen vom Band fraglich, ob je Hub genügend Zeit für ein Erwärmen der Bauteile zur Verfügung steht. Zudem wird hierfür zusätzliche Energie benötigt.

Werkzeugseitig ist eine Modifikation der Werkzeugoberfläche zur Stoffflusssteuerung durch lokales Einstellen der Reibung verbreitet. Dieser Ansatz verlängert die Prozesskette nicht. Zudem verschlechtert er nicht die Effizienz des Prozesses, da jedes Werkzeug nur einmalig bei der Werkzeugherstellung zu modifizieren ist. Folglich wird die Eignung dieses Ansatzes im Rahmen der Arbeit analysiert. Auch eine Anpassung der Werkzeuggeometrie hat Potential die Bauteilausformung ohne Verlängerung der Prozesskette zu verbessern. Sie wird folglich ebenfalls untersucht. Ein dynamisches Anpassen der Werkzeuggeometrie während der Umformung durch das Armierungssystem wird hingegen nicht erforscht, da hierdurch die Kavitätsgrößen, nicht aber der Stofffluss lokal steuerbar sind.

Somit haben eine Adaption der Halbzeuggeometrie sowie der Werkzeugtopographie und -geometrie zur Verbesserung der Bauteilausformung bei der Blechmassivumformung von Werkstücken aus Band das höchste Potential. Diese Maßnahmen sind folglich Gegenstand der Forschung. Neben der begrenzten Bauteilmaßhaltigkeit bedingt durch den Stofffluss stellen ausgeprägte Werkzeugbeanspruchungen eine weitere Herausforderung in der Blechmassivumformung dar. Deshalb sind bei der Erforschung der Maßnahmen nicht nur deren stoffflusssteuerndes Potential, sondern auch deren Auswirkungen auf die Werkzeugbeanspruchungen zu analysieren. Durch die hohen Beanspruchungen besteht die Möglichkeit des Werkzeugverschleißes. Dieser würde die Topographie der Werkzeugoberflächen verändern. Folglich ist bei einer Stoffflusssteuerung durch werkzeugseitige Oberflächenmodifikationen neben der Wirksamkeit auch deren Verschleißverhalten zu untersuchen. Deshalb sind mit dieser Maßnahme Standmengenversuche durchzuführen. Die Ermittlung der Wechselwirkungen zwischen Verschleiß und Wirksamkeit der Maßnahme ist erforderlich, um die Eignung dieser für die Stoffflusssteuerung bei der Blechmassivumformung von Band vollständig zu bewerten.

# 3 Zielsetzung und Vorgehensweise

Der zunehmende Bedarf an Funktionsbauteilen motiviert die Erforschung der Blechmassivumformung. Die Prozessklasse ermöglicht die Herstellung flächiger Leichtbauteile mit integrierten Funktionselementen in kurzen Prozessketten. In einem Großteil der hierzu vorliegenden Forschungsarbeiten werden vorbeschnittene Ronden umgeformt. Der Einsatz von bandförmigem Halbzeug kombiniert die bestehenden Vorteile der Blechmassivumformung mit denen einer Fertigung vom Band. Dies ermöglicht im Vergleich zur Umformung vorbeschnittener Ronden aufgrund des vereinfachten Bauteilhandlings kürzere Taktzeiten und somit eine höhere Ausbringungsmenge. Da eine Vielzahl blechmassivumgeformter Werkstücke in hohen Stückzahlen benötigt werden, wird die Erforschung der Blechmassivumformung von Bauteilen aus Bandmaterial motiviert.

Erste hierzu durchgeführte Forschungsarbeiten zeigen einen anisotropen Stofffluss und infolge nicht maßhaltige Bauteile. Es sind allerdings keine grundlegenden Untersuchungen zur Blechmassivumformung von Bauteilen vom Band bekannt. Hieraus wird das übergeordnete Ziel, die Schaffung eines Prozessverständnisses für die Blechmassivumformung von Funktionsbauteilen aus Bandmaterial, abgeleitet. Es sind die Gemeinsamkeiten und Unterschiede beim Fließpressen von vorbeschnittenen Ronden und Band und deren Ursachen zu ermitteln. Um das Anwendungspotential des Fließpressens vom Coil zu erhöhen, sind vor diesem Hintergrund stoffflusssteuernde Maßnahmen zur Reduktion des anisotropen Stoffflusses und Erweiterung der Formgebungsgrenzen zu analysieren sowie vergleichend zu bewerten.

In einem ersten Schritt werden zwei Fließpressprozesse ausgelegt. Hierzu werden allgemeine und werkstückspezifische Anforderungen an die Prozesse definiert. Der Aufbau jeweils eines Quer- und Rückwärtsfließpressprozesses soll die Übertragbarkeit der Erkenntnisse bezüglich unterschiedlicher Hauptstoffflussrichtungen sicherstellen. Die Prozesse sind für die Umformung von Ronden und Band geeignet. Durch eine vergleichende Analyse der Umformung vorbeschnittener Ronden und Band im Einzelhub wird die Halbzeuggeometrie als eine potenzielle Ursache für den anisotropen Stofffluss untersucht. Der Vergleich der Umformung von Coil im Einzel- und Dauerhub bestimmt den Einfluss der Betriebsart auf die Bauteilausformung. Aus den Untersuchungen werden werkstückseitige Herausforderungen bezüglich der Bauteilmaßhaltigkeit abgeleitet. Des Weiteren werden Simulationsmodelle beider Prozesse aufgebaut und validiert. Diese werden genutzt, um die Auswirkungen des anisotropen Stoffflusses auf die Werkzeugbeanspruchungen zu erforschen. Um die Übertragbarkeit der identifizierten Prozesscharakteristika zu bewerten, wird zudem der Einfluss der Halbzeugeigenschaften Werkstückwerkstoff und Ausgangsblechdicke auf die Prozesse erforscht.

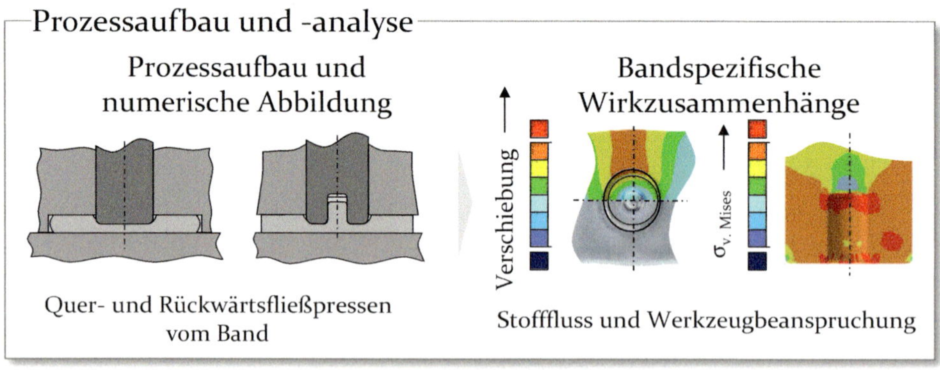


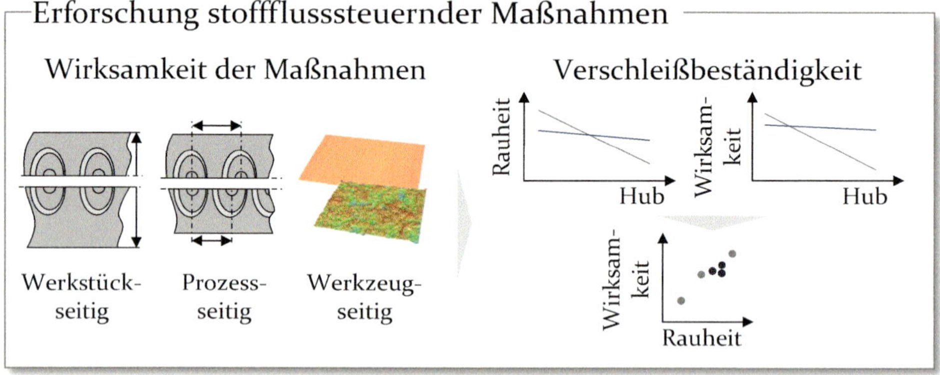


Ergebnisbewertung

Erarbeitung eines Verständnisses für die Blechmassivumformung von Funktionsbauteilen aus Bandmaterial und vergleichende Bewertung von Maßnahmen zur Erweiterung der Formgebungsgrenzen

Bild 1: Vorgehensweise zur Erreichung des Forschungsziels

Um den im Rahmen der Prozessanalyse identifizierten werkstückseitigen Herausforderungen zu begegnen, ist es ein weiteres Ziel, das Potential sowie die Wirkzusammenhänge stoffflusssteuernder Maßnahmen zur Verbesserung der geometrischen Bauteilmaßhaltigkeit zu analysieren. Hierzu wird ein kombiniert numerisch-experimentelles Vorgehen angewendet.

Neben der Wirksamkeit der Ansätze werden deren Auswirkungen auf die Werkzeugbeanspruchungen ermittelt. Als Maßnahmen werden das gezielte Variieren der Bandbreite, der Vorschubweite, lokale werkzeugseitige Oberflächenmodifikationen sowie ein Anpassen der Werkzeuggeometrie erforscht. Bei einer lokalen Adaption der Werkzeugoberfläche könnte Verschleiß die stoffflusssteuernde Wirkung beeinflussen. Deshalb werden Standmengenuntersuchungen durchgeführt. Diese ermöglichen die Erforschung der Wechselwirkungen zwischen verschleißbedingten Veränderungen der Oberflächenmodifikationen und deren Wirksamkeit. Durch die Untersuchungen wird die Wirksamkeit dieser werkzeugseitigen Maßnahmen für eine hohe Anzahl an Hüben bewertet.

Abschließend wird durch eine Synthese der Erkenntnisse ein Prozessverständnis für das Blechmassivumformen von Bauteilen aus Bandmaterial geschaffen. Es werden Empfehlungen für die Auslegung von Blechmassivumformprozesse vom Band abgeleitet. Aufbauend auf den Erkenntnissen bezüglich stoffflusssteuernder Maßnahmen werden die Ansätze zur Erweiterung der Formgebungsgrenzen im Hinblick auf die Wirksamkeit und die Anwendbarkeit vergleichend evaluiert und ihr Potential zur Verbesserung der Bauteilmaßhaltigkeit dargestellt.

# 4 Angewandte Werkstoffe, Oberflächenmodifikationen, Analysemethoden und Versuche

In diesem Kapitel werden die im Rahmen der Arbeit eingesetzten Werkstück- sowie Werkzeugwerkstoffe und das Schmierstoffsystem charakterisiert. Zudem werden die eingesetzten Modifikationen der Werkzeugoberflächen sowie die Analyseverfahren zur Auswertung der Umformversuche erläutert. Weiterhin wird der grundlegende Aufbau der erforschten Umformprozesse und deren Einbindung in die Peripherie der genutzten Presse dargelegt. Außerdem wird auf die Software zur numerischen Erforschung der Umformprozesse eingegangen.

## 4.1 Eingesetzte Werkstoffe und Schmierstoff

In der Blechmassivumformung wird der Stofffluss durch das tribologische System beeinflusst [68]. Dieses besteht in der Umformtechnik neben dem Umgebungsmedium aus dem Werkstück, dem Werkzeug und dem Zwischenmedium [107]. Deshalb wird im Folgenden auf die Eigenschaften der Werkstück- und Werkzeugwerkstoffe sowie des eingesetzten Schmierstoffsystems eingegangen.

### Werkstückwerkstoffe

Um eine industrielle Relevanz der erarbeiteten Erkenntnisse sicherzustellen, wird der in der Anwendung etablierte kaltgewalzte Tiefziehstahl DC04 nach DIN 10139 eingesetzt [140]. Dieser Werkstoff weist ein ferritisches Gefüge auf [141] und wird in der Automobilindustrie für anspruchsvolle Bauteile verwendet [12]. Um eine Übertragbarkeit der Erkenntnisse auf andere Werkstoffe sicherzustellen, wird der mikrolegierte Kaltumformstahl HC260LA genutzt. Dieser Werkstoff wird aufgrund seiner hohen Festigkeitseigenschaften unter anderem für Getriebebauteile eingesetzt [142]. Zudem wird in Stichversuchen der Dualphasenstahl DP600 untersucht. Diese Legierung mit einem Kohlenstoffgehalt von 0,14 % nach Tabelle 1 weist ein ferritisches Gefüge mit martensitischen Inseln auf [143]. Sämtliche Werkstoffe werden mit einer Ausgangsblechdicke von 2,0 mm sowie für ausgewählte Versuchsreihen mit 3,0 mm eingesetzt. In der Umformtechnik sind Bleche zur Reduktion der Reibung sowie zur Verbesserung der Lackierbarkeit texturiert [79]. Die eingesetzten Werkstoffe weisen eine EDT-Oberfläche auf.

Tabelle 1: Chemische Zusammensetzung in maximalen Gewichtsprozent für DC04 [144], HC260LA [145] und DP600 [146]

| | C | Si | Mn | P | S | Cr/Mo/Ni | B | Al |
|---|---|---|---|---|---|---|---|---|
| DC04 | 0,080 | - | 0,400 | 0,030 | 0,030 | - | - | |
| HC260 | 0,100 | 0,500 | 0,600 | 0,025 | 0,025 | - | - | 0,015 |
| DP600 | 0,140 | 1,500 | 2,200 | 0,070 | 0,015 | 1,000 | 0,005 | 0,015 |

Eine Grundlage für die Abbildung des Werkstoffflusses in der Simulation ist die Fließkurve [25]. Diese wird für die Werkstoffe in Anlehnung an DIN 50106 [147] im Schichtstauchversuch ermittelt. Um die Fertigungshistorie des Werkstoffes zu berücksichtigen, werden die Proben nach dem Durchlauf des Coils durch den Bandrichter entnommen. Für den Schichtstauchversuch werden sieben Ronden mit einem Durchmesser von 10 mm bei Raumtemperatur mit einer Geschwindigkeit von 5 mm/min auf der Universalprüfmaschine FS-300 der Firma Walter+bai zwischen planaren Werkzeugen gestaucht. In Anlehnung an [148] werden die Dehnungen durch das optische Messsystem Aramis der Firma GOM gemessen. Für DC04 wird die Fließspannung bis zu einem Umformgrad von $\phi = 0{,}57$ erfasst und bis zu einem Umformgrad von $\phi = 3{,}00$ nach dem Ansatz von HOCKETT-SHERBY [149] extrapoliert. Für HC260 sowie DP600 werden die Fließspannungen experimentell bis zu einem Umformgrad von $\phi = 0{,}30$ und $\phi = 0{,}52$ ermittelt sowie nach SWIFT [150] bis zu einem Umformgrad von $\phi = 3{,}00$ extrapoliert. Die ermittelten Fließkurven sind in Bild 2 dargestellt.

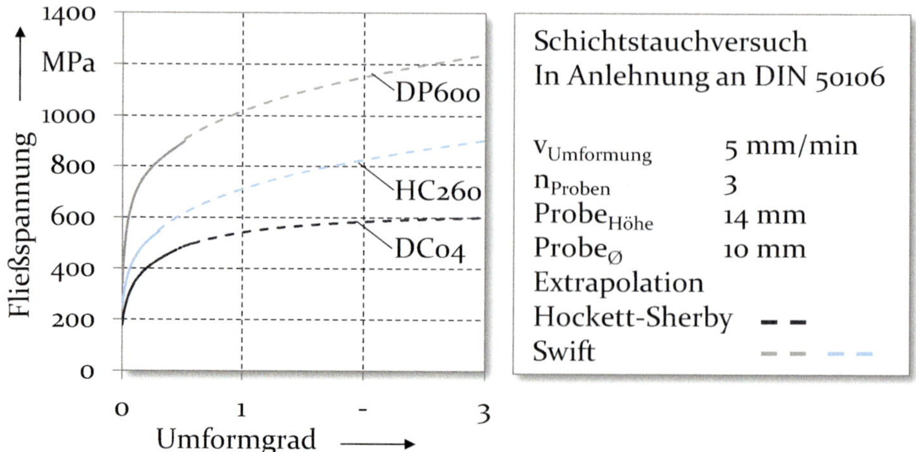


Bild 2: Fließkurven für DC04, HC260LA und DP600

DC04 weist mit 180 MPa eine deutlich niedrigere Anfangsfließspannung als HC260 sowie DP600 mit 264 MPa sowie 339 MPa auf. Zudem verbleibt bei DC04 die extrapolierte Fließspannung ab einem Umformgrad von $\phi = 2$ auf einem Niveau von näherungsweise 600 MPa, wohingegen bei den anderen Werkstoffen eine kontinuierliche und deutliche Verfestigung auftritt. Die Werkstoffe weisen somit unterschiedliche mechanische Eigenschaften auf. Sie sind daher zur Erforschung der werkstofflichen Übertragbarkeit der Erkenntnisse geeignet.

### Werkzeugwerkstoffe

Für die Stempel als die am höchsten beanspruchten Werkzeugaktivteile wird der auf 61 ± 2 HRC gehärtete pulvermetallurgische Schnellarbeitsstahl ASP2023 der Firma Zapp eingesetzt. Schnellarbeitsstähle sind aufgrund einer hohen Verschleißfestigkeit, Zähigkeit und Anlassbeständigkeit [151] für Fließpresswerkzeuge geeignet [53]. Für die Niederhalter wird der ledeburitische Werkzeugstahl X155CrVMo12 mit einer Härte von 60 ± 2 HRC eingesetzt. Dieser findet aufgrund seiner ausgezeichneten Verschleißbeständigkeit häufig in der Umformtechnik Anwendung [152]. Die chemische Zusammensetzung der Werkstoffe ist in Tabelle 2 dargestellt. Als Eingangsgröße für die numerischen Analysen der Werkzeugbeanspruchungen wird aus der Materialdatenbank von Simufact.forming jeweils ein E-Modul von 210 kN/mm² für ASP2023 und 200 kN/mm² für X155CrVMo12 entnommen.

Tabelle 2: Chemische Zusammensetzung in maximalen Gewichtsprozent für ASP2023 [153] und X155CrVMo12 [152]

| | C | Cr | Mo | W | V |
|---|---|---|---|---|---|
| **ASP2023** | 1,28 | 4,0 | 5,0 | 6,4 | 3,1 |
| **X155CrVMo12** | 1,55 | 12,00 | 0,80 | - | 0,90 |

### Schmierstoff

Im Rahmen der Untersuchungen wird der Schmierstoff Beruforge 150 DL genutzt. In [154] wurden mehrere Schmierstoffe der Blech- und Massivumformung in einem Blechmassivumformprozess eingesetzt. Für Beruforge 150 DL wurde die beste Bauteilausformung identifiziert. Beruforge 150 DL ist eine umweltfreundliche, wachshaltige und wassermischbare Ziehpaste [155], die ohne Schmierstoffträgerschicht applizierbar ist. Eine detaillierte Analyse verschiedener Schmierstoffe der Blech- und Massivumformung unter den tribologischen Lasten der Blechmassivumformung erfolgte in [68]. Hierbei wurde festgestellt, dass für Beruforge 150 DL die niedrigste Reibung und das geringste Einglätten der Bauteiloberfläche während der Umformung auftreten. Folglich bildet dieser Schmierstoff den tragfähigsten Schmierfilm aus und wird im Rahmen der experimentellen Untersuchungen eingesetzt.

## 4.2 Werkzeugseitige Oberflächenmodifikationen

Sowohl in der Blech- [89] als auch in der Massivumformung [156] stellt die Modifikation der Werkzeugoberfläche eine Möglichkeit zur Beeinflussung des tribologischen Systems dar. Im Kontext der Blechmassivumformung werden maßgeschneiderte Werkzeugoberflächen, sogenannte Tailored Surfaces, zur gezielten Einstellung der Reibung erforscht [137]. Im Rahmen der experimentellen Untersuchung werden zwei Oberflächenmodifikationen zur lokalen Anpassung der Reibung eingesetzt.

Hochvorschubfräsen stellt eine Möglichkeit zur Adaption der Werkzeugoberfläche in der Blechmassivumformung dar [68]. Es ermöglicht das Fräsen gehärteter Werkzeugoberflächen [157] und ist somit eine potenzielle Werkzeugendbearbeitung [68]. Hochvorschubgefräste Oberflächen weisen je nach Wahl der Fräsparameter hohe Oberflächenrauheiten auf und sind deshalb zum lokalen Erhöhen der Reibung geeignet [47]. Zudem werden durch das Fräsen oberflächennahe Druckeigenspannungen eingebracht [158]. Diese verbessern die Ermüdungsfestigkeit der Oberflächen [139]. Die im Rahmen der Arbeit eingesetzten Werkzeuge wurden auf der Fräsmaschine HSC 75 der Firma DMG MORI am Institut für Spanende Fertigung der Universität Dortmund modifiziert. Der Fräsprozess ist im Detail in [136] beschrieben. Für die Modifikation wird eine Spindeldrehzahl von $n = 5095/\text{min}$ bei einem Zahnvorschub von $f_z = 0{,}25$ mm und einer radialen Eingriffsbreite von $a_e = 1{,}00$ mm gewählt. Es kommt ein Fräser mit einem Durchmesser von 10,00 mm, einem Werkzeugeckenradius von $r_\varepsilon = 0{,}50$ mm sowie vier Zähnen zum Einsatz. Ein Anstellwinkel von $\alpha = 3°$ wird gewählt, da dieser in [68] als am geeignetsten zur lokalen Reibungserhöhung identifiziert wurde.

Als weitere Modifikation der Werkzeugoberflächen wird Abrasivstrahlen eingesetzt. In [138] wurde gezeigt, dass die Integration eines Strahlschrittes in die Endbearbeitung von Massivumformwerkzeugen deren Standmenge erhöht. Für die Bearbeitung der Werkzeuge wird eine Peenmatic 620S der Firma IEPCO mit kantigem Strahlmittel aus $Al_2O_3$ mit einer Härte von 1800 HV eingesetzt. In [159] wurde der Einfluss verschiedener Strahlparameter auf die resultierende Topographie sowie Reibung im Kontext der

Blechmassivumformung erforscht. Im Rahmen des untersuchten Parameterraums wurde der höchste Anstieg der Reibung für einen Strahlmittelpartikeldurchmesser von 250 ± 150 µm bei einem Strahldruck von 3 bar, einer Bearbeitungsdauer von 0,02 s/mm² und 40 mm Strahlabstand festgestellt. Folglich werden diese Parameter für das Modifizieren der Werkzeuge gewählt.

In Bild 3 sind die Topographien der Modifikationen mit einem polierten Werkzeug verglichen. Sowohl durch das Abrasivstrahlen als auch durch das Hochvorschubfräsen entsteht eine Oberfläche, die im Vergleich zur Referenz eine erhöhte Rauheit aufweist. Die abrasivgestrahlte Topographie hat eine für strahlend bearbeitete Oberflächen charakteristische Gestalt mit stochastisch verteilten feinen Rauheitsspitzen. Im Vergleich hierzu ist die Rauheit der hochvorschubgefrästen Werkzeuge niedriger mit quasi-deterministisch angeordneten Riefen.

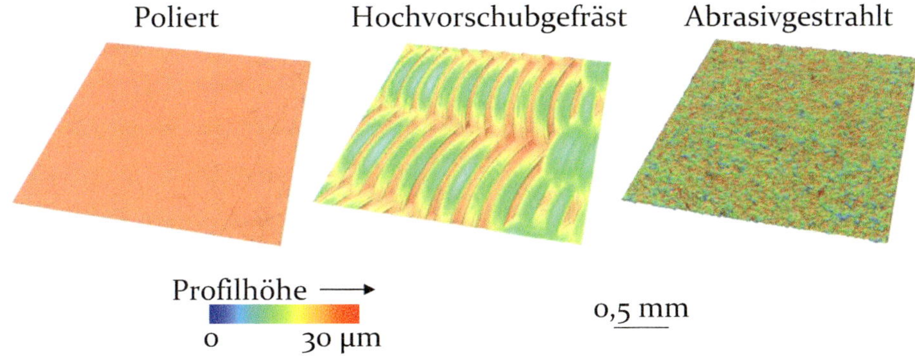


Bild 3: Topographie der Werkzeugoberflächen

Die Werkzeugtopographie beeinflusst die Tribologie. Sämtliche in Bild 3 verglichenen Oberflächen weisen eine unterschiedliche Gestalt auf. Deshalb ist davon auszugehen, dass das tribologische Einsatzverhalten der Modifikationen variiert. Folglich werden zur Analyse des Einflusses der Oberflächenmodifikationen auf die Reibung Ringstauchversuche durchgeführt (Bild 4). Der Versuchsaufbau ist nach [122] auf die Bedingungen der Blechmassivumformung angepasst. Im Ringstauchversuch steigt der Reibfaktor durch die hochvorschubgefrästen und abrasivgestrahlten Oberflächen im Vergleich zur Referenz von $m = 0{,}13 \pm 0{,}01$ auf $m = 0{,}30 \pm 0{,}01$ sowie $m = 0{,}47 \pm 0{,}02$ an. Der Anstieg der Reibung ist auf die höhere Rauheit der modifizierten Werkzeugoberflächen (Bild 3) und das hierdurch bedingte mechanische Verhaken von Rauheitsspitzen zurückzuführen. Die abrasivgestrahlten Oberflächen weisen eine höhere Rauheit als die hochvorschubgefrästen Werkzeuge auf (Bild 3). Folglich resultiert ein höherer Reibfaktor (Bild 4). Durch die Untersuchungen wurde gezeigt, dass beide Modifikationen für das lokale Einstellen der tribologischen Bedingungen geeignet sind.

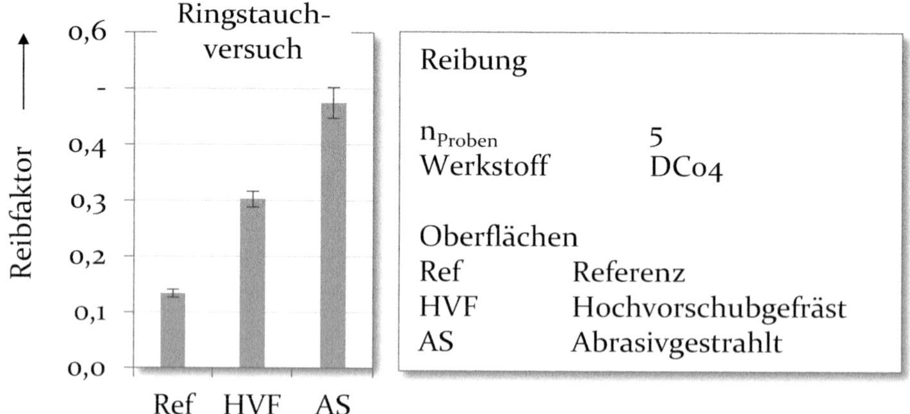


Bild 4: Resultierende Reibfaktoren der Oberflächenmodifikationen

## 4.3 Verfahren zur Charakterisierung der Bauteil- und Werkzeugeigenschaften

Zur grundlegenden Analyse der Prozesse, aber auch zur Bewertung der Wirksamkeit stoffflusssteuernder Maßnahmen, ist die Ermittlung der Bauteileigenschaften notwendig. Die Messung der Abstände vom Bauteilzentrum zu den Kanten des Funktionselementes erfolgt optisch mit dem Auflichtmikroskop VH-Z 100 der Firma Keyence. Hierzu wird ein 10-fach vergrößerndes Objektiv eingesetzt. In den aufgenommenen Bildern werden anschließend mit der Analysesoftware VHX der Firma Keyence die definierten Zielgrößen ausgewertet. Die Höhe des zapfenförmigen Funktionselementes beim Rückwärtsfließpressen wird taktil mit einer digitalen Bügelmessschraube mit einer Anzeigengenauigkeit von 1 µm gemessen.

Für ausgewählte Versuchsreihen wird neben den geometrischen Zielgrößen zur tiefergehenden Analyse auch das Gefüge der Werkstücke untersucht. Hierzu wird die umformungsbedingte Kaltverfestigung durch eine instrumentierte Eindringprüfung nach DIN EN ISO 14577 [160] mit dem Fischerscope HM2000 der Firma Fischer an in Epoxidharz eingebetteten, planparallel geschliffenen sowie polierten Proben ermittelt. Die Härte ist hierbei als der Widerstand gegen das Eindringen eines anderen Körpers in die Oberfläche definiert [161]. Die Härtemessung beruht auf dem Prinzip des Einsenkens einer quadratischen Diamantpyramide mit einem Spitzenwinkel von 136° durch das Aufbringen und Halten einer definierten Prüfkraft [160]. Als Prüfkraft werden 500 mN gewählt. Die Aufbringdauer beträgt 5 s, die Haltedauer 10 s [161]. Aus der Eindringhärte wird nach [160] auf die Vickershärte geschlossen, welche aufgrund ihrer hohen Verbreitung in der Arbeit diskutiert wird. Der programmierbare Messtisch ermöglicht ein flächiges Abrastern der Probe mit mehreren Einzelmessungen. Zwischen den Einzelmesspunkten wird ein Abstand von 150 µm gewählt.

Neben der Analyse der Werkstücke ist an den in Abschnitt 4.2 diskutierten werkzeugseitigen Oberflächenmodifikationen eine Untersuchung der Topographie zur Ableitung funktionaler Zusammenhänge bezüglich Wirkung und Verschleiß notwendig. Hierzu werden taktile Rauheitsmessung durchgeführt. Es wird das Messgerät Mahr Surf GD120 der Firma Mahr genutzt. Die Analyse beruht nach DIN EN ISO 4287 auf dem Prinzip des Tastschnittverfahrens [162]. Hierbei wird ein Taster mit Diamantspitze eine definierte Messstrecke über die Oberfläche bewegt und die Auslenkung des Tasters als Primärprofil aufgenommen. Durch Filtern des Profils mit der Grenzwellenlänge $\lambda_c$ und dem kurzwelligen Profilfilter $\lambda_s$ wird das Rauheitsprofil ermittelt. Für die im Rahmen dieser Arbeit durchgeführten Messungen wird nach DIN ISO 4288 eine Grenzwellenlänge von $\lambda_c = 0{,}8$ mm und ein kurzwelliger Profilfilter von $\lambda_s = 0{,}25$ µm festgelegt [163]. Eine zur Beschreibung von Oberflächen geeignete Zielgröße mit industrieller Verbreitung ist die gemittelte Rautiefe Rz. Diese ist als der Mittelwert der Einzelprofiltiefen von fünf aneinandergrenzenden Einzelmessungen definiert [164]. Neben der taktilen Messung der Werkzeugoberflächen vor, zwischen und nach den Versuchen erfolgt eine optische Analyse nach dem Prinzip der Konfokalmikroskopie. Hierdurch wird ein qualitativer Eindruck der Oberfläche gewonnen. Im Gegensatz zur taktilen Rauheitsmessung wird die Oberfläche hierdurch flächenhaft und berührungslos analysiert [165]. Das Verfahren hat allerdings den Nachteil einer hohen Messdauer. Bei dieser Art der Mikroskopie erreicht lediglich das in der Fokusebene reflektierte Licht den Detektor. Durch Aufnehmen mehrerer Fokusebenen mit einer Schrittweite von 0,5 µm und anschließendes Schichten der Bilder entsteht ein Gesamtbild, das einen Eindruck bezüglich der Topographie ermöglicht. Die Messungen werden mit dem Konfokalmikroskop VK-X 200 der Firma Keyence mit einem 20-fach vergrößernden Objektiv durchführt. Dieses Gerät nutzt eine Laserlichtquelle zur Analyse der Topographie.

## 4.4 Versuchsstand

Zur Nutzung der Vorteile einer Umformung vom Band bezüglich der zeiteffizienten Umformung hoher Bauteilstückzahlen sind Hochleistungsstanzpressen mit automatisierter Materialzufuhr notwendig. Durch die Ausführung dieser Anlagen als mechanische Exzenterpressen sind bis zu 2000 Hub/min realisierbar [60]. Für die experimentellen Untersuchungen dieser Arbeit wird daher die Schnellläuferpresse BSTA 510-10125B2 der Firma Bruderer AG eingesetzt. Diese ermöglicht bei einer maximalen Umformkraft von 550 kN bis zu 950 Hub/min. Die Automatisierung der Umformung erfolgt durch die in Bild 5 dargestellte Prozesskette.

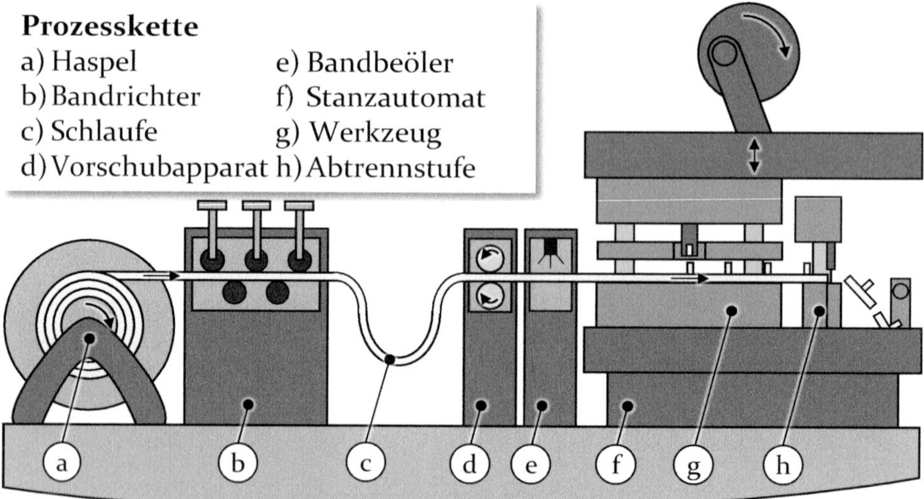


Bild 5: Eingesetzte Prozesskette nach [166]

Für die Werkstoffbereitstellung wird die Haspel 5000/120/ST-M in Kombination mit dem Bandrichter 500/120 RM 1825/19 der Firma ARKU genutzt. Der Bandrichter gleicht die durch das Coil bedingte Deformation des Bands durch wechselseitiges Plastifizieren aus. Anschließend wird das Band durch den in die Presse integrierten Vorschubapparat dem Werkzeug zugeführt. Der diskontinuierliche Vorschub ist vom kontinuierlichen Prozess des Bandrichtens durch eine Schlaufe entkoppelt. Vor dem Werkzeug wird der Schmierstoff Beruforge 150 DL durch den Bandbeöler SPR ELS 4000/MDG-002 der Firma Raziol aufgebracht. Im Werkzeug werden die Bauteile umgeformt und anschließend durch die Abtrennstufe vereinzelt. Das Werkzeugsystem und die Abtrennstufe werden durch die Bewegung der Presse mit 100 Hub/min angetrieben.

Die im Rahmen dieser Arbeit ausgelegten Werkzeuge werden in ein bestehendes Werkzeuggestell, dargestellt in Bild 6, integriert. Das Gestell besteht aus drei Platten, die über Säulen geführt werden. Die oberste Platte steht in Kontakt zum Pressenstößel und überträgt dessen Bewegung auf den Stempel. Die Stempelgeometrie ist flexibel anpassbar und wird in Kapitel 5 ausgelegt. Zudem ist die obere Platte über Gasdruckfedern, welche eine Gesamtkraft von 130 kN aufbringen, mit der mittleren Platte verbunden. Diese überträgt die Federkraft über den Niederhalter auf das Werkstück. Zur Prozessüberwachung ist eine Sensorik bestehend aus einem Wegsensor sowie einer piezoelektrischen Kraftmessdose in das System integriert. Durch die Integration der Kraftmessdose in die Stempelaufnahme misst diese ausschließlich die Stempelkraft. Auf die Prozesskinematik sowie die Auslegung der Aktivteile wird im folgenden Kapitel eingegangen.

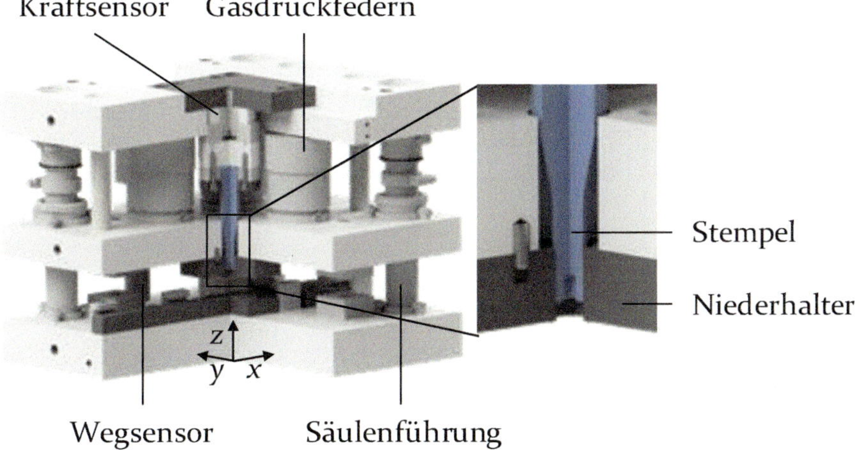


Bild 6: Werkzeuggestell nach [166]

## 4.5 Eingesetzte Simulationssoftware

In der Umformtechnik wird die Finite-Elemente-Methode (FEM) zur Prozessanalyse sowie zum Erarbeiten eines Prozessverständnisses genutzt [167]. Im Rahmen der Arbeit wird die Software Simufact.forming 14.0.1 eingesetzt. Die Eignung dieser Software zur Abbildung von Blechmassivumformprozessen wurde in [36] gezeigt. Für die Simulation ist eine Vernetzung der Prozesselemente notwendig. Hierzu werden Werkstücke durch Hexaeder und Werkzeuge durch Tetraeder diskretisiert. Der Einsatz von Hexaedern ist in der Massivumformung aufgrund des im Vergleich zu Tetraedern geringeren Berechnungsaufwands etabliert [168]. Tetraeder sind hingegen besser für die Vernetzung geometrisch anspruchsvoller Formen geeignet [168]. Sie werden deshalb für Werkzeuge eingesetzt. Zur genaueren Analyse der besonders relevanten Bauteilbereiche besteht die Möglichkeit zur lokalen Netzverfeinerung. Die Modellierung der mechanischen Eigenschaften der Prozesskomponenten erfolgt durch das Zuweisen von Materialkarten, in denen bei Werkstückwerkstoffen die in Bild 2 dargestellten Fließkurven hinterlegt sind. Für das Abbilden der tribologischen Bedingungen wird aufgrund der lokal hohen Kontaktdrücke in der Blechmassivumformung [50] das Reibfaktormodell eingesetzt. Für das in dieser Arbeit standardmäßig genutzte tribologische System wurde für zwei Fließpressprozesse bei einem Reibfaktor von 0,1 eine gute Übereinstimmung zwischen Numerik und Experiment festgestellt [11]. Deshalb wird dieser Wert für die Simulationen gewählt. Die Reibfaktoren der eingesetzten Oberflächenmodifikationen wurden im Ringstauchversuch bestimmt. Das Lösen der umfangreichen Modelle erfolgt mit einem iterativen Solver auf einem Hochleistungsrechner HPC der Firma NEC, der eine Simulationsdauer je Variante von näherungsweise 24 Stunden ermöglicht. Die Analyse der Werkzeugbeanspruchungen erfolgt zur Sicherstellung stabiler Modelle entkoppelt.

# 5 Prozessanalyse

Das Ziel dieses Kapitels ist es, ein grundlegendes Verständnis für die Blechmassivumformung von Bauteilen vom Band zu schaffen. Hierzu werden in einem ersten Schritt zwei Umformprozesse ausgelegt. Diese werden genutzt, um die Gemeinsamkeiten und Unterschiede bezüglich der Bauteilausformung zwischen der Umformung vorbeschnittener Ronden und der Bauteilherstellung vom Band zu ermitteln. Hieraus werden werkstückseitige Herausforderungen und deren Ursachen abgeleitet. Zudem werden virtuelle Prozessmodelle aufgebaut und validiert. Die Modelle sind die Grundlage für die folgende Analyse des in der Blechmassivumformung häufig kritischen Werkzeugbeanspruchungszustandes [11]. Abschließend wird für ein umfassendes Prozessverständnis der Einfluss der Halbzeugeigenschaften Werkstückwerkstoff und Ausgangsblechdicke untersucht.

## 5.1 Prozessauslegung

Wie bei der Auslegung von Blechmassivumformprozessen etabliert [37], werden zunächst Anforderungen an diese definiert. Die Anforderungen werden in allgemeine und werkstückseitige Anforderungen unterteilt. Aufbauend auf den werkstückseitigen Anforderungen werden Bauteilgeometrien festgelegt. Von diesen werden unter Einbeziehen der allgemeinen Anforderungen Umformprozesse durch Festlegung der Werkzeuggeometrie und Prozesskinematik abgeleitet.

### 5.1.1 Prozessanforderungen

Im Rahmen der vorliegenden Arbeit wird angestrebt, zwei Prozesse mit unterschiedlicher Hauptstoffflussrichtung als Grundlage für die folgenden Untersuchungen auszulegen. Dies stellt die Übertragbarkeit bezüglich der jeweiligen Materialflussrichtung sicher. Ein durch den Einsatz der Blechmassivumformung angestrebtes Ziel ist die Prozesskettenverkürzung [15]. Folglich sind die Bauteile in einem Stempelhub auszuformen. Um den Einfluss der Halbzeuggeometrie auf den Umformprozess zu ermitteln, sind die Prozesse derartig aufzubauen, dass sowohl vorbeschnittene Ronden als auch Band umformbar sind. Ein Grund für eine Fertigung vom Band ist die hohe Ausbringungsmenge [12]. Um diesen Vorteil zu nutzen, ist eine kurze Taktzeit und eine hohe Werkzeuglebensdauer notwendig. Dies wird durch eine Auslegung der Werkzeuge in Anlehnung an [169] sowie die Realisierung der Prozesse auf einer Schnellläuferpresse in einem bestehenden

Werkzeuggestell sichergestellt. Hierbei sind die in Kapitel 4 diskutierten anlagenspezifischen Restriktionen zu berücksichtigen. Um in Kapitel 7 ressourceneffiziente Standmengenuntersuchungen durchzuführen, ist zudem der Materialeinsatz je Werkstück zu minimieren.

Eine werkstückseitige Anforderung ist, dass die hergestellten Bauteile eine Ähnlichkeit zu etablierten Werkstücken der Blechmassivumformung haben sollen. Hierbei werden Funktionselemente in der Größenordnung der Blechdicke [32] durch einen dreidimensionalen Werkstofffluss [8] mit beabsichtigter Blechdickenänderung [170] ausgeformt. Im Rahmen der Untersuchungen wird ein Zapfen als Funktionselement hergestellt. Zapfen sind sowohl in der Automobil- als auch der Elektroindustrie wichtige Konstruktionselemente [171]. Die Fertigung derartiger Geometrien durch Verfahren der Blechmassivumformung mit vorbeschnittenen Halbzeugen wird bereits erforscht [172]. Neben dem Zapfen wird eine Kavität durch eine lokale Blechdickenreduktion ausgeformt. Beide Geometrien, Zapfen und Kavität, sind in der Blechmassivumformung als Materialvorverteilung oder als Positionier- und Stoppelement verbreitet [35]. Sie werden zum Beispiel bei der industriellen Blechmassivumformung von Planetenradträgern hergestellt [58]. Um eine hohe Übertragbarkeit zwischen den Prozessen zu gewährleisten, ist für die Umformung beider Geometrien jeweils das gleiche Umformvolumen zu verdrängen.

### 5.1.2 Prozessaufbau

#### Bauteilgeometrie Zapfen

Aus den Anforderungen wird die in Bild 7 dargestellte Zapfengeometrie abgeleitet. Um die Gemeinsamkeiten und Unterschiede zwischen der Umformung vorbeschnittener Ronden und Band zu erforschen, sind die Bauteile aus beiden Halbzeuggeometrien herstellbar.

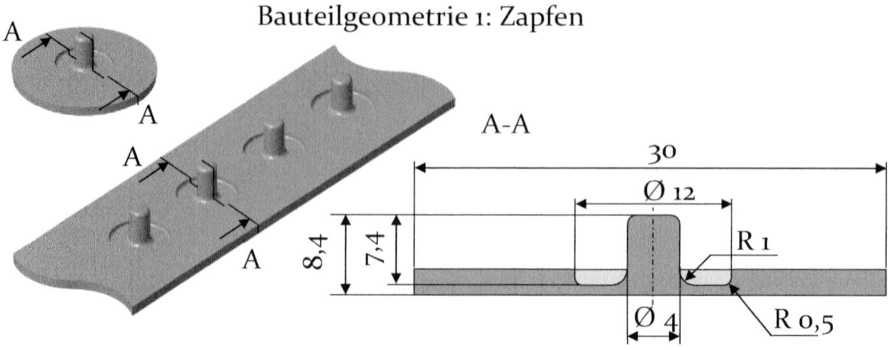


Bild 7: Sollmaße der zapfenförmigen Bauteilgeometrie

In der Forschung bestehen zahlreiche Untersuchungen zum Einfluss der Zapfengeometrie – hergestellt durch Vorwärts- [122] oder Rückwärtsfließpressen [35] – auf den Umformprozess. Deshalb wird der Einfluss der Werkstückgeometrie auf die Umformung im Folgenden nicht näher untersucht. Der Zapfen weist einen Durchmesser von 4 mm auf. Es wird ein großer Innenkantenradius von 1 mm gewählt, da in [122] gezeigt wurde, dass hierdurch der Stofffluss in die Werkzeugkavität begünstigt wird. Die Außenkanten haben zur Reduktion der lokalen Beanspruchungsmaxima einen Radius von 0,5 mm. Zur Ausformung wird das in Bild 8 dargestellte Werkzeugkonzept genutzt.

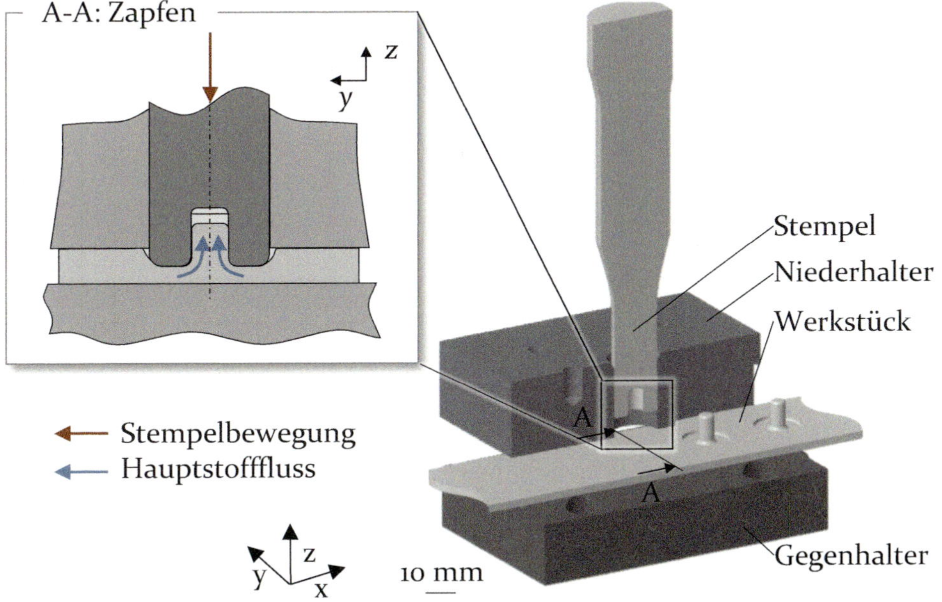


Bild 8: Werkzeugkonzept zur Herstellung der zapfenförmigen Bauteilgeometrie

Hierbei dringt ein durch einen Niederhalter geführter Stempel in das Blech ein und formt dabei den Zapfen aus. Der Werkstückwerkstoff wird zwischen den Werkzeugaktivteilen in die Stempelkavität durchgedrückt. Der angestrebte Hauptstofffluss ist im Funktionselement respektive Zapfen in entgegengesetzte Stempelbewegungsrichtung orientiert. Folglich wird der Prozess zur Herstellung des Zapfens dem Rückwärtsfließpressen zugeordnet.

Die Stempelkavität weist entsprechend des Durchmessers des Zapfens einen Durchmesser von 4 mm auf. Der Außendurchmesser des Stempels beträgt 12 mm. Bei einer Umformung bis zu einer Restblechdicke von 1 mm resultiert ein Umformvolumen von 95 $mm^3$. Würde sämtlicher verdrängter Werkstoff in die Kavität fließen, entstünde die in Bild 7 aufgezeigte Zapfenhöhe von 8,4 mm.

## Bauteilgeometrie Kavität

Es ist die Übertragbarkeit der Erkenntnisse auf Prozesse mit unterschiedlicher Hauptstoffflussrichtung sicherzustellen. Deshalb wird neben dem Zapfen entsprechend Bild 9 eine Kavität als zweite Bauteilgeometrie gewählt.

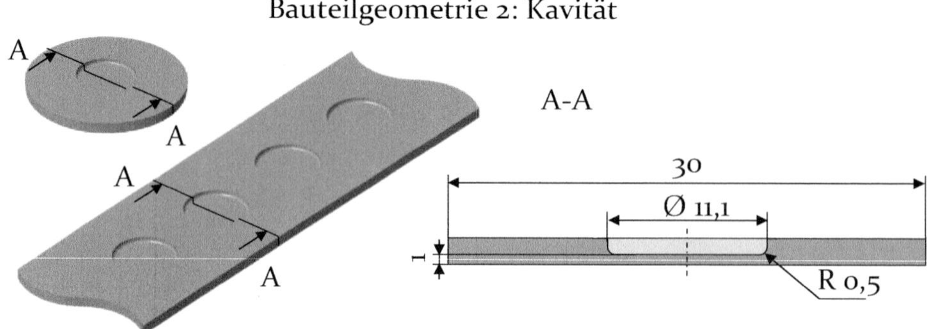


Bild 9: Sollmaße der Kavität

Um eine Vergleichbarkeit zwischen beiden Bauteilen zu gewährleisten, wird für die Ausformung der Kavität das gleiche Materialvolumen wie für die Fertigung des Zapfens umgeformt. Die Restblechdicke und der Außenkantenradius betragen wie bei dem zapfenförmigen Bauteil 1,0 mm sowie 0,5 mm. Hieraus resultiert bei konstantem Umformvolumen ein Durchmesser der Kavität von 11,1 mm.

Als Referenzwerkstoff wird sowohl für den Zapfen als auch die Kavität der in der Blechmassivumformung etablierte Tiefziehstahl DC04 [34] mit einer Ausgangsblechdicke von 2 mm eingesetzt. Es sind sowohl Band mit einer Breite von 30 mm als auch kreisförmige Ronden mit einem Durchmesser von 30 mm umformbar. Basierend auf der Geometrie der Kavität wird das in Bild 10 dargestellte Werkzeugkonzept abgeleitet. Hierbei dringt der Stempel in das Blech ein und formt die Kavität aus. Der Werkstoff wird quer zur Wirkrichtung der Maschine in den Spalt zwischen Nieder- und Gegenhalter nach außen verdrängt. Hierbei besteht die Option, dass durch einen formgebenden Niederhalter an den Außenkanten des Bauteils durch den quer zur Werkzeugbewegungsrichtung orientierten Stofffluss eine definierte Außenkontur mit zusätzlichen Funktionselementen ausgeformt wird. In der vorliegenden Arbeit wird die Blechmassivumformung von

Bandmaterial grundlegend erforscht. Deshalb wird in einem erst Schritt ein planarer Niederhalter zur freien Ausformung der Bauteilkanten eingesetzt.

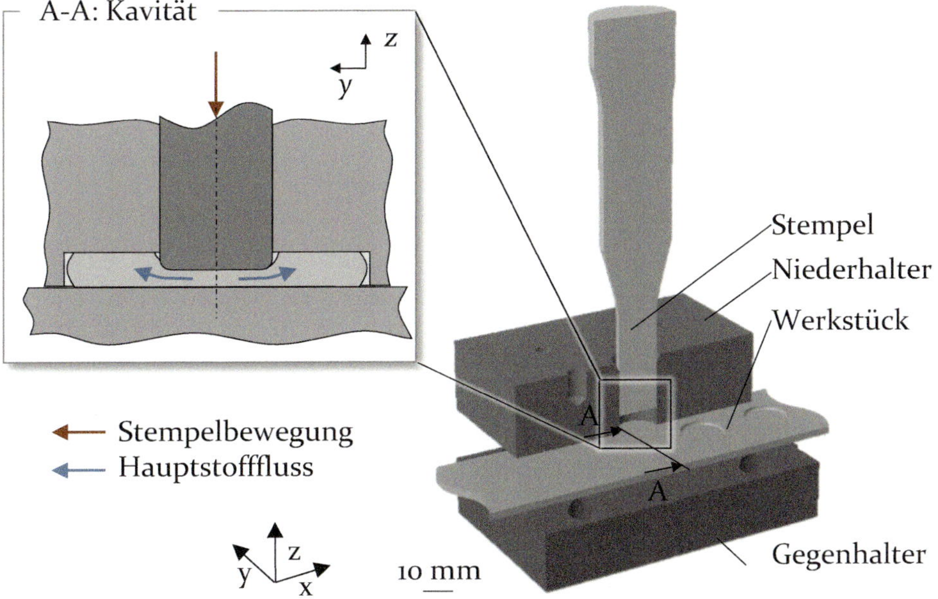


Bild 10: Werkzeugkonzept zur Herstellung der Kavität

Der Prozess zur Ausformung der Kavität ist potenziell dem Einsenken als Verfahren des Eindrückens nach DIN 8583-5 oder dem Querfließpressen als Verfahren des Durchdrückens nach DIN 8583-6 zuzuordnen. Die Klassifikation ist nicht trivial, da Einsenk- und Fließpressverfahren nach LANGE ET AL. [25] Ähnlichkeiten aufweisen. Zum Umformen einer Innenform ist freies und Einsenken mit Einspannung geeignet [102]. Beim Einsenken mit Einspannung wird ein radialer Stofffluss aus der Umformzone durch einen Spannring verhindert. Das verdrängte Werkstoffvolumen fließt ähnlich dem Rückwärtsfließpressen in die entgegengesetzte Wirkrichtung der Maschine und erhöht dadurch die Bauteilhöhe [25]. Im vorliegenden Prozess zur Ausformung der Kavität wird ein Stofffluss in entgegengesetzte Stempelbewegungsrichtung vom Niederhalter verhindert. Hierdurch ist der Prozess vom Einsenken mit Einspannung abzugrenzen. Beim freien Einsenken wird der radiale Werkstofffluss aus der Umformzone nicht durch eine Einspannung verhindert. Das verdrängte Werkstoffvolumen fließt nach außen weg. Freies Einsenken wird primär für die Herstellung flacher Gravuren genutzt [102]. Bei der Ausformung der Kavität entsprechend Bild 10 wird hingegen die Ausgangsblechdicke um 50 % reduziert. Dies spricht gegen eine Zuordnung zum freien Einsenken. Der Prozess zur Herstellung der Kavität wird zudem dadurch vom Einsenken abgegrenzt, dass Einsenkprozesse im Allgemeinen bei niedrigen Umformgeschwindigkeiten von 0,01 bis 0,1 mm/s durchgeführt werden [25]. Sie sind somit für eine Fertigung vom Band mit dem Ziel kurzer Taktzeiten und hoher Ausbringungsmengen ungeeignet.

Nach Bild 10 wird der Stempel während der Ausformung der Kavität von einem Niederhalter geführt. Dieser umschließt die Umformzone und verhindert ein Aufdicken des Halbzeugs während der Umformung. Für die Fertigung der Kavität wird der Werkstoff entsprechend Bild 10 radial nach außen verdrängt und quer zur Werkzeugbewegungsrichtung durch den Spalt, welcher durch den Nieder- und Gegenhalter gebildet wird, durchgedrückt. Da Fließpressen als das Durchdrücken eines zwischen Werkzeugteilen aufgenommenen Werkstückes definiert ist [99], wird der Prozess zur Ausformung der Kavität diesem Verfahren zugeordnet. Nach Bild 10 ist der Hauptstofffluss bei der Ausformung der Kavität orthogonal zur Wirkrichtung der Maschine orientiert. Deshalb wird der Prozess zur Herstellung der Kavität als Querfließpressen bezeichnet.

**Prozesskinematik**

Als Werkzeugaktivteile werden in beiden Prozessen ein Stempel, ein Niederhalter sowie ein Gegenhalter eingesetzt. Die Stempel sind auf 61 HRC gehärtet, weisen die Negativkontur der Bauteile auf und sind im Werkzeuggestell (Bild 6) schwimmend gelagert. Die Führung der Stempel erfolgt durch die Niederhalter. Dieser hat im Rückwärtsfließpressen eine in Vorschubrichtung orientierte Nut (Bild 8). Durch die Aussparung wird der umgeformte Zapfen im darauffolgenden Hub nicht durch den Niederhalter beschädigt.

Die Anbindung der Aktivteile an das Werkzeuggestell ist derartig ausgelegt, dass ein Austausch des Stempels oder Niederhalters nur durch Lösen des Pressenstößels vom Werkzeuggestell ohne Abrüsten erfolgen kann. Somit wird der Rüstaufwand beim Wechseln zwischen den Prozessen oder modifizierten Aktivteilen begrenzt. Stempel und Niederhalter werden durch den Pressenstößel angetrieben. Die Prozesskinematik der Fließpressprozesse ist in Bild 11 dargestellt.

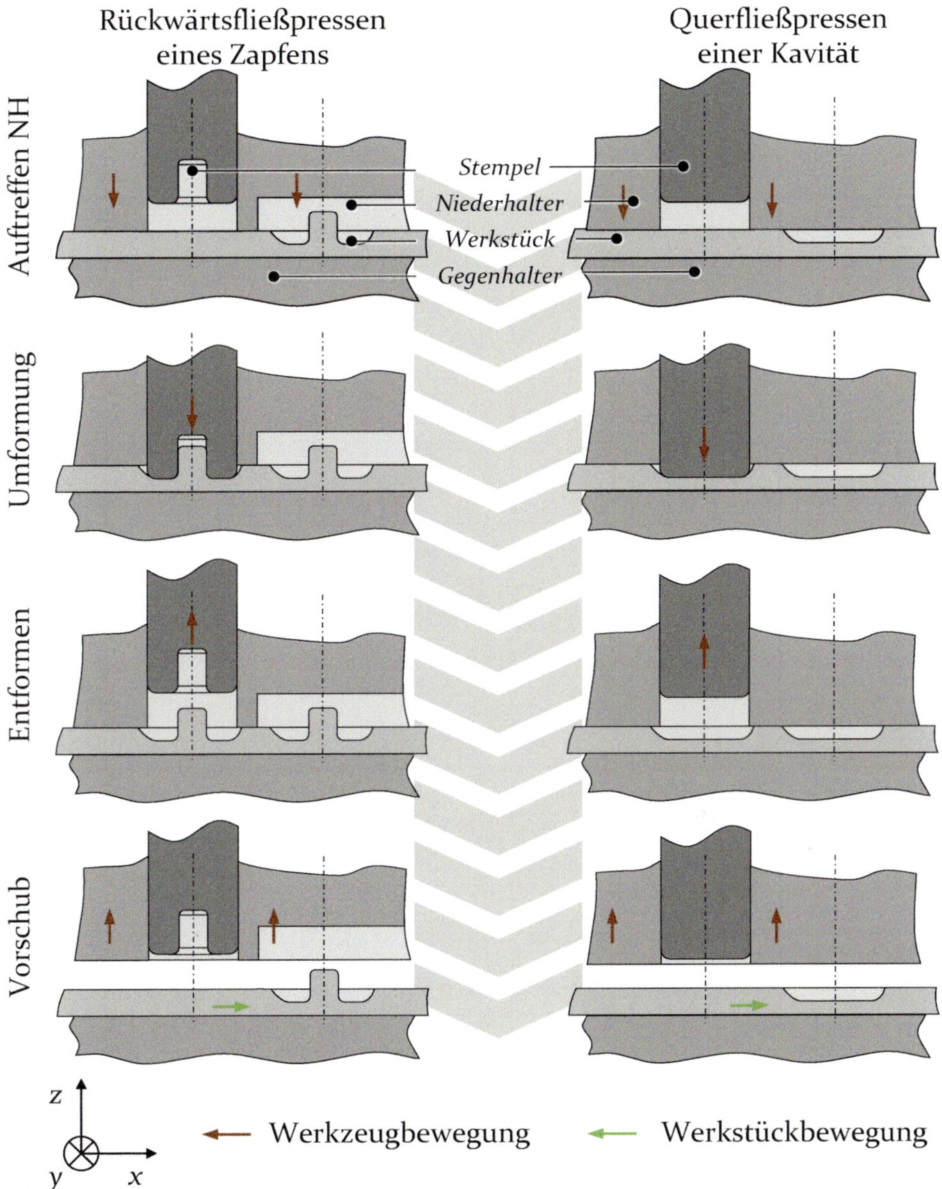


Bild 11: Prozesskinematik des Rückwärts- und Querfließpressens

Die Kinematik beider Prozesse ist identisch. Im ersten Prozessschritt trifft der Niederhalter auf das mit Beruforge 150 DL geschmierte Blechband auf. Das Halbzeug wird durch Gasdruckfedern mit einer Kraft von 130 kN geklemmt. Die Federn bewirken eine während der gesamten Umformung konstante Niederhalterspannung von 65 MPa. Dieser Wert liegt in einem für Blechmassivumformprozesse charakteristischen Bereich [173]. Durch den Niederhalter wird einerseits das Blech während der Umformung fixiert. Andererseits wird ein lokales Aufdicken des Bauteils im an die Umformzone angrenzenden Bereich verhindert. Im zweiten Prozessschritt dringen die Stempel bis zum Erreichen der Restblechdicke von 1 mm in das Werkstück ein und formt den Zapfen respektive die Kavität aus. Nach Erreichen des unteren Totpunktes werden die Bauteile in beiden Prozessen durch Zurückfahren der Stempel entformt. Hierbei verhindert der Niederhalter ein Abheben des Halbzeuges. Nach dem vollständigen Entformen der Bauteile fährt der Niederhalter zurück und gibt die Bauteile frei. Durch einen automatisierten Vorschub von 20 mm je Hub werden die Werkstücke bei der Umformung von Coil aus der Umformzone bewegt. Es wird ein neuer Bandabschnitt für die nachfolgende Umformung bereitgestellt. Während des Vorschubs wird das Band über seitliche Anschläge geführt. Hinter dem Werkzeugsystem ist eine weitere Werkzeugeinheit positioniert. Diese wird ebenfalls durch die Schnellläuferpresse angetrieben und vereinzelt die Werkstücke synchron zur Umformung. Um anwendungsnahe Prozessbedingungen sicherzustellen werden die Werkzeugsysteme auf der Schnellläuferpresse BSTA 510-10125B2 der Firma Bruderer AG in Kombination mit der in Bild 5 vorgestellten Prozesskette eingesetzt. Durch den Aufbau sind 100 Bauteile pro Minute herstellbar. Folglich wird der Vorteil einer Fertigung vom Band bezüglich hoher Ausbringungsmengen genutzt.

## 5.2 Analyse der Bauteilausformung

Eine Herausforderung bei der Blechmassivumformung von vorbeschnittenen Ronden sind Abweichungen der Bauteilgeometrie von der angestrebten Werkstückform [121]. Die geometrische Bauteilmaßhaltigkeit ist allerdings besonders im Bereich der Funktionselemente von Bedeutung für das Einsatzverhalten der Werkstücke. Deshalb werden im Folgenden die Bauteilausformung sowie werkstückseitigen Herausforderungen und deren Ursachen erforscht. Hierbei wird insbesondere auf die Gemeinsamkeiten und Unterschiede zwischen einer Umformung von vorbeschnittenen Ronden im Einzelhub sowie einer Fertigung von Bauteilen vom Band im Dauerhub eingegangen.

Zur Analyse der Bauteilausformung wird einerseits der Stofffluss untersucht. Andererseits sind werkstückseitige Zielgrößen zur Beschreibung der geometrischen Bauteilmaßhaltigkeit, dargestellt in Bild 12, zu analysieren. An den Werkstücken beider Prozesse werden die Bauteilradien, definiert als der Abstand vom Bauteilzentrum zu den Bauteilkanten, ermittelt. Diese sind für das Bauteileinsatzverhalten relevant, da für die Funktion der von Positionier- und Stoppelementen abgeleiteten Werkstückgeometrien [35] einheitliche sowie maßhaltige Radien notwendig sind. In [14] wurde gezeigt, dass bei der Umformung von Bandabschnitten ein ungleichmäßiger Stofffluss in verschiedene Orientierungen auftritt. Deshalb erfolgt die Analyse der Bauteilradien richtungsaufgelöst in (+x) sowie entgegen (-x) der Vorschubrichtung und senkrecht (y) zur Bandorientierung. Zur Erhöhung der Vergleichbarkeit zwischen den Prozessen sowie zur Bewertung der Abweichungen der Radien von der angestrebten Werkstückgeometrie werden die Radien auf die Sollwerte normiert. Dieser ist beim Querfließpressen einer Kavität 5,55 mm (Bild 9) und beim Rückwärtsfließpressen eines Zapfens 6,00 mm (Bild 7). Neben den Radien wird im Rückwärtsfließpressen die Zapfenhöhe ausgewertet. Definiert ist diese Zielgröße als der Abstand vom Bauteilboden bis zum höchsten Punkt des Zapfens. Durch die Zapfenhöhe wird die Ausformung des Funktionselementes beschrieben.

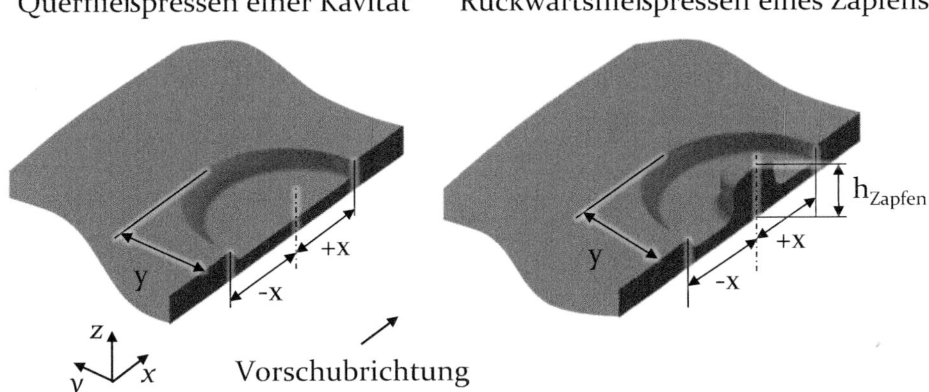


Bild 12: Geometrische Zielgrößen zur richtungsaufgelösten Beschreibung des Stoffflusses

### 5.2.1 Einfluss der Halbzeuggeometrie auf die Bauteilausformung im Einzelhub

In der Blechmassivumformung werden häufig vorbeschnittene Ronden eingesetzt, um eine flexible Materialzufuhr zu gewährleisten [121]. Für die Nutzung der Vorteile einer Fertigung vom Band bezüglich des einfacheren Bauteilhandlings sowie höheren Ausbringungsmengen werden die Bauteile hingegen erst nach der Umformung durch eine Beschnittoperation vom Coil vereinzelt [12]. Somit besteht ein Unterschied in der eingesetzten Halbzeuggeometrie. Dies motiviert die Erforschung des Einflusses der

Halbzeuggeometrie auf die Umformung der Kavität im Quer- und des Zapfens im Rückwärtsfließpressen (Bild 13).

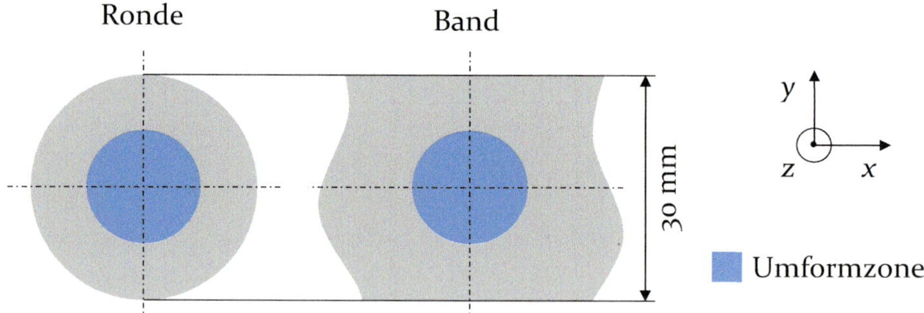


Bild 13: Versuchsprinzip zur Ermittlung des Einflusses des Halbzeugs auf die Bauteilausformung

Für diese Untersuchung werden in beiden Prozessen kreisförmige, vorbeschnittene Ronden eingesetzt. Diese werden per Laserbeschnitt aus Band herausgetrennt. Zudem werden Bandabschnitte umgeformt. Zur Ermittlung des Einflusses der Halbzeuggeometrie auf das Prozessergebnis werden die resultierenden Bauteile verglichen. Der Durchmesser der Ronde entspricht der Bandbreite von 30 mm. Da die Ronden im Einzelhub umgeformt werden, erfolgt die Bearbeitung der Bandabschnitte zunächst auch im Einzelhub. Folglich wird nur ein Bauteil je Bandabschnitt hergestellt. Hierdurch wird sichergestellt, dass der Einfluss der Halbzeuggeometrie getrennt von dem möglichen Einfluss der Fertigung mehrerer Werkstücke von einem Bandabschnitt erforscht wird. Bild 14 visualisiert die Auswirkungen der Halbzeuggeometrie auf den Stofffluss.

Die Aufnahmen der umgeformten Bauteile in der Draufsicht (Bild 14 a)) sind um die radiale Verschiebung zur Analyse des Stoffflusses ergänzt. Aufgrund der Symmetrie der Umformung an der x-und y-Achse sind jeweils 90°-Segmente der Werkstücke dargestellt. Die radiale Verschiebung und somit der Stofffluss ist bei der Umformung einer Ronde in beiden Prozessen rotationssymmetrisch um die z-Achse. Folglich werden rotationssymmetrische Werkstücke gefertigt. Die rotationssymmetrische Ausformung der Bauteile weist nach, dass für den untersuchten Werkstoff DC04 keine ungleichmäßige Bauteilgeometrie infolge möglicher anisotroper Werkstoffeigenschaften besteht. Da im Querfließpressen das gesamte Umformvolumen zur Ausformung der Kavität nach außen zwischen den Nieder- und Gegenhalter verdrängt wird, resultieren größere radiale Verschiebungen als im Rückwärtsfließpressen. In letzterem Prozess tritt im Bauteilzentrum eine negative radiale Verschiebung auf. Diese wird durch den

Stofffluss in die Werkzeugkavität zur Ausformung des Zapfens ausgelöst. Die Fließscheide ist rotationssymmetrisch um die z-Achse ausgerichtet.

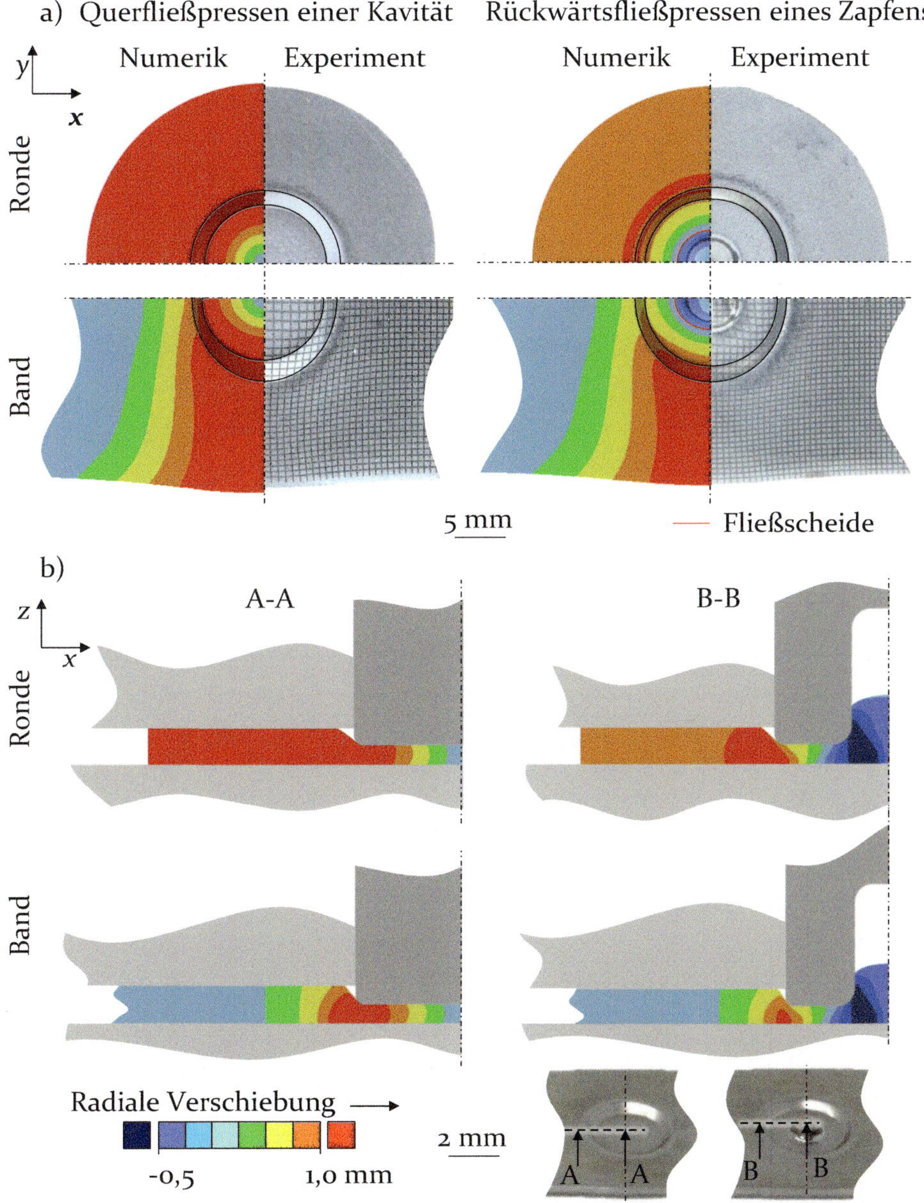


Bild 14: Einfluss der Halbzeuggeometrie auf den Stofffluss in der Draufsicht a) sowie im Schnitt b)

Bei der Umformung von Band ist die radiale Verschiebung in beiden Prozessen nicht rotationssymmetrisch. Der Stofffluss aus der Umformzone ist senkrecht zur Bandorientierung höher als parallel zum Coil. Eine anisotrope Ausformung der Werkstücke resultiert. Zudem wird bei der Umformung von Band in beiden Prozessen in der x-z-Ebene weniger Werkstoff als bei der Umformung einer Ronde in den Spalt zwischen Nieder- und Gegenhalter durchgedrückt (Bild 14 b)). Folglich beeinflusst die Halbzeuggeometrie die Bauteilausformung. Die zugrundeliegenden Zusammenhänge sind schematisch in Bild 15 dargestellt.

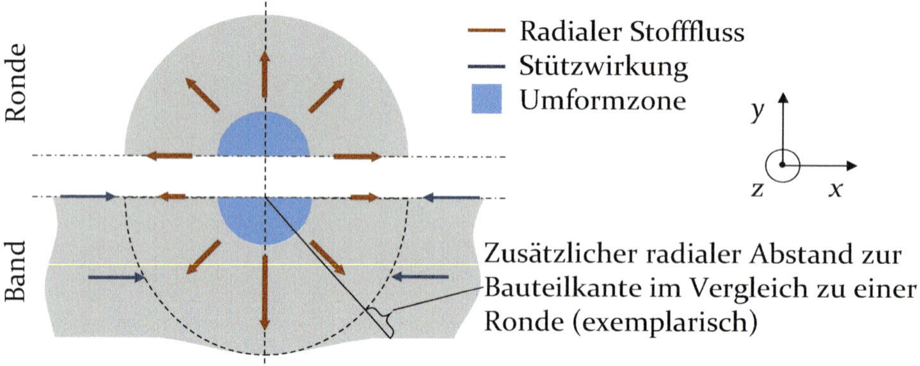


Bild 15: Schematische Darstellung der Auswirkungen der Halbzeuggeometrie auf den Stofffluss

Aufgrund des seitlich offenen Werkzeugsystems (Bild 8 und Bild 10) wird der radiale Stofffluss nach außen in beiden Prozessen nur durch den Widerstand des die Umformzone umschließenden Werkstoffes gegen Plastifizieren sowie der Reibung zwischen Werkstück und Werkzeugaktivteilen in diesem Bereich begrenzt. Beim Einsatz einer Ronde ist der radiale Abstand vom Zentrum der Umformzone zu den Bauteilkanten in sämtliche Orientierungen gleich. Die Umformzone wird ringsum von einheitlich viel Werkstoff umschlossen. Somit wirkt beim Einsatz einer Ronde in sämtliche Richtungen ein einheitlicher Widerstand gegen einen Stofffluss aus der Umformzone. Dies bedingt den in beiden Prozessen rotationssymmetrischen Stofffluss sowie die gleichmäßige Ausformung der Bauteile.

Bei der Umformung eines Bandes ist der radiale Abstand vom Zentrum der Umformzone zu den Bauteilkanten nicht einheitlich. Senkrecht zur Coilorientierung ist der Abstand am geringsten und entspricht dem der Ronde. Mit zunehmender Orientierung in Bandrichtung steigt der radiale Abstand vom Bauteilzentrum zur Halbzeugkante an. Folglich nimmt auch der Widerstand gegen einen Stofffluss aus der Umformzone zu. Dieser Anstieg ist auf den Widerstand des zusätzlichen Materials gegen Plastifizieren sowie der zunehmenden Reibung aufgrund der größeren Kontaktfläche zurückzuführen. Somit verursacht ein bandförmiges Halbzeug im Gegensatz zu einer kreisförmigen Ronde in beiden Prozessen eine nicht rotationssymmetrische Stützwirkung gegen einen Stofffluss aus der Umformzone. Ein anisotroper Materialfluss aus dem Bauteilzentrum folgt. Dieser ist senkrecht zur Bandorientierung stärker ausgeprägt als parallel zum Coil.

Zur Plausibilisierung der unterschiedlichen Stützwirkung in Abhängigkeit der Halbzeuggeometrie werden in Bild 16 die experimentell ermittelten Prozesskräfte untersucht. Grundsätzlich ist der Verlauf der Stempelkräfte über den Prozessfortschritt in beiden Prozessen für die Ronde und das Band vergleichbar. Die Stempelkräfte steigen mit dem Prozessfortschritt aufgrund zunehmender Kaltverfestigung der Bauteile kontinuierlich an. Sie erreichen am Prozessende ihr Maximum. Im Querfließpressen ist bei der Umformung eines Bandes die maximale Umformkraft mit 134,6 ± 0,6 kN um 2,2 kN höher als bei einer Ronde. Auch im Rückwärtsfließpressen wird für die Umformung eines Coils eine höhere Kraft als für das Fließpressen einer Ronde benötigt. Da im Fall von bandförmigen Halbzeugen in beiden Prozessen der Stofffluss aus der Umformzone parallel zur Bandorientierung durch zusätzliche Stützwirkung gehemmt wird, resultieren höhere maximale Stempelkräfte als bei der Umformung von Ronden. Die Stempelkräfte bestätigen den Einfluss der Halbzeuggeometrie auf den Stofffluss.

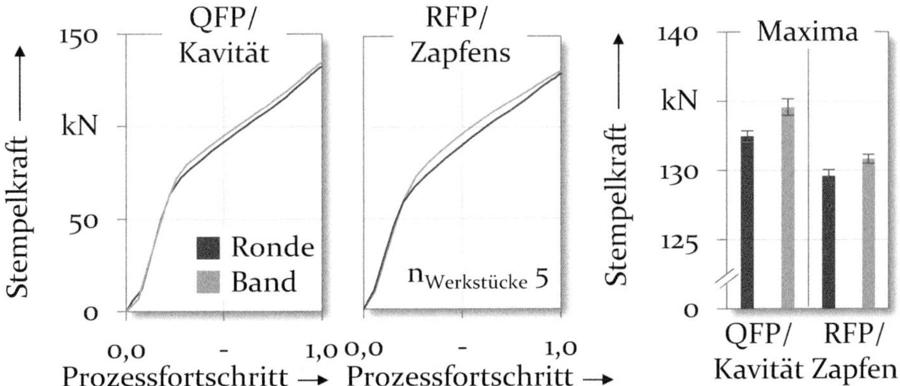


Bild 16: Einfluss der Halbzeuggeometrie auf die Stempelkraft

In einem nächsten Schritt sind die Auswirkungen der Halbzeuggeometrie auf die resultierenden Bauteilmaße zu ermitteln. Hierzu sind in Bild 17 die Bauteilradien und Zapfenhöhen dargestellt.

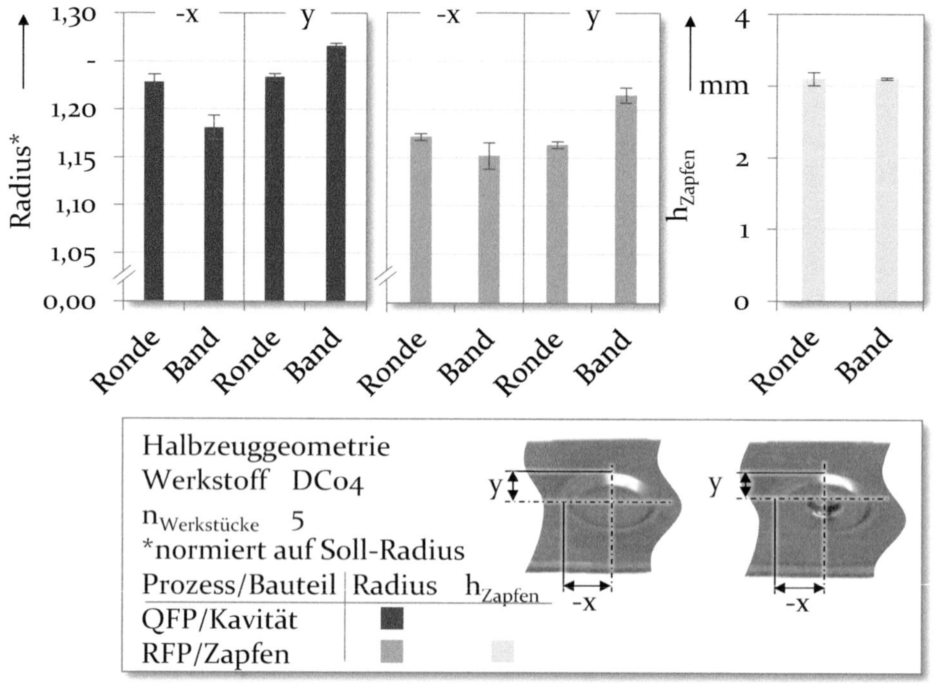


Bild 17: Einfluss der Halbzeuggeometrie auf die Bauteilausformung

Unabhängig von der Halbzeuggeometrie sind sämtliche auf die Soll-Werte normierten Radien größer als eins. Folglich weisen die Bauteile Abweichungen von der angestrebten Geometrie auf. Die zu großen Radien werden durch den in Bild 14 identifizierten Stofffluss aus der Umformzone verursacht.

Beim Querfließpressen von Ronden zur Herstellung der Kavität sind die normierten Radien in -x- und y-Orientierung mit 1,23 ± 0,01 sowie 1,23 ± 0,01 gleich. Auch beim Rückwärtsfließpressen eines Zapfens aus Ronden treten mit 1,17 ± 0,01 sowie 1,16 ± 0,01 in -x- und y-Richtung näherungsweise keine Unterschiede zwischen den normierten Radien auf. Die einheitlichen Radien sind auf den in Bild 14 identifizierten rotationssymmetrischen Stofffluss aus der Umformzone zurückzuführen. Im Querfließpressen wird das gesamte Umformvolumen nach außen zwischen dem Nieder- und Gegenhalter durchgedrückt, wohingegen im Rückwärtsfließpressen ein Teil des umgeformten Werkstoffes in entgegengesetzte Wirkrichtung der Maschine in die Stempelkavität fließt. Somit resultiert im Querfließpressen ein stärkerer Stofffluss nach außen. Größere normierte Radien sind die Folge.

Beim Einsatz von Band als Halbzeug sind die Radien parallel (–x) und senkrecht (y) zum Coil ungleichmäßig. Im Querfließpressen ist der normierte –x-Radius mit 1,18 ± 0,01 niedriger als in y-Orientierung mit 1,27 ± 0,01. Auch beim Rückwärtsfließpressen ist der Radius senkrecht zur Bandorientierung größer als parallel. Ursache für die ungleichmäßige Ausformung der Radien bei einem bandförmigen Halbzeug ist bei beiden Prozessen der in vorherigen Untersuchungen identifizierte anisotrope Stofffluss aus der Umformzone. Dieser ist aufgrund der ungleichmäßigen Stützwirkung infolge der bandförmigen Halbzeuggeometrie senkrecht zur Bandorientierung ausgeprägter als parallel und bewirkt somit in diese Richtung größere Radien.

Wie in Bild 17 gezeigt, wird unabhängig von der Form des eingesetzten Halbzeuges ein Zapfen mit 3,10 mm Höhe ausgeformt. Der durch die Halbzeuggeometrie beeinflusste Stofffluss hat somit keine Auswirkung auf die Höhe des Funktionselementes. Der Grund hierfür ist, dass im Fall des bandförmigen Halbzeuges der senkrecht zur Coilorientierung erhöhte Stofffluss aus der Umformzone durch den parallel zum Band reduzierten Materialfluss ausgeglichen wird (Bild 14).

Unabhängig von der Form des Halbzeuges wird die angestrebte Zapfenhöhe von 8,4 mm nicht erreicht. Diese würde ausgeformt, wenn sämtliches umgeformtes Werkstoffvolumen in die Werkzeugkavität fließen würde. Ein Teil des Werkstoffvolumens wird nach außen aus der Umformzone in angrenzende Bereiche verdrängt (Bild 14). Somit fehlt dieses für das vollständige Ausformen des Zapfens. Eine Unterfüllung des Funktionselementes tritt häufig als werkstückseitige Herausforderung beim Fließpressen von vorbeschnittenen Ronden aufgrund von umformungsbedingten Festigkeitsunterschieden und des dadurch verursachten Stoffflusses aus der Umformzone auf [36].

### 5.2.2 Einfluss der Fertigung mehrerer Werkstücke von einem Halbzeug auf die Bauteilausformung

Ein weiterer Unterschied bei der Fertigung vom Band ist neben der Halbzeuggeometrie die Betriebsart. Vorbeschnittene Ronden werden im Einzelhub umgeformt, während zur Nutzung der Vorteile einer Herstellung vom Band im Dauerhub gefertigt wird. Bei dieser Betriebsart werden mehrere Werkstücke nacheinander von einem Halbzeug umgeformt und nach der letzten Umformstufe vereinzelt. Durch die Anbindung der Werkstücke bis zur letzten Stufe an das Band erfolgt der Bauteiltransport mit dem Vorschub des Coils. Das Bauteilhandling wird erleichtert und taktzeitbegrenzende Greifersysteme entfallen [12].

Es besteht die Möglichkeit, dass bei der Ausformung mehrerer Werkstücke von einem Halbzeug Wechselwirkungen zwischen den Umformungen der einzelnen Bauteile auftreten. Diese werden durch das in Bild 18 dargestellte Versuchsprinzip erforscht.

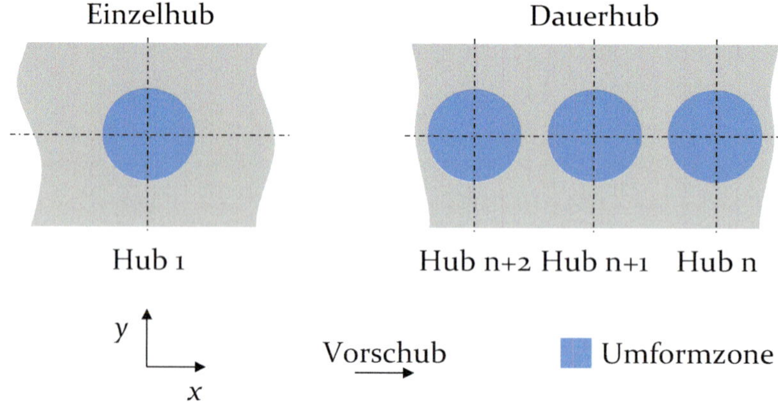


Bild 18: Versuchsprinzip zur Ermittlung des Einflusses der Fertigung mehrerer Werkstücke von einem Halbzeug auf die Bauteilausformung

Zur Analyse des Einflusses der Fertigung mehrerer Werkstücke von einem Halbzeug auf die Umformung werden Bauteile im Einzelhub hergestellt. Hierbei wird jeweils ein Werkstück auf einem Bandabschnitt umgeformt. Zudem werden Werkstücke im Dauerhub hergestellt. Dabei werden mehrere Werkstücke von einem Bandabschnitt umgeformt. Der Bandvorschub beträgt 20 mm. Um sicherzustellen, dass konstante Umformbedingungen vorliegen, werden die im Dauerhub hergestellten Werkstücke erst ab dem zweiten Hub ausgewertet. Bild 19 zeigt den Einfluss der Betriebsart auf die Bauteile.

Bei der Umformung im Einzelhub tritt in beiden Prozessen eine nicht rotationssymmetrische radiale Verschiebung sowie eine anisotrope Bauteilausformung auf. Der Stofffluss aus dem Bauteilzentrum ist senkrecht zur Bandorientierung ausgeprägter als parallel zum Coil. Im vorherigen Abschnitt wurde die bandförmige Halbzeuggeometrie hierfür als Ursache ermittelt.

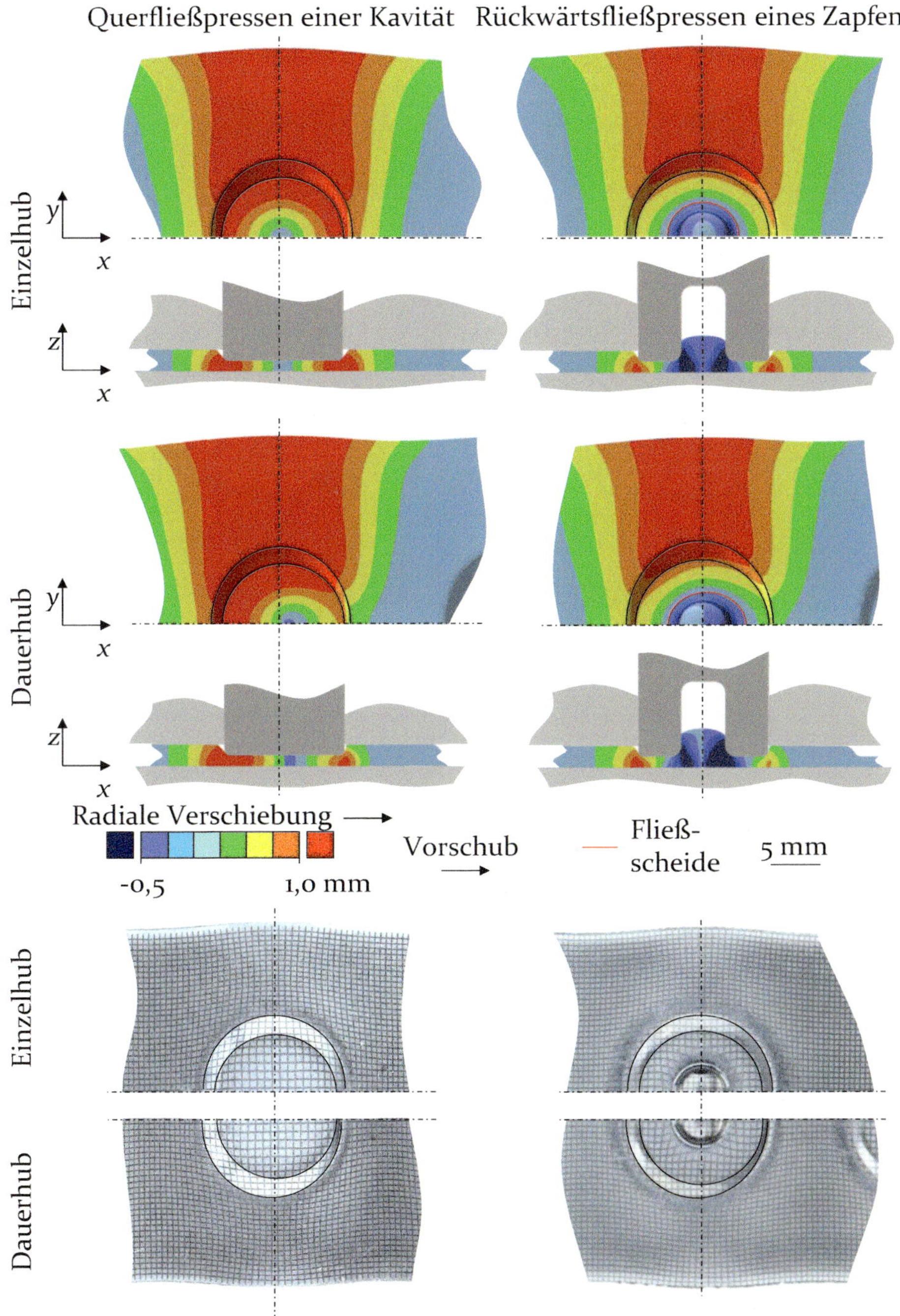


Bild 19: Einfluss der Betriebsart auf den Stofffluss

Da auch bei der Fertigung im Dauerhub Band als Halbzeug eingesetzt wird, treten ebenfalls im Quer- und Rückwärtsfließpressen ungleichmäßige radiale Verschiebungen senkrecht und parallel zur Coilorientierung auf. Im Gegensatz zur Umformung im Einzelhub sind allerdings die radialen Verschiebungen sowie die Ausformungen der Bauteile nicht symmetrisch an der y-Achse. Der Stofffluss aus der Umformzone in den Spalt zwischen Nieder- und Gegenhalter ist in Vorschubrichtung (+x) geringer und entgegen der Vorschubrichtung (-x) größer als bei einer Umformung im Einzelhub. Zudem ist beim Rückwärtsfließpressen eines Zapfens die Fließscheide asymmetrisch. Sie ist stärker in Vorschubrichtung orientiert. Es ist davon auszugehen, dass bei der Fertigung von mehreren Werkstücken von einem Halbzeug die Ausformung des vorangegangenen Bauteils die Umformung des nachfolgenden Werkstückes beeinflusst. Zur Analyse der Ursachen hierfür sind in Bild 20 die Mikrohärteverteilungen der Bauteile dargestellt.

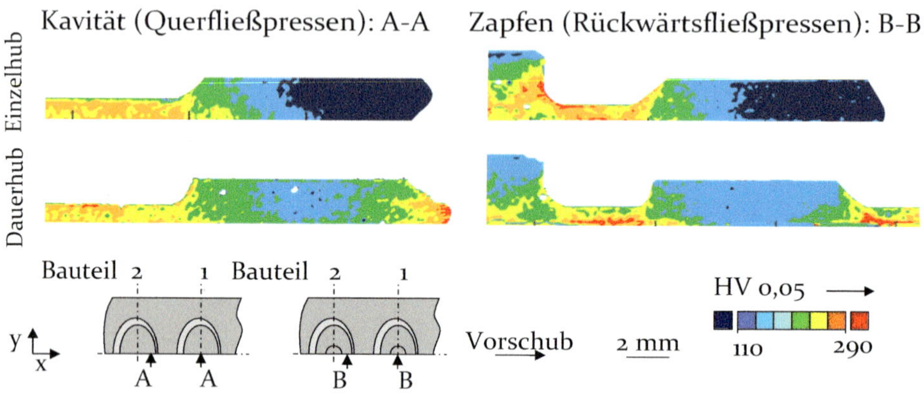


Bild 20: Einfluss der Betriebsart auf die Mikrohärteverteilung der Bauteile

Die Analyse der Mikrohärte an einem Schnitt entlang der x-Achse zeigt die Verfestigungsverteilung der Werkstücke. Bei sämtlichen Bauteilen ist der Bereich des Funktionselementes stärker verfestigt. Der Grund hierfür ist der Anstieg der Festigkeit des Werkstoffes durch die Umformung. Im Fall des Einzelhubs geht die Festigkeit bei beiden Bauteilen in Vorschubrichtung mit zunehmender Entfernung vom Bauteilzentrum auf die Grundhärte des Bandes zurück. Bei einer Fertigung im Dauerhub wird die Grundhärte des Werkstoffes zwischen den Bauteilen nicht erreicht. Die vorangegangene Umformung vorverfestigt das Band, was die Ausformung des nachfolgenden Bauteils beeinflusst. Dieser Zusammenhang ist schematisch in Bild 21 dargestellt.

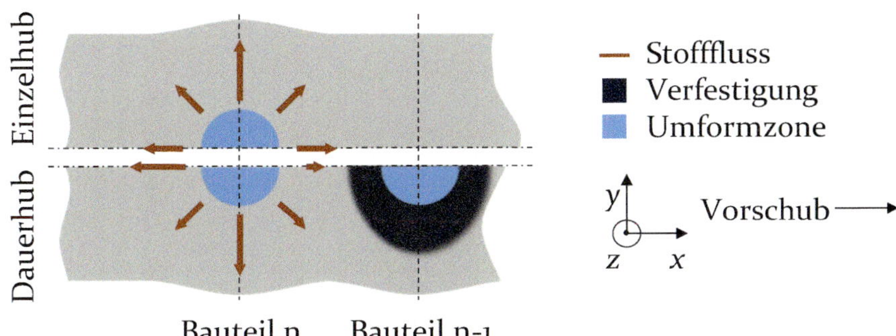


Bild 21: Schematische Darstellung der Auswirkungen der Betriebsart auf den Stofffluss

Bei einer Fertigung im Einzelhub weist das Band in und entgegen der Vorschubrichtung einheitliche mechanische Eigenschaften auf. Der Widerstand gegen einen Stofffluss aus der Umformzone ist somit in und entgegen der Bandorientierung gleich. Es resultiert, wie in Bild 19 gezeigt, ein einheitlicher Stofffluss. Eine an der y-Achse symmetrische Bauteilausformung folgt in beiden Prozessen.

Durch die Fertigung im Dauerhub wird das Band durch die Umformung des vorangegangenen Werkstückes lokal verfestigt. Die in Richtung des zuvor umgeformten Bauteils (+x) orientierte Seite des Coils hat eine höhere Festigkeit. Diese einseitige Vorverfestigung hemmt den Stofffluss aus der Umformzone. Wie in Bild 19 gezeigt, wird die Fließscheide beim Rückwärtsfließpressen des Zapfens deshalb in Vorschubrichtung (+x) verschoben. Zudem steigt der Stofffluss aus der Umformzone aufgrund des in Vorschubrichtung (+x) reduzierten Materialflusses in entgegengesetzte Orientierung (-x) an. Folgen der einseitigen Vorverfestigung des Bands ist ein in und entgegen der Vorschubrichtung anisotroper Stofffluss.

Durch die Analyse der Umformkräfte wird der Einfluss der Vorverfestigung auf die Umformung plausibilisiert (Bild 22). Die Kraft-Prozessfortschritt-Verläufe steigen im Quer- und Rückwärtsfließpressen für den Einzel- und Dauerhub kontinuierlich bis zum Erreichen des Maximums am Prozessende an. Die maximalen Stempelkräfte nehmen in beiden Prozessen durch die Fertigung von mehreren Werkstücken von einem Halbzeug von 134,6 ± 0,6 kN (QFP/Kavität) sowie 130,8 ± 0,3 kN (RFP/Zapfen) im Einzelhub auf 138,6 ± 0,7 kN (QFP/Kavität) sowie 132,7 ± 0,4 kN (RFP/Zapfen) im Dauerhub zu. Dies bestätigt, dass in beiden Prozessen das Band durch die Ausformung des vorangegangenen Bauteils lokal vorverfestigt ist. Folglich steigen die Prozesskräfte durch die lokal höhere Halbzeugfestigkeit an.

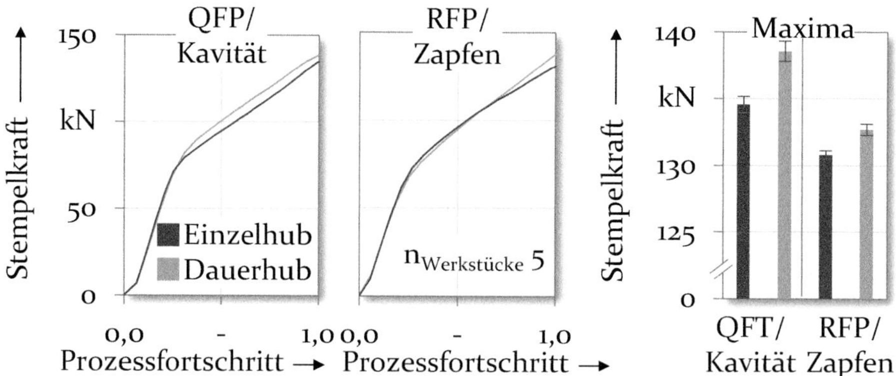


Bild 22: Einfluss der Betriebsart auf die Stempelkräfte

Der Stofffluss beeinflusst die resultierende Bauteilgeometrie. Deshalb sind zur Analyse der Auswirkungen des anisotropen Materialflusses auf die Bauteilgeometrie in Bild 23 die normierten Radien sowie die Zapfenhöhen der im Einzel- sowie Dauerhub hergestellten Werkstücke dargestellt.

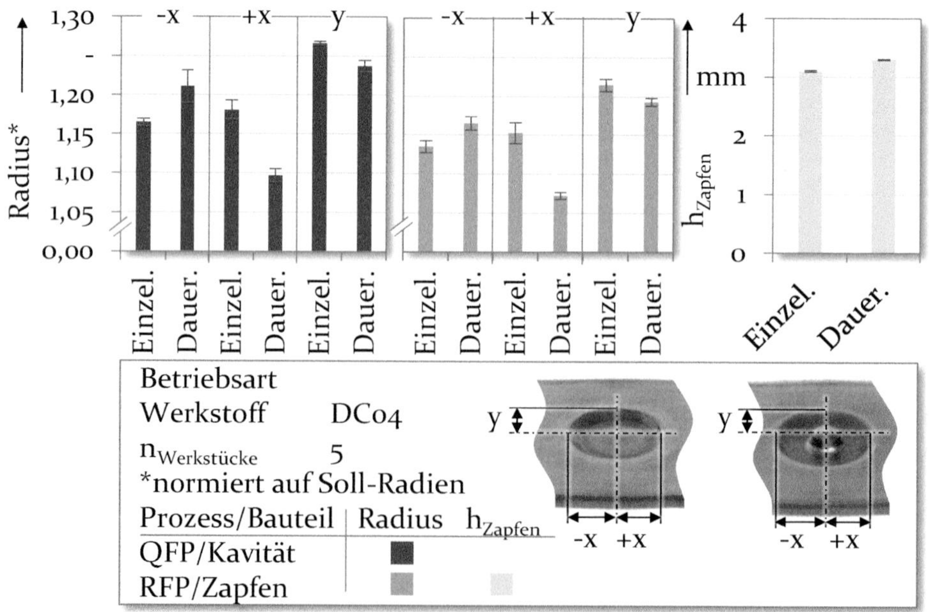


Bild 23: Einfluss der Betriebsart auf die Bauteilausformung

In beiden Prozessen wird der normierte y-Radius durch das Umformen von mehreren Bauteilen von einem Bandabschnitt reduziert. Er geht im Querfließpressen von 1,27 ± 0,01 auf 1,23 ± 0,01 und im Rückwärtsfließpressen von 1,22 ± 0,01 auf 1,19 ± 0,01 zurück. Im Querfließpressen treten bei der Umformung im Dauerhub normierte Radien in +x-Orientierung von 1,10 ± 0,01 sowie in −x-Richtung von 1,21 ± 0,02 auf. Bei der Fertigung im Einzelhub sind die normierten Radien mit 1,18 ± 0,01 (+x) und 1,16 ±0,01 (−x) näherungsweise gleich. Im Rückwärtsfließpressen tritt auf einem niedrigeren Niveau ein vergleichbares Verhalten auf. Die ungleichmäßige Ausformung der Radien in und entgegen der Vorschubrichtung bei einer Fertigung im Dauerhub sind durch den in den vorherigen Untersuchungen identifizierten anisotropen Stofffluss infolge der lokalen Vorverfestigung des Bandes zu erklären.

Die Zapfenhöhe steigt durch die Fertigung im Dauerhub im Vergleich zum Einzelhub von 3,10 ± 0,09 mm auf 3,30 ± 0,01 mm an. Dies ist auf den in Vorschubrichtung verringerten Stofffluss aus der Umformzone zurückzuführen. Hierdurch wird die Fließscheide in +x-Richtung verschoben (Bild 19) und mehr Werkstoff fließt in die Stempelkavität. Ein größerer Zapfen wird ausgeformt.

Des Weiteren weist die Fließscheide nicht mehr wie bei einer Umformung im Einzelhub eine Symmetrie an der x- und y-Achse, sondern nur noch an der x-Achse auf (Bild 19). Die Auswirkungen der in Vorschubrichtung verschobenen Fließscheide auf den Zapfen sind in Bild 24 durch Messungen mit einem Koordinatenmessgerät analysiert.

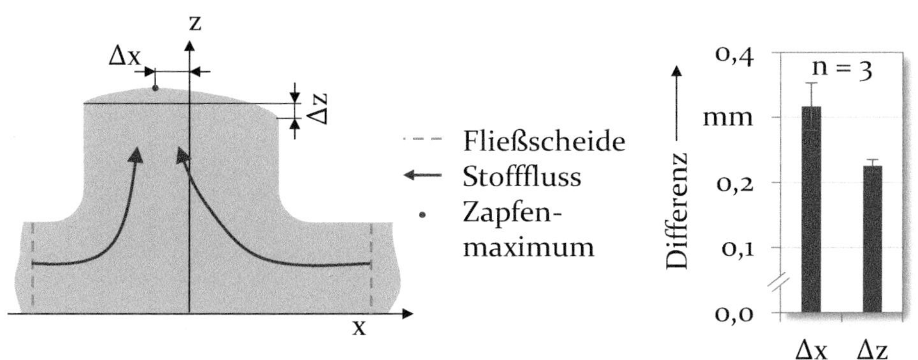


Bild 24: Einfluss des anisotropen Stoffflusses auf die Ausformung des Funktionselementes im Dauerhub

Durch die asymmetrische Fließscheide erfolgt die Materialbereitstellung zur Ausformung des Zapfens nicht gleichmäßig von allen Seiten. Ein verstärkter Stofffluss aus der in Richtung des zuvor umgeformten Werkstücks (+x) orientierten Bauteilhälfte in die Kavität tritt auf. Aufgrund des ungleichmäßigen Stoffflusses in die Werkzeugkavität ist der höchste Punkt des Zapfens um 0,32 ± 0,04 mm vom Bauteilzentrum weg in −x-Richtung verschoben. Auch die Mantelfläche des Zapfens ist deshalb in der −x-Hälfte um 0,23 ± 0,04 mm höher als in der +x-Hälfte. Somit bedingt der anisotrope Stofffluss infolge der Fertigung im Dauerhub nicht nur eine ungleichmäßige Ausformung der Radien, sondern beeinflusst auch die Geometrie des Funktionselementes.

### 5.2.3 Ableitung werkstückseitiger Herausforderungen

Aufbauend auf der Analyse der Bauteilausformung werden werkstückseitige Herausforderungen abgeleitet. Diese werden entsprechend Bild 25 in allgemeine Herausforderungen, welche sowohl bei der Umformung von vorbeschnittenen Ronden und Band auftreten, als auch bandspezifische Problemstellungen unterteilt.

↗ moderat ↑ groß

| | Herausforderung | Prozess/Bauteil: Querfließpressen/ Kavität | Prozess/Bauteil: Rückwärtsfließpressen/ Zapfen |
|---|---|---|---|
| Allgemein | Unterfüllung Zapfen | — | ↑ |
| Allgemein | Zu große Radien | ↑ | ↗ |
| Bandspezifisch | Asymmetrische Radien senkrecht und parallel zur Bandorientierung | ↑ | ↗ |
| Bandspezifisch | Asymmetrische Radien in und entgegen der Vorschubrichtung | ↑ | ↗ |

Bild 25: Werkstückseitige Herausforderungen beim Fließpressen vom Band

Eine allgemeine Problemstellung im Rückwärtsfließpressen ist die zu geringe Zapfenhöhe. Das Funktionselement ist sowohl beim Einsatz von vorbeschnittenen Ronden im Einzelhub, als auch bei der Umformung von Band im Dauerhub unterfüllt. Als ursächlich hierfür wurde ein Stofffluss aus der Umformzone in angrenzende Bauteilbereiche identifiziert. Das aus der Umformzone fließende Werkstoffvolumen fehlt für die Herstellung eines maßhaltigen Funktionselementes. Der aus dem Bauteilzentrum orientierte Materialfluss ist beim Fließpressen von Blech auf umforminduzierte

Festigkeitsunterschiede zwischen der Umformzone und dem angrenzenden Bereich zurückzuführen [36]. Auch beim Vorwärts- sowie Querfließpressen von Evolventenverzahnungen aus vorbeschnittenen Ronden tritt diese Problemstellung auf [173].

Eine weitere allgemeine Herausforderung, sowohl beim Querfließpressen von Kavitäten als auch beim Rückwärtsfließpressen von Zapfen, sind zu große Radien. Diese werden ebenfalls durch den Stofffluss aus der Umformzone ausgelöst. Da im Querfließpressen das gesamte Umformvolumen nach außen durch den Spalt zwischen Nieder- und Gegenhalter durchgedrückt wird, sind die zu großen Radien in diesem Prozess ausgeprägter. Maßabweichung der Radien führen dazu, dass die von Positionier- oder Stoppelemente abgeleiteten Kavitäten oder Zapfen [35] eine eingeschränkte Funktion aufweisen.

Neben diesen allgemeinen Problemstellungen ist ein anisotroper Stofffluss eine bandspezifische Herausforderung. Diese tritt in beiden Prozessen, aber nur bei der Umformung von Band und nicht beim Einsatz von vorbeschnittenen Ronden, auf. Einerseits ist der Stofffluss aus der Umformzone senkrecht zur Bandorientierung ausgeprägter als parallel zum Coil. Es wurde nachgewiesen, dass dies auf eine ungleichmäßige Stützwirkung infolge der bandförmigen Halbzeuggeometrie zurückzuführen ist (Bild 15). Hierdurch werden ungleichmäßige Radien senkrecht und parallel zur Coilorientierung ausgeformt.

Andererseits tritt beim Umformen mehrerer Bauteile von einem Halbzeug ein ungleichmäßiger Stofffluss in und entgegen der Vorschubrichtung auf. Durch das Fließpressen des vorangegangenen Werkstücks wird das Band einseitig vorverfestigt, was den Materialfluss aus der Umformzone in Vorschubrichtung reduziert (Bild 21). Die Folge sind anisotrope Bauteilradien in und entgegen der Vorschubrichtung. Zudem steigt die Zapfenhöhe durch den einseitig reduzierten Stofffluss im Vergleich zur Umformung von vorbeschnittenen Ronden an. Die identifizierten werkstückseitigen Herausforderungen motivieren die Erforschung von Maßnahmen zur Erweiterung der Formgebungsgrenzen durch eine Stoffflusssteuerung in Kapitel 6 und 7.

## 5.3 Numerische Abbildung

Simulationsmodelle ermöglichen in der Umformtechnik die Untersuchung zusätzlicher Zielgrößen [36], wie zum Beispiel der Werkzeugbeanspruchung, die experimentell nur bedingt analysierbar sind. Die Methode der finiten Elemente ist in der Umformtechnik für die Prozessanalyse und das Erarbeiten eines Prozessverständnisses etabliert [168]. Im Rahmen der Arbeit werden Simulationsmodelle genutzt, um die Werkzeugbeanspruchungen zu analysieren und Maßnahmen zum Lösen der werkstückseitigen Herausforderungen zu erforschen. Folglich wird das Quer- und Rückwärtsfließpressen von bandförmigen Halbzeugen im Dauerhub numerisch abgebildet. Für die Prozessmodellierung werden – wie in der Blechmassivumformung üblich [24] – entkoppelte Stofffluss- und Werkzeugbeanspruchungssimulationen eingesetzt. Somit sind stabile Modelle mit vertretbarer Berechnungsdauer realisierbar [36].

**Modellaufbau**

In der Simulation von Blechmassivumformprozessen ist es etabliert, zur Begrenzung des Berechnungsaufwandes bei gleichbleibendem Erkenntnisgewinn entsprechend den Symmetrien der Prozesse Werkstücksegmente zu simulieren [121]. Sowohl der Quer- als auch der Rückwärtsfließpressprozess sind an der x-Achse symmetrisch. Folglich werden entsprechend Bild 26 in Vorschubrichtung orientierte 180°-Segmente der Werkstücke numerisch abgebildet. In der entgegengesetzten Vorschubrichtung ist das Werkstück in der Simulation um 1 mm länger als der Niederhalter. Dies verhindert einen direkten Kontakt der Werkzeug- und Werkstückkante und somit eventuelle Vernetzungsprobleme. Das in –x-Richtung im Experiment fortschreitende Band wird in der Simulation durch eine Halteebene abgebildet. In Bild 21 wurde nachgewiesen, dass die Umformung des vorangegangenen Bauteils den Stofffluss durch eine lokale Vorverfestigung des Halbzeugs beeinflusst. Um dies numerisch abzubilden, werden zwei Bauteile mit einem der Vorschubweite entsprechenden Abstand von 20 mm nacheinander umgeformt. Die numerische Abbildung von zwei Hüben je Simulation erhöht die Berechnungsdauer pro Stoffflusssimulation auf näherungsweise 48 Stunden. Zur Vernetzung der Werkstücke werden entsprechend [168] Hexaeder mit einer maximalen Kantenlänge von 0,3 mm eingesetzt. Zur genaueren Abbildung der im Vergleich zu den Werkstückabmessungen kleinen Umformzone wird dieser Bereich mittels einer zylindrischen Verfeinerungsbox auf der z-Achse mit einer maximalen Kantenlänge von 0,075 mm diskretisiert. Die Verfeinerungsbox weist in beiden Prozessen einen Durchmesser von 14 mm auf. Die mechanischen Eigenschaften der Werkstücke werden durch die in Bild 2 diskutierten Fließkurven abgebildet.

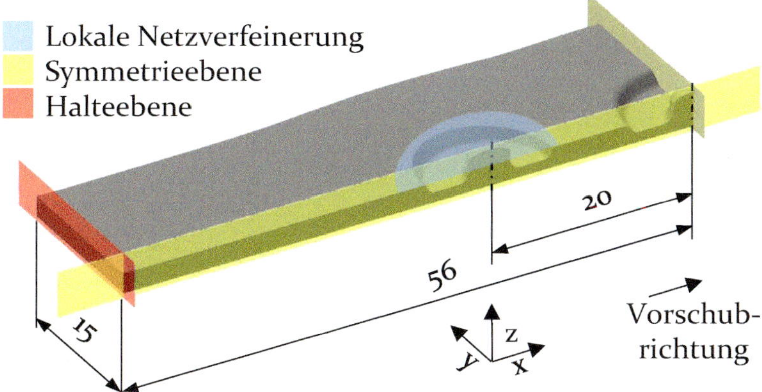


Bild 26: Modellierung des Bauteils am Beispiel des Rückwärtsfließpressens

Die in Bild 8 und Bild 10 dargestellten Werkzeugaktivteile beider Prozesse werden in der Simulation entsprechend [168] durch Tetraeder vernetzt. Die Niederhalterspannung von 65 MPa wird durch eine Feder mit einer niedrigen Steifigkeit von $10^{-6}$ N/mm abgebildet. Durch den niedrigen Wert wird eine näherungsweise konstante Kraft unabhängig von der Auslenkung der Feder sichergestellt. Die Reibung im Kontakt zwischen Werkzeug und Werkstück wird aufgrund der lokal hohen Flächenpressungen in der Blechmassivumformung [8] durch das Reibfaktormodell nach TRESCA modelliert. Ein Reibfaktor von 0,1 ist nach [36] beim Fließpressen mit dem genutzten Tribosystem geeignet.

### Validierung der virtuellen Prozessmodelle

Zur Bewertung der Aussagekraft der virtuellen Prozessmodelle sind diese durch einen Vergleich mit experimentellen Daten zu validieren [167]. Hierzu werden numerisch und experimentell bestimmte werkstück- sowie prozessseitige Zielgrößen verglichen. Als Grundlage für den Vergleich werden die in Bild 27 dargestellten Bauteile herangezogen.

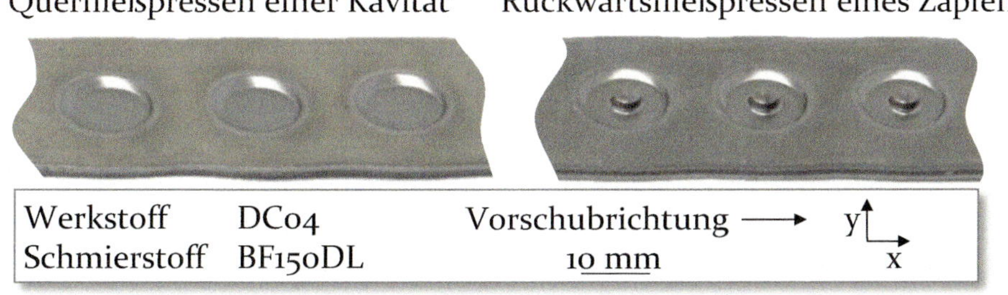


Bild 27: Durch Quer- und Rückwärtsfließpressen vom Band hergestellte Werkstücke

In jedem Prozess werden für die Validierung sechs Bauteile auf einem Bandabschnitt umgeformt. Da in Bild 21 gezeigt wurde, dass die lokale Vorverfestigung des Bandes bei der Herstellung mehrerer Werkstücke die Prozesse beeinflusst, werden jeweils nur die letzten fünf Bauteile ausgewertet. Als prozessseitige Zielgrößen werden in beiden Prozessen die benötigten Umformkräfte in Bild 28 verglichen.

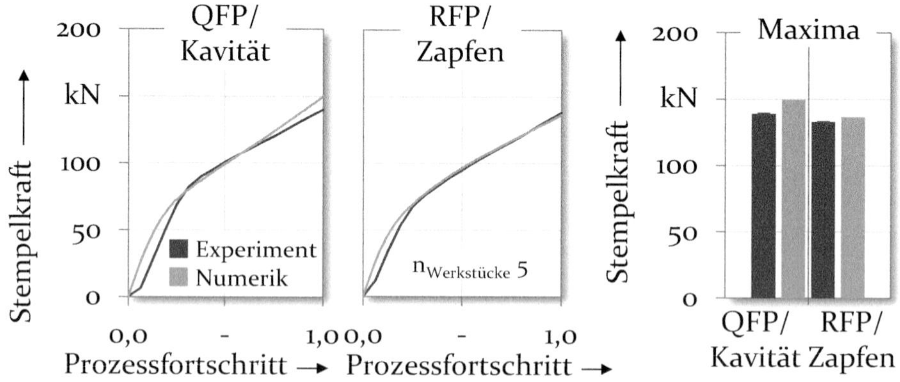


Bild 28: Vergleich der experimentell und numerisch ermittelten Umformkräfte im Quer- und Rückwärtsfließpressen

Die numerisch bestimmten Verläufe der Umformkräfte sind in beiden Prozessen während der ersten 30 % der Umformung höher als in den Experimenten. Zu Beginn der Prozesse werden im Experiment durch das Aufbringen der Umformkräfte Spalten zwischen den Werkzeugteilen geschlossen. Folglich überschätzt der Wegsensor zu Beginn den Umformweg. Niedrigere Umformkräfte folgen. Anschließend stimmen die numerischen und experimentell über fünf Hübe gemittelten Verläufe qualitativ überein. Die Umformkräfte steigen aufgrund zunehmender Kaltverfestigung kontinuierlich an. Die im Rückwärtsfließpressen experimentell ermittelte maximale Stempelkraft am Prozessende von 132,7 ± 0,4 kN weicht um 2,5 % vom numerischen Wert ab. Im Querfließpressen sind sowohl die experimentell als auch numerisch bestimmten Prozesskräfte höher als im Rückwärtsfließpressen. Dies ist auf längere Gleitwege des Werkstoffes zurückzuführen (Bild 19). Die experimentelle maximale Stempelkraft von 138,6 ± 0,7 kN am Prozessende weicht um 7,8 % von der Simulation ab. Der Unterschied ist auf die komplexen tribologischen Lasten der Blechmassivumformung zurückzuführen [8]. Diese sind numerisch nur mit begrenzter Genauigkeit abbildbar [173]. Wie in Bild 32 und Bild 33 gezeigt wird, ist die Bandbreite der tribologischen Lasten im Querfließpressen größer als im Rückwärtsfließpressen. Folglich sind im Querfließpressen auch die Abweichungen zur Simulation höher. Neben der prozessseitigen Zielgröße werden als werkstückseitige Zielgrößen in Bild 29 die Bauteildurchmesser verglichen.

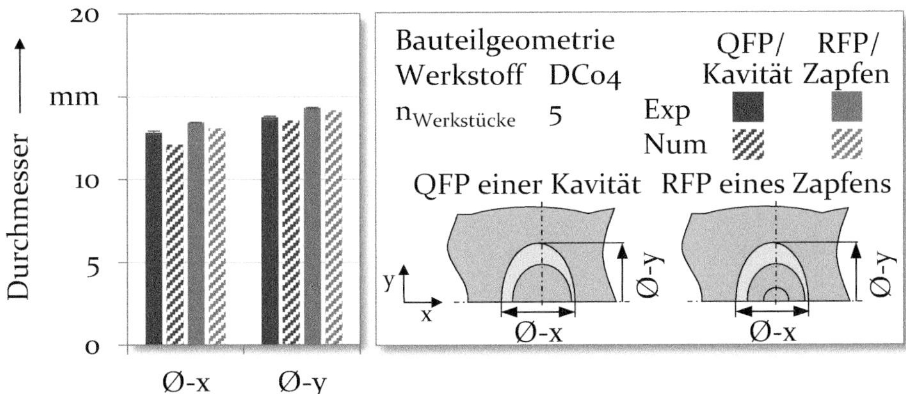


Bild 29: Vergleich der experimentell und numerisch ermittelten Bauteildurchmesser

Die Durchmesser werden in x- und y-Orientierung ausgewertet. Sämtliche Durchmesser sind im Rückwärts- größer als im Querfließpressen. Dies ist auf den größeren Soll-Durchmesser bei den Zapfenbauteilen zurückzuführen. Zudem sind die y-Durchmesser immer größer als in x-Richtung. Ursächlich hierfür ist der senkrecht zur Bandorientierung verstärkte Stofffluss aus der Umformzone infolge der bandförmigen Halbzeuggeometrie (Bild 15). Mit maximalen Abweichungen von 1,3 % bis 5,9 % sind die Simulationen in der Lage, den asymmetrischen Stofffluss als bandspezifische Herausforderung in beiden Prozessen abzubilden. Als weitere geometrische Zielgröße wird in Bild 30 die Zapfenhöhe im Rückwärtsfließpressens verglichen.

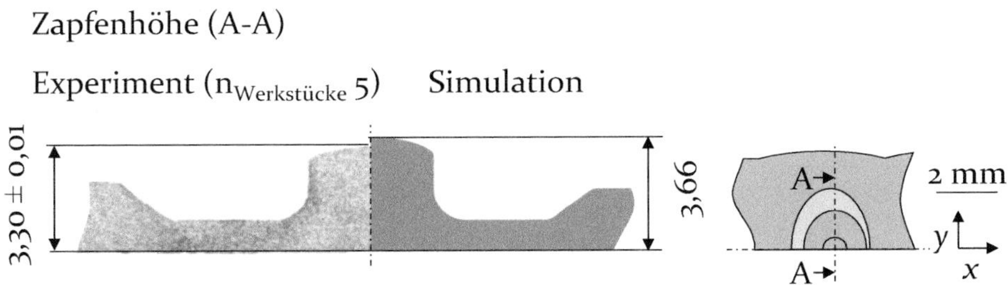


Bild 30: Vergleich der experimentellen und numerischen Zapfenhöhe

Die experimentell an fünf Bauteilen sowie numerisch ermittelten Zapfenhöhen von 3,30 ± 0,01 mm sowie 3,66 mm sind deutlich niedriger als die Soll-Zapfenhöhe von 8,40 mm (Bild 7). Ursächlich hierfür ist der in Bild 14 identifizierte Stofffluss aus der Umformzone. Das Simulationsmodell ist folglich in der Lage, die Unterfüllung des Zapfens realitätsnah mit einer Abweichung von 0,36 mm abzubilden. Wie bei den Prozesskräften und den Durchmessern sind die Unterschiede zwischen Simulation und Experiment auf die komplexen tribologischen Bedingungen der Blechmassivumformung zurückzuführen [173]. Neben den quantitativen werkstückseitigen Zielgrößen wird als qualitative Zielgröße in Bild 31 die Mikrohärteverteilung an umgeformten Bauteilen mit der numerisch bestimmten Umformgradverteilung verglichen. Nach [168] sind diese Zielgrößen für einen indirekten Vergleich zwischen Simulation und Experiment im Rahmen der Validierung geeignet.

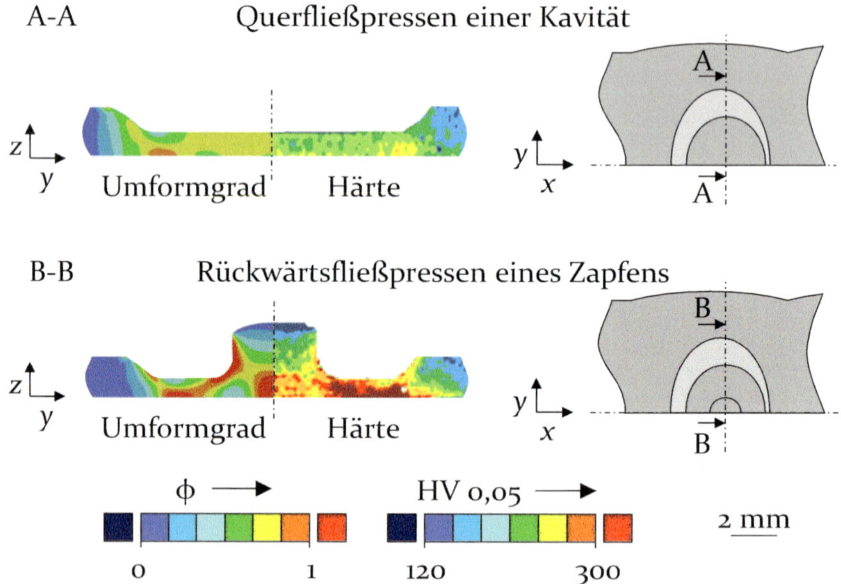


Bild 31: Vergleich der Umformgrad- und Mikrohärteverteilung

Im Querfließpressen weist der Bereich unterhalb der Stempelaußenkante den höchsten Umformgrad auf. Ursächlich hierfür ist, dass der Werkstofffluss mit einer Komponente in –z-Orientierung in diesem Bereich in +z-Richtung umgeleitet wird (Bild 41). Das Experiment bestätigt den Ort des maximalen Umformgrades durch ein Härtemaximum an dieser Position. Zudem stimmen die Verteilungen des Umformgrades und der Mikrohärte qualitativ überein.

Im Rückwärtsfließpressen weisen die Bereiche am unteren Ende des Zapfens, am Kavitätseinlauf sowie im Bereich der geringsten Restblechdicke jeweils lokale Maxima des Umformgrades auf. Dies ist auf den Stofffluss, der in diesen Bereichen umgelenkt wird, zurückzuführen (Bild 41). Die numerische Umformgradverteilung stimmt mit der experimentellen Mikrohärteverteilung überein, da auch durch die Mikrohärtemessung in diesen Bereichen ein Anstieg der Härte festgestellt wird.

Die Validierung bezüglich quantitativer und qualitativer werkstück- und prozessseitiger Zielgrößen bestätigt für beide Simulationsmodelle eine gute Übereinstimmung mit dem Experiment. Die aufgebauten Prozessmodelle sind daher für die folgende Analyse der Werkzeugbeanspruchungen sowie das Erforschen von Maßnahmen geeignet.

## 5.4 Analyse des Werkzeugbeanspruchungszustandes

Die Werkzeuglebensdauer beeinflusst die Werkzeugkosten, welche in der Kaltmassivumformung eine der wichtigsten variablen Kosten darstellen [174]. Zur effizienten Herstellung einer hohen Stückzahl an Bauteilen ist deshalb eine ausreichende Werkzeugstandmenge notwendig. Die Standmenge der Werkzeugaktivteile wird in hohem Maße durch die auftretenden Werkzeugbeanspruchungen bestimmt [49]. Diese wiederum werden durch den Materialfluss wesentlich beeinflusst [52]. Es wurde gezeigt, dass der Stofffluss bei der Blechmassivumformung vom Band im Dauerhub grundlegend von dem der Umformung von vorbeschnittenen Ronden im Einzelhub abweicht und anisotrop ist. Nach SUN ET AL. ist ein anisotroper Stofffluss für die Werkzeuge der Blechmassivumformung kritisch [175]. Dies motiviert die Erforschung der Werkzeugbeanspruchungen an den vorgestellten Prozessen bei einer Bauteilfertigung vom Band im Dauerhub. In einem ersten Schritt werden die an den Werkzeugen anfallenden äußeren Lasten ermittelt. Anschließend werden die hieraus resultierenden inneren Spannungen und Deformationen der Werkzeuge bestimmt.

### Äußere Werkzeugbeanspruchungen

Die Analyse der äußeren Werkzeuglasten an den Stempeln und den Niederhaltern bildet die Grundlage zur weiteren Untersuchung der inneren Werkzeugbeanspruchungen. Zudem ist eine Kenntnis der äußeren Lasten zur Ableitung von Wirkzusammenhängen bei der Analyse des Einsatzverhaltens maßgeschneiderter Werkzeugoberflächen in Kapitel 7 notwendig. Als Zielgröße wird in Bild 32 der Kontaktdruck an den 180° Segmenten der Stempel ausgewertet.

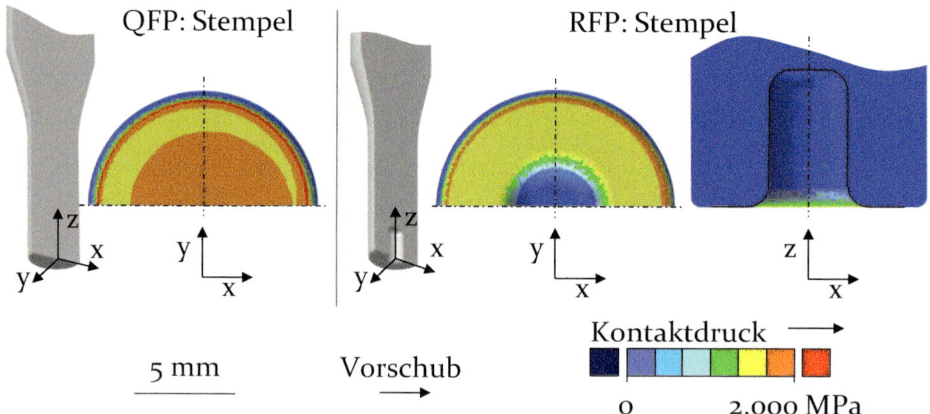


Bild 32: Kontaktdruck an den Stempeln des Quer- und Rückwärtsfließpressens

Im Querfließpressen treten am Stempelaußenradius lokal Kontaktdrücke von über 2000 MPa auf. Werte in dieser Größenordnung sind für die Kaltmassivumformung charakteristisch [176]. Dieses Maximum entsteht durch das Umleiten des radial nach außen gerichteten Werkstoffflusses in einen Stofffluss mit einer Komponente in z-Richtung (Bild 41). Kontaktdrücke von bis zu 2000 MPa beanspruchen die Stempelstirnseite. PILZ ET AL. identifizierten vergleichbare Werte für das Fließpressen von Ronden [11]. Die Kontaktdrücke sind auf der in Vorschubrichtung orientierten Seite des Stempels (+x-Hälfte) höher als auf der entgegensetzten Hälfte. Grund hierfür ist die lokale Vorverfestigung des Werkstückes, welche durch die Umformung des vorangegangenen Bauteiles im Dauerhub eingebracht und in Bild 20 nachgewiesen wurde. Hierdurch wird der radiale Stofffluss aus der Umformzone in +x-Richtung gehemmt, weshalb die Druckbeanspruchung des Stempels einseitig ansteigt.

Im Rückwärtsfließpressen sind die Kontaktdrücke mit Werten unter 2000 MPa geringer als im Querfließpressen. Zurückzuführen ist dies auf die in diesem Prozess niedrigere maximale Umformkraft (Bild 28) bei näherungsweise gleicher Kontaktfläche. Wie im Querfließpressen treten die maximalen Kontaktdrücke an der äußeren Stempelkante durch das Umleiten des Materialflusses auf. Zudem sind die Normalspannungen ebenfalls aufgrund des anisotropen und in Vorschubrichtung gehemmten Stoffflusses (Bild 21) auf der +x-Hälfte des Stempels höher als auf der gegenüberliegenden –x-Seite. In der Stempelkavität sind die Kontaktdrücke niedrig, da der Werkstoff nach dem Kavitätseinlauf nicht weiter umgeformt wird, sondern nur noch an der Werkzeugoberfläche entlang gleitet. Weiterhin bedingt die unvollständige Formfüllung der Stempelkavität (Bild 30) einen geringen Kontaktdruck.

Für beide Prozesse wurde in Bild 19 ein Stofffluss aus der Umformzone identifiziert. Folglich wird in Bild 33 die Auswirkung dieses Materialflusses auf die Beanspruchungen der Niederhalter untersucht.

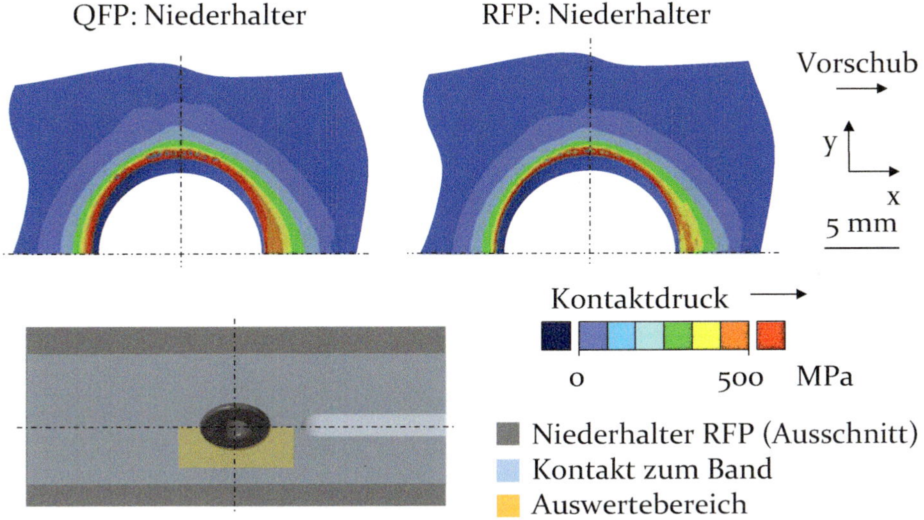


Bild 33: Kontaktdruck an den Niederhaltern des Quer- und Rückwärtsfließpressens

In beiden Prozessen treten direkt an der Bohrung der Niederhalter in einem an die Funktionselemente anschließenden Bereich mit elliptischer Form keine Kontaktdrücke auf. Grund hierfür ist, dass aufgrund der zu großen und ungleichmäßigen Radien in dieser Zone kein Kontakt zum Werkstück besteht (Bild 23). Hieran schließt ein Bereich mit maximalen Spannungen von über 500 MPa an. In dieser Zone wird der teilweise in entgegengesetzte Stempelbewegungsrichtung orientierte Stofffluss radial nach außen umgeleitet (Bild 41). Hierdurch wird das Aufdicken des Werkstücks im an die Funktionselemente angrenzenden Bereich verhindert. Zudem entstehen durch die Umleitung des Stoffflusses in diesen Zonen lokale Kontaktdruckmaxima.

Beim Querfließpressen einer Kavität sind diese Kontaktdrücke ausgeprägter als beim Rückwärtsfließpressen eines Zapfens. Ursächlich hierfür ist, dass im Querfließpressen sämtliches umgeformtes Werkstoffvolumen durch den Spalt zwischen Nieder- und Gegenhalter durchgedrückt wird, wohingegen im Rückwärtsfließpressen ein Teil des Volumens den Zapfen ausformt. Mit zunehmender Entfernung von der Umformzone nehmen die

Kontaktdrücke am Niederhalter ab. In beiden Prozessen ist die beanspruchte Zone des Niederhalters in Vorschubrichtung größer als in die entgegengesetzte Orientierung. Dies ist auf die lokale Vorverfestigung des Bandes bei einer Fertigung im Dauerhub zurückzuführen (Bild 20). Die anisotropen äußeren Lasten an den Stempeln und den Niederhaltern stellen einen zentralen Unterschied bei einer Bauteilfertigung vom Band im Dauerhub im Vergleich zur Umformung von vorbeschnittenen Ronden im Einzelhub dar.

### Innere Werkzeugbeanspruchungen

Zur Erforschung der Auswirkungen der bandspezifischen ungleichmäßigen äußeren Lasten auf die inneren Werkzeugbeanspruchungen werden die Spannungszustände sowie die elastische Deformation der Werkzeuge untersucht. In Bild 34 werden die Spannungen in den Stempel als höchstbeanspruchte Aktivteile analysiert.

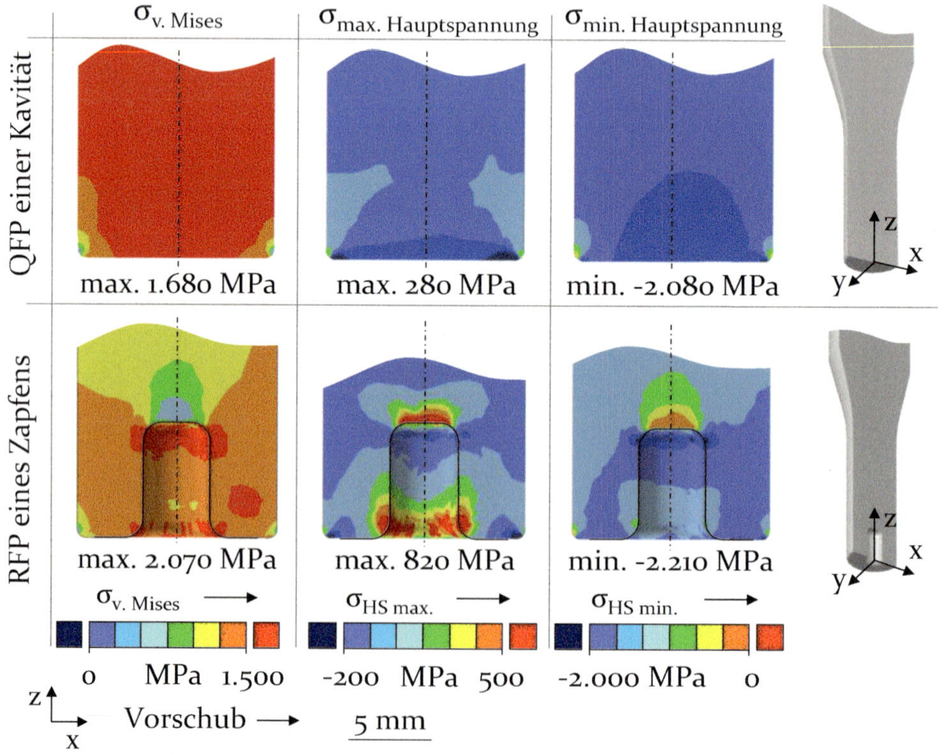


Bild 34: Spannungszustand der Stempel im Quer- und Rückwärtsfließpressen

Als Zielgrößen zur Beschreibung des Beanspruchungszustands werden neben der Vergleichsspannung nach VON MISES die maximalen und minimalen Hauptspannungen ausgewertet. Die Untersuchung dieser Zielgrößen ist in der Blechmassivumformung etabliert [36], da hierdurch eine Analyse des auftretenden Spannungszustandes bezüglich Zug- und Druckbeanspruchungen ermöglicht wird. Dies ist relevant, da der eingesetzte Werkzeugstahl unter Zug- und Druckbeanspruchung ein unterschiedliches Verhalten aufweist [177]. Die Auswertung beschränkt sich auf den unteren Stempelbereich, da dieser aufgrund des geringsten Querschnitts sowie geometrischen Unstetigkeiten den höchsten Beanspruchungen ausgesetzt ist. Für die Diskussion der Spannungen sind zudem die über fünf repräsentative Knoten gemittelten Maximalwerte je Zielgröße angegeben.

Beim Querfließpressen einer Kavität treten Vergleichsspannungen mit Maximalwerten von etwa 1680 MPa auf. Die maximalen Hauptspannungen sind mit bis zu 280 MPa niedrig, während die minimalen Hauptspannungen mit bis zu -2080 MPa hoch sind. Der folglich druckdominante Spannungszustand ist auf die axiale Einleitung der Umformkraft in den Stempel zurückzuführen. Des Weiteren sind insbesondere die minimalen Hauptspannungen asymmetrisch zur z-Achse. In der in Vorschubrichtung orientierten +x-Hälfte sind die Beträge der minimalen Hauptspannungen höher als in der entgegengesetzten Seite. Im vorherigen Abschnitt wurde ein ungleichmäßiger und in der +x-Hälfte höherer Kontaktdruck an der Stempelstirnseite infolge des anisotropen Stoffflusses identifiziert (Bild 33). Aufgrund des ausgeprägteren Kontaktdrucks an der +x-Hälfte des Stempels resultieren im Werkzeug einseitig höhere Druckspannungen. Die lokale Vorverfestigung des Bandes verursacht somit nicht nur eine ungleichmäßige Ausformung der Bauteile, sondern auch einen asymmetrischen Spannungszustand im Werkzeug.

Beim Rückwärtsfließpressen eines Zapfens sind die Beanspruchungen trotz niedrigerer Kontaktdrücke (Bild 33) und Umformkräfte (Bild 28) ausgeprägter als beim Querfließpressen einer Kavität. Maximale Vergleichsspannungen von näherungsweise 2070 MPa treten auf. Diese haben lokale Maxima am Einlauf sowie am Ende der Stempelkavität. Ursächlich hierfür ist die Auffederung der Kavität, welche maximale Hauptspannungen von etwa 820 MPa in diesen Bereichen verursacht. Zudem treten lokale Extremwerte der minimalen Hauptspannungen mit bis zu -2210 MPa neben dem Boden der Stempelkavität auf. Diese sind auf die axiale Einleitung der Umformkraft in den Stempel in Kombination mit der geometrischen Unstetigkeit in diesem Bereich zurückzuführen. Wie im Querfließpressen ist die

+x-Hälfte des Werkzeugs aufgrund der asymmetrischen Kontaktdruckverteilung (Bild 33) infolge des anisotropen Stoffflusses höheren Druckbeanspruchungen ausgesetzt als die –x-Hälfte. Die insgesamt höheren Werkzeugbeanspruchungen im Rückwärtsfließpressen sind auf die geometrische Unstetigkeit in Form der Stempelkavität zurückzuführen.

In beiden Prozessen ist der Spannungszustand bezüglich Gewaltbruch der Werkzeuge unkritisch, da sie deutlich unter der Zug- und Druckfestigkeit des eingesetzten Werkzeugwerkstoffes von etwa 2500 MPa sowie 2900 MPa liegen [177]. Dennoch sind die Auswirkungen der ungleichmäßigen Spannungen aufgrund des anisotropen Stoffflusses auf die Deformation der Werkzeuge in Bild 35 zu untersuchen. Der Hintergrund ist, dass die Werkzeugauffederung in der Blechmassivumformung die Bauteilmaßhaltigkeit beeinflusst [11].

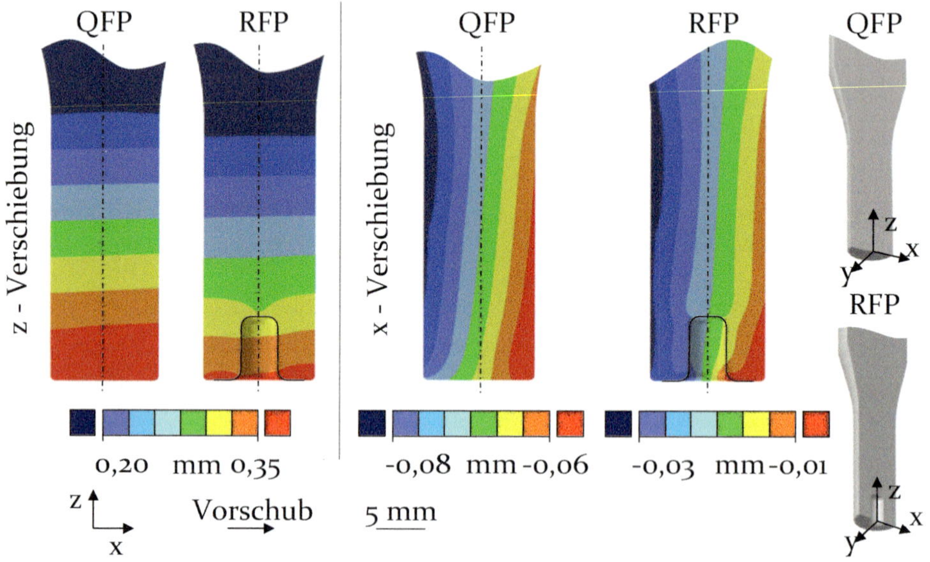


Bild 35: Z- und x-Verschiebung der Umformstempel des Quer- und Rückwärtsfließpressens

In beiden Prozessen tritt eine z-Verschiebung der Stempel von mehr als 0,35 mm auf. Diese ist beim Querfließpressen aufgrund der großflächig höheren Druckbeanspruchungen (Bild 34) um 0,03 mm höher als beim Rückwärtsfließpressen. Die hohe globale Auffederung der Stempel ist in Bezug auf die geometrische Bauteilmaßhaltigkeit unkritisch, da sie durch Nachstellen des Hubs und Korrektur des unteren Totpunktes kompensiert wird.

Zudem werden in beiden Prozessen die in Vorschubrichtung orientierten +x-Hälften der Stempel axial stärker als die –x-Hälften komprimiert. Diese asymmetrische Deformation ist nicht über den Stempelhub ausgleichbar. Sie ist auf die ungleichmäßigen Druckspannungen in den Werkzeugen zurückzuführen (Bild 34). An den x-Verschiebungen ist zu erkennen, dass durch die einseitig höheren Druckbeanspruchungen der Stempel eine Biegung in Vorschubrichtung auftritt.

Der asymmetrische Werkzeugbeanspruchungszustand und die ungleichmäßige Auffederung sowie Biegung der Stempel sind bandspezifische Herausforderungen. Sie stellen ein Unterschied zum Fließpressen von vorbeschnittenen Ronden im Einzelhub dar.

## 5.5 Analyse des Einflusses der Halbzeugeigenschaften

Im Rahmen der Prozessanalyse wurden bandspezifische Prozesscharakteristika beim Fließpressen von 2 mm dickem DC04-Coil identifiziert. Die Auslegung beanspruchungsangepasster Bauteile bedingt den Einsatz unterschiedlicher Ausgangsblechdicken sowie Werkstückwerkstoffen. Dies motiviert die Erforschung des Einflusses der Halbzeugeigenschaften auf das Prozessergebnis bezüglich der Bauteilausformung und der Werkzeugbeanspruchungen. Zudem wird durch die Untersuchungen die Übertragbarkeit der identifizierten bandspezifischen Prozesscharakteristika auf unterschiedliche Halbzeugeigenschaften bewertet.

### 5.5.1 Werkstückwerkstoff

In der Blechmassivumformung ist neben DC04 der Einsatz von Werkstoffen höherer Festigkeit wie zum Beispiel HC260 etabliert [37]. Beim Fließpressen vorbeschnittener Ronden im Einzelhub wurde ein Einfluss der Werkstofffestigkeit auf den Stofffluss festgestellt [24]. Aus diesem Grund wird numerisch und experimentell der Einfluss des Werkstoffes HC260 im Vergleich zum Referenzwerkstoff DC04 auf die Bauteilausformung und die Werkzeugbeanspruchungen beim Fließpressen vom Band im Dauerhub erforscht.

**Bauteilausformung**

Zur Analyse der Bauteilausformung wird zunächst in Bild 36 numerisch der Einfluss des Werkstückwerkstoffes auf den Stofffluss durch die Auswertung der radialen Verschiebungen untersucht. Als Ausblick auf höhere Festigkeiten werden die numerischen Ergebnisse um Untersuchungen mit dem Werkstoff DP600 ergänzt. Dieser ist experimentell aufgrund der hohen Festigkeit mit dem bestehenden Werkzeugsystem nicht umformbar.

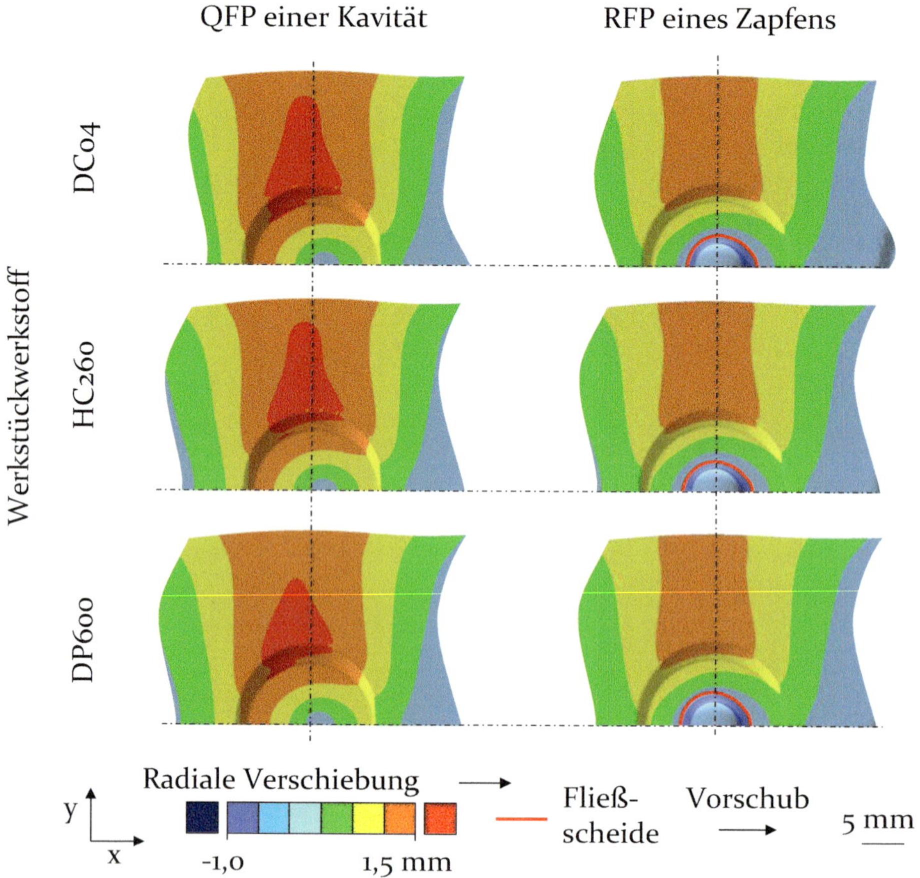


Bild 36: Einfluss des Werkstückwerkstoffes auf die radiale Verschiebung im Quer- und Rückwärtsfließpressen

Für sämtliche eingesetzte Werkstückwerkstoffe treten innerhalb der Prozesse jeweils vergleichbare Materialflüsse auf. Senkrecht zum Band ist die radiale Verschiebung ausgeprägter als parallel zum Coil. Zudem ist der Stofffluss entgegen größer als in Vorschubrichtung. Folglich sind die in Abschnitt 5.2 identifizierten bandspezifischen Prozesscharakteristika und deren Ursachen bei einer Bauteilfertigung vom Coil im Dauerhub auf Werkstoffe höherer Festigkeiten übertragbar. Die Auswirkungen des Werkstückwerkstoffes auf die Bauteilausformung sind experimentell in Bild 37 untersucht.

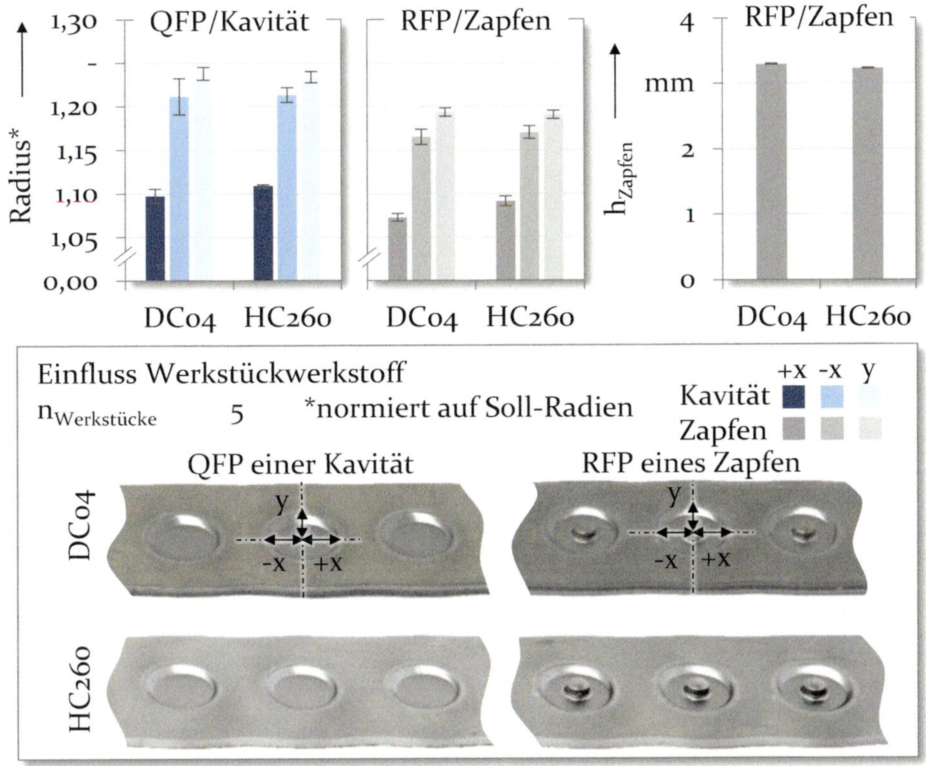


Bild 37: Experimentell ermittelter Einfluss des Werkstückwerkstoffes auf die Bauteilausformung

Experimentell wird im Quer- sowie Rückwärtsfließpressen kein signifikanter Einfluss des Werkstückwerkstoffes auf die normierten Bauteilradien festgestellt. Dies verifiziert die numerischen Untersuchungen von Bild 36, in denen vergleichbare radiale Verschiebung für DC04 und HC260 identifiziert wurden. Die Zapfenhöhe geht durch den Einsatz von HC260 von 3,30 ± 0,01 mm (DC04) auf 3,23 ± 0,01 mm leicht zurück. Der Rückgang der Formfüllung des Funktionselementes ist auf die höhere Ausgangsfestigkeit sowie stärkere Verfestigung bei der Umformung (Bild 2) von HC260 zurückzuführen [121]. Eine geringere Formfüllung der Funktionselemente bei höheren Werkstofffestigkeiten tritt auch beim Fließpressen von vorbeschnittenen Ronden im Einzelhub auf [36].

**Werkzeugbeanspruchung**

Zur Analyse des Einflusses des Werkstückwerkstoffes auf die Werkzeuge sind in Bild 38 die experimentellen Umformkräfte visualisiert. Beim Querfließpressen einer Kavität steigt die maximale Stempelkraft durch den Einsatz von HC260 um 9 % auf 151,9 ± 0,2 kN an. Auch beim Rückwärtsfließpressen eines Zapfens tritt eine Zunahme der Kraft um 12 % auf 148,7 ± 0,5 kN auf. Der Anstieg der Umformkräfte ist durch die höhere Festigkeit von HC260 begründet (Bild 2). Hierdurch werden zum Erreichen der angestrebten Restblechdicke von 1 mm bei der weggebundenen Umformung höhere Kräfte benötigt.

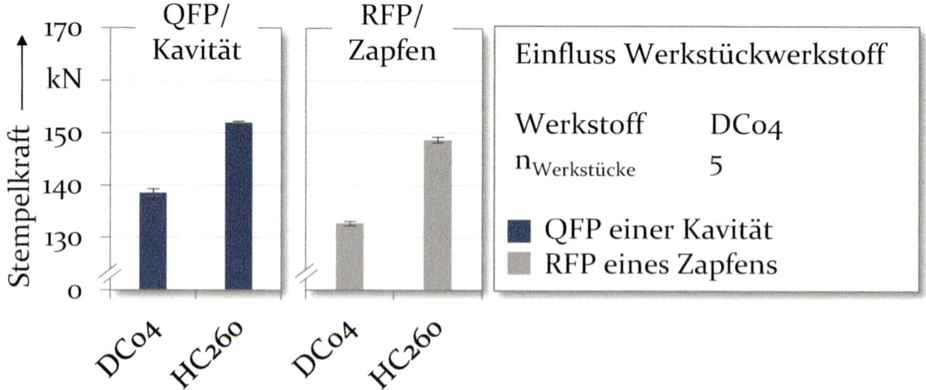


Bild 38: Experimentell ermittelter Einfluss des Werkstückwerkstoffes auf die maximalen Stempelkräfte

Die geänderten Umformkräfte beeinflussen die Beanspruchungen der Werkzeuge. Deshalb wird der Spannungszustand der Stempel in Bild 39 ausgewertet.

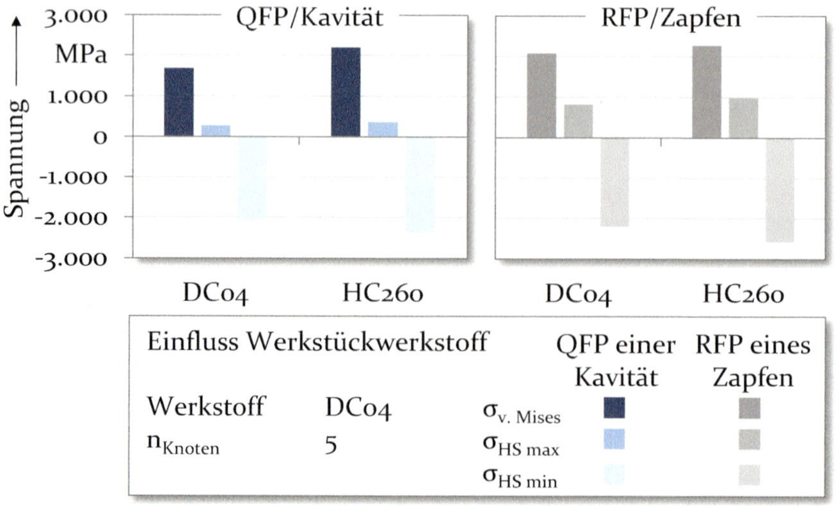


Bild 39: Numerisch ermittelter Einfluss des Werkstückwerkstoffes auf die Werkzeugbeanspruchungen

Sowohl beim Querfließpressen einer Kavität als auch beim Rückwärtsfließpressen eines Zapfens steigen die Beanspruchungen der Aktivteile durch den Einsatz von HC260 im Vergleich zur Umformung von DC04 an. Im Querfließpressen nimmt der Betrag der minimalen Hauptspannung um 15 % auf etwa -2390 MPa zu. Auch im Rückwärtsfließpressen wird ein betragsmäßiger Anstieg der minimalen Hauptspannung um 15 % auf -2580 MPa festgestellt. Die gestiegenen Spannungen sind durch die axiale Einleitung der in Bild 38 experimentell identifizierten höheren Prozesskräfte in die Stempel zurückzuführen. Der Anstieg der Beanspruchung der Aktivteile durch den Einsatz von HC260 ist unkritisch, da die Spannungen in den Stempeln unter der maximalen Beanspruchbarkeit des Werkzeugwerkstoffes liegen [177].

### 5.5.2 Ausgangsblechdicke

Eine Strategie, Leichtbauziele zu erreichen, ist der Einsatz von Bauteilen mit beanspruchungsangepassten Wandstärkenverteilungen [9]. Hieraus wird der Bedarf der Bauteilfertigung aus unterschiedlichen Blechdicken abgeleitet. Auch in der Blechmassivumformung von vorbeschnittenen Ronden wird der Einsatz unterschiedlicher Ausgangsblechdicken erforscht [24]. Vor diesem Hintergrund haben SCHNEIDER ET AL. einen Einfluss der Blechdicke auf die Formfüllung von Funktionselementen identifiziert [178]. Dies motiviert die Untersuchung des Blechdickeneinflusses auf das Prozessergebnis beim Fließpressen von Bauteilen vom Band im Dauerhub.

Hierzu wird die Ausgangsblechdicke $s_0$ auf den Stufen 1,75 mm, 2,00 mm (Referenz), 2,50 mm und 3,00 mm entsprechend Bild 40 variiert. Eine weitere Reduktion der Blechdicke ist aufgrund von Beschränkungen des genutzten und bereits bestehenden Werkzeuggestells nicht möglich. Bleche mit einer Dicke von bis zu 3,00 mm werden im Rahmen der Untersuchung der Blechmassivumformung von vorbeschnittenen Ronden in [24] erforscht. Die Blechdicken von 1,75 mm und 2,50 mm werden durch einseitiges Abschleifen von Halbzeugen mit einer Ausgangsblechdicke von 2,00 mm sowie 3,00 mm in Anlehnung an [37] erzielt. Durch die einseitige Reduktion der Blechdicke wird sichergestellt, dass die dem Stempel zugewandte Halbzeugoberfläche weiterhin eine EDT-Textur aufweist. Um eine Vergleichbarkeit zwischen den Varianten mit unterschiedlichen Blechdicken sicherzustellen, wird der Hub jeweils so angepasst, dass der Stempel 1 mm in das Blech eindringt. Hierdurch wird immer das gleiche Werkstoffvolumen umgeformt. Allerdings resultieren unterschiedliche Restblechdicken. Bereits in den Aufnahmen der umgeformten Bauteile in Bild 40 ist ein Einfluss der Ausgangsblechdicke auf die Bauteilradien festzustellen. Folglich wird im Folgenden die Bauteilausformung erforscht. Insbesondere an den Bauteilen des Querfließpressens ist eine konvexe Ausformung der Bandkanten festzustellen. Diese ist exemplarisch für die Ausgangsblechdicke von 1,75 mm markiert und wird durch das Durchdrücken des Werkstoffes zwischen Gegen- und Niederhalter quer zur Stempelbewegungsrichtung bedingt.

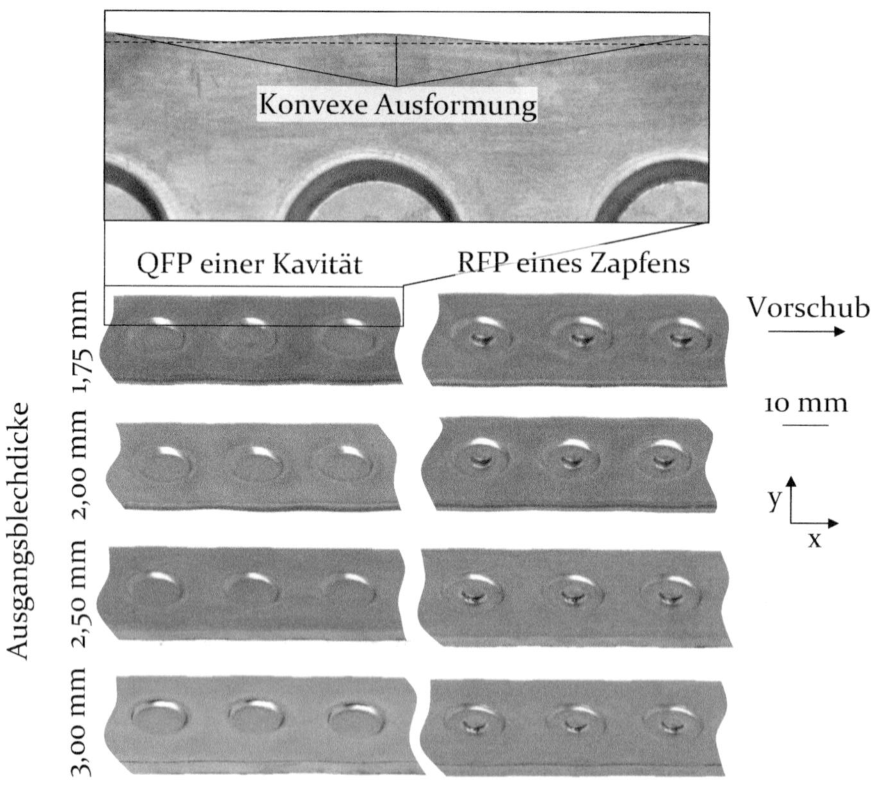


Bild 40: Variation der Ausgangsblechdicke im Quer- und Rückwärtsfließpressen

## Bauteilausformung

Zunächst wird für die geringste und größte Ausgangsblechdicke der Materialfluss in beiden Prozessen numerisch untersucht und in Bild 41 visualisiert. Der Stofffluss ist im Schnitt durch Materialflussvektoren dargestellt. Diese Zielgröße ist nach [25] zur Beschreibung des Stoffflusses geeignet.

Beim Querfließpressen sind die Materialflussgeschwindigkeiten insgesamt auf einem höheren Niveau als beim Rückwärtsfließpressen. Ursächlich hierfür ist, dass im Querfließpressen das gesamte Umformvolumen nach außen zwischen den Nieder- und Gegenhalter durchgedrückt wird und nicht teilweise in die Werkzeugkavität zur Ausformung des Zapfens fließt. Somit legt der Werkstoff eine längere Strecke in der gleichen Zeit zurück.

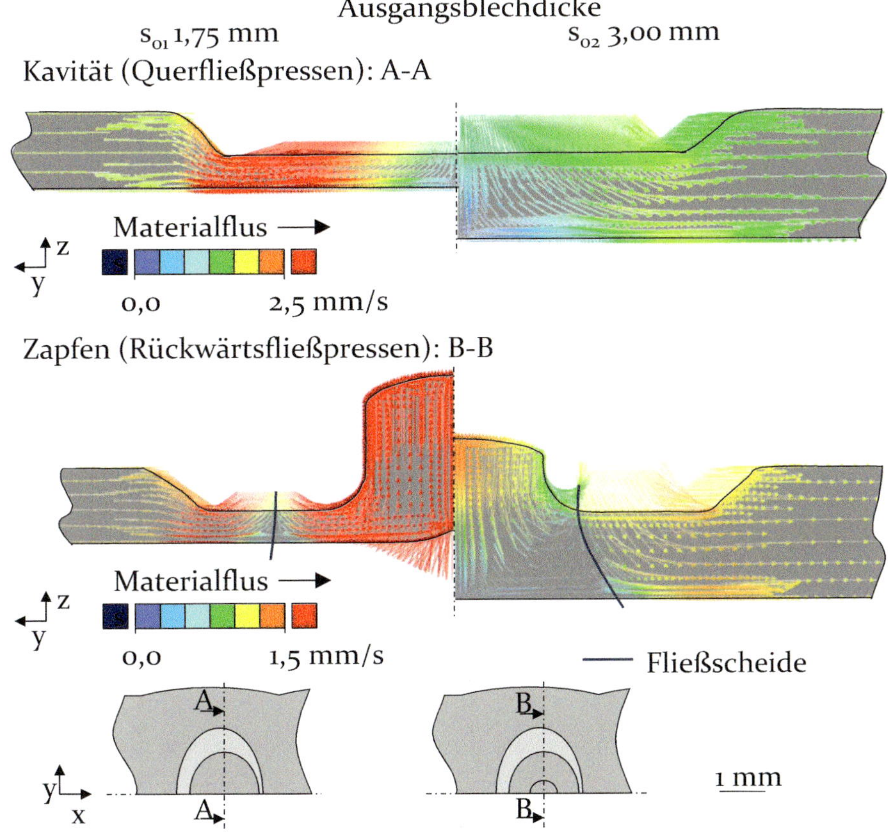


Bild 41: Einfluss der Ausgangsblechdicke auf den Materialfluss

In beiden Prozessen bewirkt eine Reduktion der Ausgangsblechdicke eine Zunahme der Stoffflussgeschwindigkeit. Dies ist darauf zurückzuführen, dass das gleiche Umformvolumen durch einen geringeren Blechquerschnitt bewegt wird. Hierdurch nimmt der Widerstand gegen einen Stofffluss aus der Umformzone zu, weshalb die Fließscheide im Rückwärtsfließpressen nach außen verlagert wird. Somit steigt die Formfüllung des Funktionselementes an. Dies stellt eine Gemeinsamkeit zur Umformung von vorbeschnittenen Ronden dar [24].

Eine Variation der Ausgangsblechdicke bewirkt zudem entsprechend Bild 41 in beiden Prozessen eine Änderung der Orientierung des Stoffflusses unterhalb der Bauteilränder. Im Fall einer hohen Ausgangsblechdicke von 3,00 mm wird das Umformvolumen auf einen großen Querschnitt verteilt. Es weist unterhalb der Bauteilränder eine waagerechte Orientierung in y-Richtung auf. Bei einer geringen Blechdicke von 1,75 mm hat der Stofffluss unterhalb der Bauteilkanten aufgrund des höheren Fließwiderstandes in y-Richtung bedingt durch den geringeren Blechquerschnitt hingegen eine Komponente in z-Orientierung. Die Auswirkungen dieses geänderten Stoffflusses auf die experimentell bestimmten Bauteilradien sind in Bild 42 dargestellt.

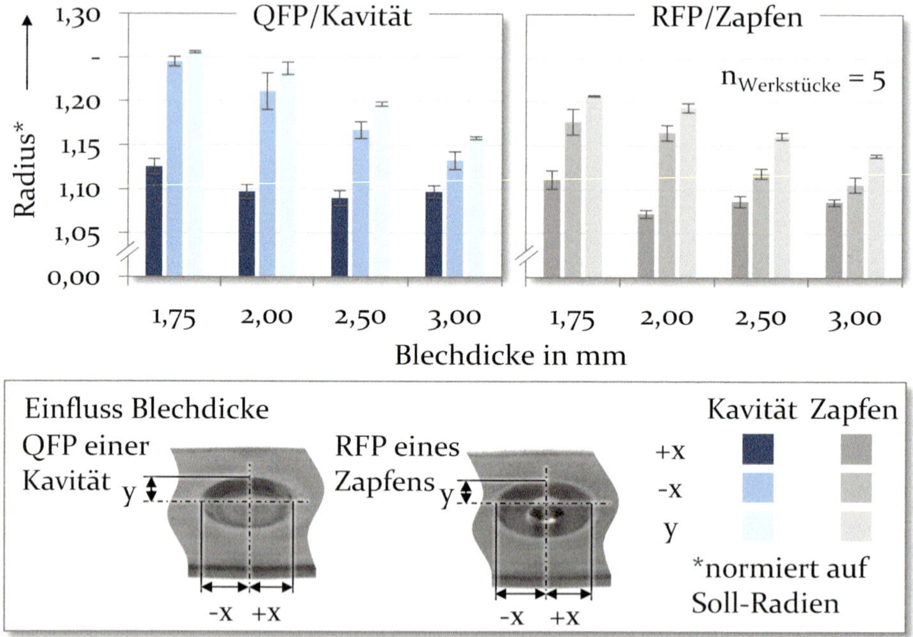


Bild 42: Experimentell ermittelter Einfluss der Ausgangsblechdicke auf die Bauteilradien

Die auf die Soll-Geometrien normierten Radien in +x-Richtung nehmen durch die Erhöhung der Ausgangsblechdicken von 1,75 mm auf 2,00 mm im Quer- von 1,13 ± 0,01 auf 1,10 ± 0,01 und im Rückwärtsfließpressen von 1,11 ± 0,01 auf 1,07 ± 0,01 ab. Anschließend verbleiben die Zielgrößen bei einer weiteren Erhöhung der Blechdicke im Rahmen der Standardabweichung auf diesem Niveau. Durch die Erhöhung der Ausgangsblechdicke von 1,75 mm auf 3,00 mm gehen die normierten Radien in -x sowie y-Orientierung im Querfließpressen kontinuierlich von 1,25 ± 0,01 sowie

1,26 ± 0,01 auf 1,13 ± 0,01 sowie 1,16 ± 0,01 zurück. Auch im Rückwärtsfließpressen tritt für beide Zielgrößen ein kontinuierlicher Rückgang auf. Die Bauteilradien werden bei einer höheren Ausgangsblechdicke besser ausgeformt. Ursächlich hierfür ist der in Bild 41 untersuchte Materialfluss. Bei einer niedrigeren Ausgangsblechdicke wird das Umformvolumen auf einen geringeren Blechquerschnitt verteilt. Es muss für die Verdrängung des gleichen Werkstoffvolumens aus der Umformzone ein größerer radialer Stofffluss nach außen zurückgelegt werden. Folglich steigen die Bauteilradien an.

Neben den Bauteilradien stellt die Zapfenhöhe im Rückwärtsfließpressen eine wichtige Zielgröße zur Beschreibung der Bauteilausformung dar. Der experimentell ermittelte Einfluss der Ausgangsblechdicke auf diese Zielgröße ist in Bild 43 visualisiert.

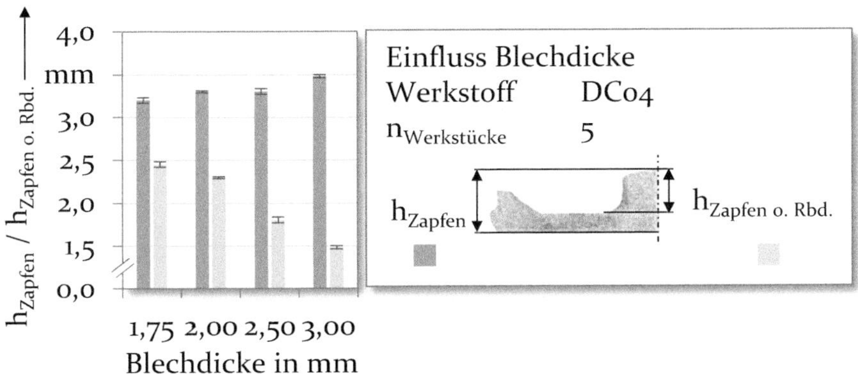


Bild 43: Experimentell ermittelter Einfluss der Ausgangsblechdicke auf die Zapfenhöhe

Die Zapfenhöhe ist nach Bild 12 von der Bauteilunterseite bis zum höchsten Punkt des Zapfens definiert. Sie beinhaltet somit die Restblechdicke. Diese Zielgröße steigt durch die Erhöhung der Ausgangsblechdicke kontinuierlich von 3,20 ± 0,03 mm auf 3,48 ± 0,02 mm an. Bei der Erhöhung der Ausgangsblechdicke von 1,75 mm auf 3,00 mm wird zur Gewährleistung eines konstanten Umformvolumens die Restblechdicke von 0,75 mm auf 2,00 mm vergrößert. Folglich ist die identifizierte Zunahme der Zapfenhöhe auf die Erhöhung der Restblechdicke zurückzuführen. Bei einer um die Restblechdicke bereinigten Zapfenhöhe bewirkt ein Anstieg der Blechdicke einen kontinuierlichen Rückgang der Höhe des Funktionselementes um 40 % von 2,45 ± 0,03 mm auf 1,48 ± 0,02 mm. Aufgrund des größeren Blechquerschnittes wird bei einer Erhöhung der Ausgangsblechdicke der Widerstand gegen einen Stofffluss aus der Umformzone reduziert. Die

Fließscheide wird zum Bauteilzentrum verschoben (Bild 41). Ein kleineres Funktionselement wird ausgeformt.

Die Untersuchungen zeigen, dass die Variation der Ausgangsblechdicke die Bauteilausformung beeinflusst. Der in Abschnitt 5.2 identifizierte anisotrope bandspezifische Stofffluss senkrecht und parallel zum Band (vergleiche Abschnitt 5.2.1) sowie in und entgegen der Vorschubrichtung (vergleiche Abschnitt 5.2.2) bleibt allerdings bestehen. Daher sind die identifizierten Prozesscharakteristika bei einer Bauteilfertigung vom Band im Dauerhub auf unterschiedliche Ausgangsblechdicken übertragbar.

**Werkzeugbeanspruchung**

In der Umformtechnik beeinflusst der Stofffluss die Werkzeugbeanspruchungen [52]. Da eine Variation der Ausgangsblechdicke den Materialfluss verändert, ist von einem Einfluss der Blechstärke auf die Werkzeugbeanspruchungen auszugehen. Deshalb werden im Folgenden die maximalen Umformkräfte sowie die in den Stempeln auftretenden Spannungen als Zielgrößen zur Beschreibung der Werkzeugbeanspruchungen untersucht. Die während der Umformung aufgetretenen maximalen Prozesskräfte sind in Bild 44 dargestellt.

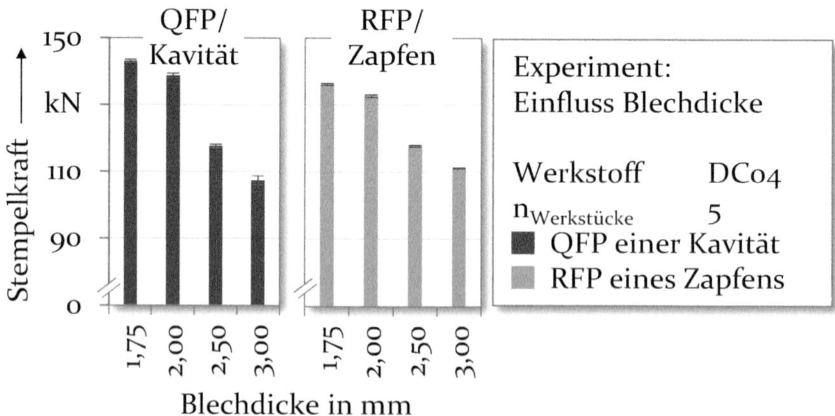


Bild 44: Experimentell ermittelter Einfluss der Ausgangsblechdicke auf die maximalen Umformkräfte im Quer- und Rückwärtsfließpressen

Durch eine Erhöhung der Ausgangblechdicke $s_0$ von 1,75 mm auf 3,00 mm reduziert sich im Querfließpressen die benötigte maximale Stempelkraft um circa 25 % von 142,9 ± 0,5 kN auf 107,4 ± 1,4 kN. Im Rückwärtsfließpressen tritt ein kontinuierlicher Rückgang der Kraft von 136,1 ± 0,3 kN auf 111,2 ± 0,1 kN auf. Dies entspricht einer um 18 % niedrigeren Kraft. In beiden

Prozessen ist der Rückgang der benötigten Umformkräfte auf den geringeren Widerstand gegen einen Stofffluss aus dem Bereich der Funktionselemente, begründet durch den größeren Blechquerschnitt, zurückzuführen. Dies bestätigt die Untersuchungen zum Materialfluss (Bild 41). Zudem nimmt in beiden Prozessen mit höherer Ausgangsblechdicke die Restblechdicke zu. Folglich geht die umformungsbedingte Verfestigung der Funktionselemente und somit die benötigte Umformkraft zurück. Es ist davon auszugehen, dass der größere Rückgang der Umformkraft im Quer- als im Rückwärtsfließpressen auf den Stofffluss zurückzuführen ist. Im Gegensatz zum Rückwärtsfließpressen wird im Querfließpressen sämtliches umgeformtes Material durch den Spalt zwischen Nieder- und Gegenhalter durchgedrückt. Eine Variation des Widerstandes gegen diesen nach außen gerichteten Stofffluss infolge der unterschiedlichen Blechdicken hat somit im Querfließpressen einen deutlicheren Einfluss auf die maximalen Umformkräfte.

Die Veränderung der maximalen Umformkräfte beeinflusst die Werkzeugbeanspruchungen. Deshalb sind in Bild 45 entsprechend des Vorgehens von Bild 34 die Extremwerte der Vergleichsspannung nach VON MISES sowie die minimalen und maximalen Hauptspannungen dargestellt.

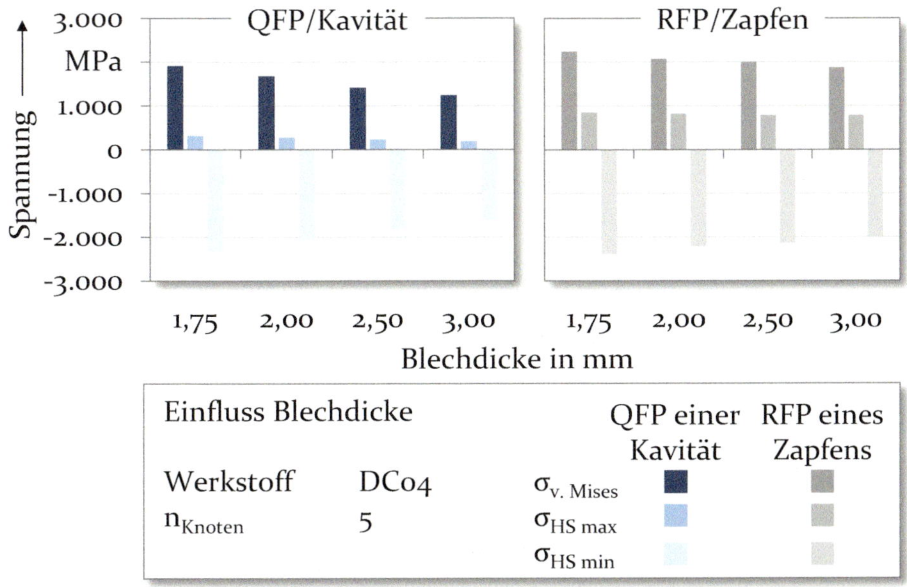


Bild 45: Numerisch ermittelter Einfluss der Blechdicke auf die Werkzeugbeanspruchung

Durch die Erhöhung der Ausgangsblechdicke von 1,75 mm auf 3,00 mm gehen die Vergleichsspannungen nach VON MISES beim Querfließpressen einer Kavität von 1910 MPa auf etwa 1240 MPa sowie beim Rückwärtsfließpressen eines Zapfens von 2240 MPa auf 1880 MPa zurück. Die insgesamt höheren Werkzeugbeanspruchungen im Rückwärtsfließpressen sind auf die geometrische Unstetigkeit in Form der Stempelkavität zurückzuführen (Bild 34). Auch für die maximalen Hauptspannungen tritt in beiden Prozessen ein kontinuierlicher Rückgang auf. Der Betrag der minimalen Hauptspannungen geht im Querfließpressen um 31 % von -2330 MPa auf ungefähr -1620 MPa sowie im Rückwärtsfließpressen um 15 % von näherungsweise -2390 MPa auf -2010 MPa zurück. Der Rückgang der Werkzeugbeanspruchung wird durch die bei höheren Ausgangsblechdicken geringeren maximalen Umformkräfte (Bild 44) sowie im Rückwärtsfließpressen durch die geringere Formfüllung der Werkzeugkavität (Bild 43) bedingt. Der größere Einfluss der Ausgangsblechdicke auf die Werkzeugbeanspruchungen beim Querfließpressen im Vergleich zum Rückwärtsfließpressen ist auf den stärkeren Einfluss der Banddicke auf die maximalen Umformkräfte im Querfließpressen zurückzuführen (Bild 44).

# 6 Maßnahmen zur Stoffflusssteuerung

Im Rahmen der Prozessanalyse wurden in Abschnitt 5.2.3 werkstückseitige Herausforderungen und deren Ursachen identifiziert. Eine allgemeine Herausforderung, die bei der Umformung von vorbeschnittenen Ronden sowie bei der Fertigung vom Band auftritt, ist die Unterfüllung des Zapfens. Zudem sind sowohl im Rückwärts- als auch im Querfließpressen die Bauteilradien im Vergleich zur angestrebten Geometrie zu groß. Die Werkstücke beider Prozesse sind von Positionier- und Stoppelementen abgeleitet, weshalb maßhaltige Zapfenhöhen sowie Bauteilradien für deren Funktion von Bedeutung sind. Als bandspezifische Herausforderung, die bei einer Bauteilfertigung vom Coil im Dauerhub auftritt, wurde für beide Prozesse ein anisotroper Stofffluss identifiziert. Dieser hat eine ungleichmäßige Ausformung der Bauteilradien zur Folge.

Vor diesem Hintergrund ist es das Ziel, Maßnahmen zur Verbesserung der Bauteilmaßhaltigkeit durch eine Stoffflusssteuerung zu erforschen. Im Stand der Technik und Wissenschaft wurden eine Adaption der Halbzeuggeometrie, eine lokale Anpassung der Reibung durch werkzeugseitige Oberflächenmodifikationen sowie eine Adaption der Werkzeuggeometrie als potenzielle Maßnahmen identifiziert. Die Eignung dieser Ansätze zur Verringerung der Herausforderungen bei einer Fertigung vom Band ist zu untersuchen. Zudem wurde in der Prozessanalyse ein Einfluss der Umformung des vorangegangenen Bauteils auf die Maßhaltigkeit des folgenden Werkstücks festgestellt. Aus diesem Grund wird untersucht, ob der Effekt durch ein gezieltes Anpassen der Abstände zwischen den Bauteilen für eine Stoffflusssteuerung nutzbar ist.

Zunächst werden das Potential der Maßnahmen und deren Wirkmechanismen numerisch erforscht. Einerseits werden die Auswirkungen der Ansätze auf die Bauteilausformung analysiert. Die werkstückseitigen Zielgrößen sind die auf Soll-Werte normierten Radien sowie die Zapfenhöhe (Bild 12). Hiermit kann die Eignung der Maßnahmen zur Verbesserung der Bauteilmaßhaltigkeit bezüglich der allgemeinen und bandspezifischen Herausforderungen bewertet werden. Zudem wird der Stofffluss anhand der radialen Verschiebungen zur Ermittlung der Wirkmechanismen ausgewertet.

Im Rahmen der Prozessanalyse wurden in Abschnitt 5.4 die Spannungszustände in den Werkzeugen als unkritisch identifiziert. Beim Fließpressen von vorbeschnittenen Ronden wurde ein starker Anstieg der Werkzeugbeanspruchung infolge stoffflusssteuernder Maßnahmen festgestellt [121].

Aus diesem Grund wird numerisch der Einfluss der Maßnahmen auf die Umformkräfte sowie den Spannungszustand in den Stempeln untersucht. Abschließend werden die numerischen Erkenntnisse durch Experimente mit ausgewählten Varianten verifiziert.

## 6.1 Numerische Analyse stoffflusssteuernder Maßnahmen

### 6.1.1 Adaption der Bandbreite als werkstückseitige Maßnahme

In Abschnitt 5.2.1 wurde ein Einfluss der bandförmigen Halbzeuggeometrie auf die Bauteilausformung identifiziert. Aus diesem Grund wird erforscht, ob durch eine gezielte Anpassung der Bandbreite der Stofffluss beeinflusst und den werkstückseitigen Herausforderungen entgegengewirkt wird. Hierzu wird entsprechend Bild 46 die Referenzbandbreite von 30 mm auf 20 mm bis zu 100 mm variiert.

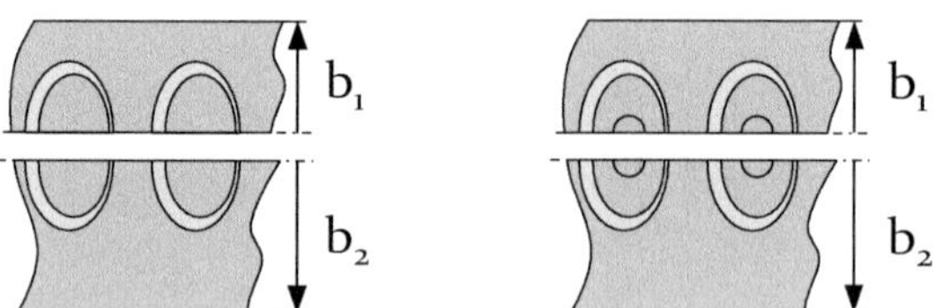


Bild 46: Bandbreite im Quer- und Rückwärtsfließpressen

#### Bauteilausformung

Zunächst wird in Bild 47 der Einfluss der Bandbreite auf die Bauteilradien beim Querfließpressen einer Kavität und beim Rückwärtsfließpressen eines Zapfens ermittelt. Die Radien sind zur Erhöhung der Vergleichbarkeit zwischen den Prozessen, aber auch zur Bewertung der Abweichung von der angestrebten Geometrie auf die Soll-Werte normiert. Durch einen Anstieg der Bandbreite von 20 mm auf 100 mm wird der y-Radius im Quer- und Rückwärtsfließpressen kontinuierlich von 1,35 auf 1,02 sowie von 1,28 auf 1,05 reduziert. Auch der –x-Radius geht von 1,13 (20 mm Bandbreite) auf 1,02 (100 mm Bandbreite) sowie von 1,13 (20 mm Bandbreite) auf 1,07 (100 mm Bandbreite) zurück. Die Anpassung der Bandbreite reduziert somit die insgesamt zu großen Bauteilradien. Sie gleicht zudem die anisotrope Ausformung der Bauteile in die unterschiedlichen Orientierungen aus. Für den normierten +x-Radius tritt in beiden Prozessen kein kontinuierlicher Rückgang, sondern bei einer Bandbreite von 40 mm mit 1,17 im Quer- und 1,12 im Rückwärtsfließpressen ein Maximum auf.

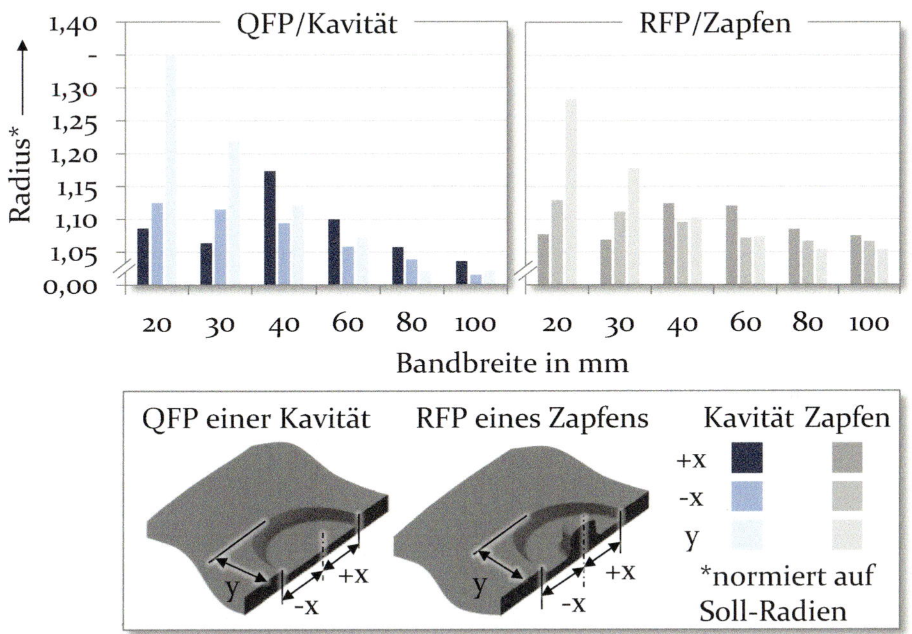


Bild 47: Numerisch ermittelter Einfluss der Bandbreite auf die Ausformung der Radien im Quer- und Rückwärtsfließpressen

Zur Ermittlung des Wirkprinzips sind in Bild 48 die radialen Verschiebungen für ausgewählte Bandbreiten dargestellt. In beiden Prozessen tritt insbesondere für die Bandbreiten 20 mm und 30 mm ein ungleichmäßiger Stofffluss senkrecht und parallel zur Bandorientierung auf. In Abschnitt 5.2.1 wurde die bandförmige Halbzeuggeometrie hierfür als Ursache identifiziert. Das Gesenk ist in beiden Prozessen seitlich offen (Bild 8 und Bild 10). Somit wird der Stofffluss aus dem Bauteilzentrum senkrecht zum Coil nur durch die Stützwirkung des die Umformzone umschließenden Werkstoffes begrenzt. Parallel zur Bandorientierung schließt ein fortlaufendes Band an die Umformzone an, welches eine höhere Stützwirkung und damit einen niedrigeren Stofffluss aus der Umformzone bewirkt. Durch die Erhöhung der Bandbreite nimmt der senkrechte Abstand vom Bauteilzentrum zur Coilkante zu. Die Umformzone wird in y-Orientierung von mehr Werkstoff umschlossen. Es wirkt somit in y-Richtung mehr Reibung aufgrund einer größeren Kontaktfläche zum Werkzeug. Ebenfalls erhöht der Widerstand des zusätzlichen Werkstoffes gegen Plastifizieren die

Stützwirkung gegen einen Stofffluss nach außen. Der Materialfluss in diese Richtung nimmt ab (Bild 48). Dies bewirkt den in Bild 47 identifizierten Rückgang der y-Radien in beiden Prozessen. Da weniger Werkstoffvolumen senkrecht zum Band nach außen fließt, werden die Radien in (+x) und entgegen (-x) der Vorschubrichtung besser ausgeformt. Zudem ist aus Bild 48 ersichtlich, dass beim Rückwärtsfließpressen eines Zapfens durch die höhere Stützwirkung die Fließscheide radial nach außen verlagert wird und ein größerer Anteil des umgeformten Werkstoffvolumens in die Stempelkavität zur Ausformung des Zapfens fließt.

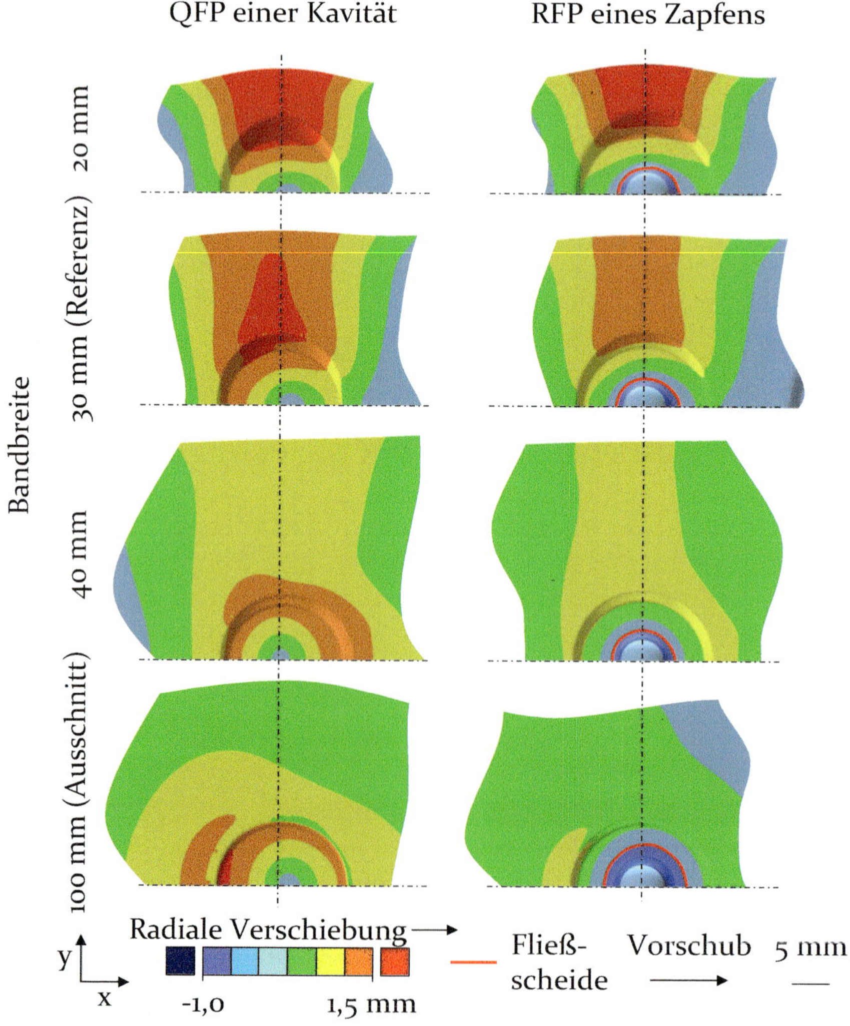


Bild 48: Einfluss der Bandbreite auf die radiale Verschiebung

Lediglich für die Bandbreite von 40 mm tritt in beiden Prozessen ein Anstieg der radialen Verschiebung in +x-Orientierung auf. Diese Zunahme erklärt das Maximum der +x-Radien für eine Bandbreite von 40 mm. Zur Ermittlung der Ursachen für diesen Anstieg sind in Bild 49 die Verschiebungen in y-Orientierungen dargestellt.

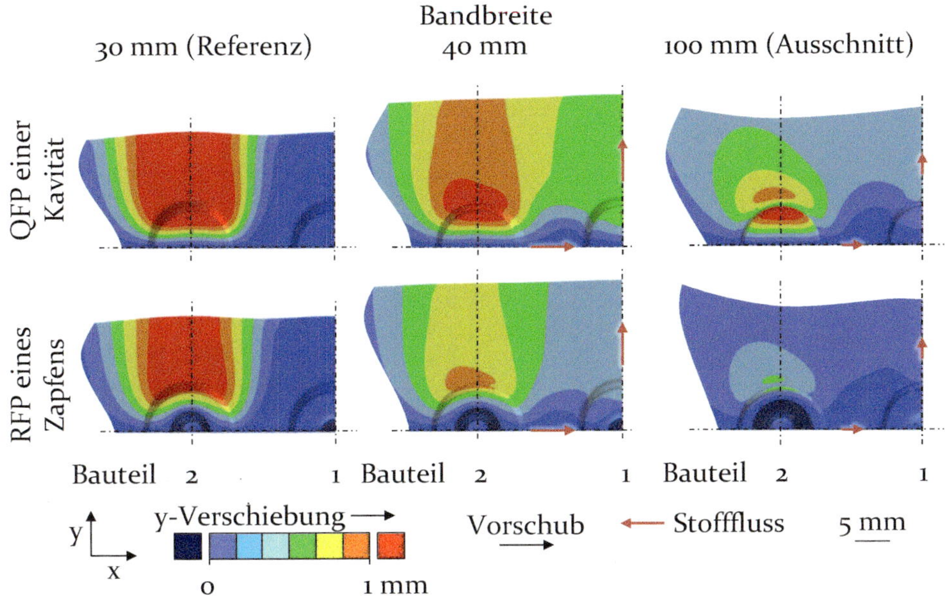


Bild 49: Einfluss der Bandbreite auf die y-Verschiebung der Bauteile

In beiden Prozessen geht durch die Erhöhung der Bandbreite die y-Verschiebung im an die Funktionselemente angrenzenden Bereich zurück. Dies bestätigt, dass durch die höhere Stützwirkung des breiteren Bandes der Stofffluss aus dem Bauteilzentrum in den Bereich zwischen Nieder-und Gegenhalter senkrecht zur Vorschubrichtung reduziert wird. Sowohl im Quer- als auch im Rückwärtsfließpressen tritt durch die Umformung des zweiten Werkstückes für die Referenzbandbreite von 30 mm keine y-Verschiebung des ersten Bauteils auf. Im Gegensatz hierzu wird bei einer Bandbreite von 40 mm das erste Bauteil durch die Umformung des zweiten Werkstückes in x-Richtung elliptisch gestaucht und in y-Richtung gelängt. Dies ist auf den in y-Orientierung reduzierten Stofffluss bei der Umformung des zweiten Bauteils zurückzuführen. Stattdessen fließt der Werkstoff in +x-Orientierung und bewirkt somit eine Deformation des ersten Bauteils. Das in Bild 47 identifizierte Maximum des Radius in +x-Richtung für eine Bandbreite von 40 mm resultiert. Bei einer weiteren Erhöhung der Bandbreite auf 100 mm wird die Deformation des ersten Bauteils durch die erhöhte Stützwirkung in y-Orientierung verhindert und der Stofffluss in +x-Richtung reduziert. Ein Rückgang des +x-Radius in beiden Prozessen ist die Folge.

Neben den Radien stellt im Rückwärtsfließpressen die Ausformung des Zapfens eine wichtige Bauteileigenschaft dar. Der Einfluss der Bandbreite auf diesen ist in Bild 50 dargestellt.

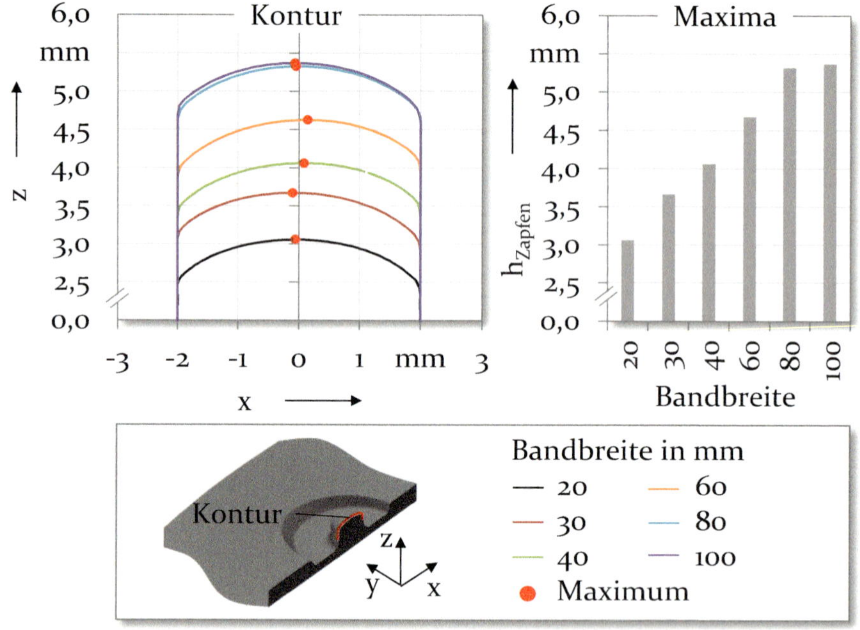


Bild 50: Numerisch ermittelter Einfluss der Bandbreite auf die Ausformung des Zapfens im Rückwärtsfließpressen

Durch die Erhöhung der Bandbreite von 20 mm auf 100 mm steigt die Zapfenhöhe kontinuierlich um 75 % von 3,06 mm auf 5,40 mm an. Dies ist darauf zurückzuführen, dass durch die höhere Bandbreite aufgrund der zusätzlichen Stützwirkung der Stofffluss aus der Umformzone reduziert wird. In Bild 48 wurde infolgedessen eine Verlagerung der Fließscheide nach außen identifiziert. Somit fließt mehr Werkstoff in die Kavität und ein höherer Zapfen wird ausgeformt.

Für die hohen Bandbreiten von 80 mm und 100 mm erfolgt die Materialbereitstellung aufgrund des weniger anisotropen Materialfluss (Bild 48) gleichmäßiger aus sämtlichen Richtungen. Eine im Vergleich zur Referenz geringere Abweichung des Zapfenmaximums in –x-Richtung folgt. Für die Bandbreiten von 40 mm und 60 mm tritt hingegen – aus den in Bild 48 und

Bild 49 identifizierten Ursachen – ein ausgeprägterer Stofffluss in +x- anstatt −x-Richtung auf. Folglich wird das Material zur Ausformung des Zapfens verstärkt aus der −x-Hälfte des Bands bereitgestellt. Somit wird das Maximum des Zapfens in +x-Richtung verschoben.

Es wurde nachgewiesen, dass die Anpassung der Bandbreite nicht nur dazu geeignet ist, die anisotrope Ausformung der Bauteilradien anzugleichen und deren Maßhaltigkeit zu erhöhen, sondern auch die Formfüllung des Funktionselementes zu verbessern. Die Anpassung der Halbzeuggeometrie ist somit zur Stoffflusssteuerung geeignet. Es wirkt allerdings ein grundsätzlich anderer Wirkmechanismus als bei der Anpassung der Rondengeometrie in der Blechmassivumformung von vorbeschnittenen Halbzeugen [173].

**Werkzeugbeanspruchungen**

Es ist der Einfluss des durch die Adaption der Bandbreite veränderten Stoffflusses auf die Werkzeugbeanspruchungen zu ermitteln. Deshalb werden in einem ersten Schritt die maximalen Umformkräfte in beiden Prozessen in Bild 51 dargestellt.

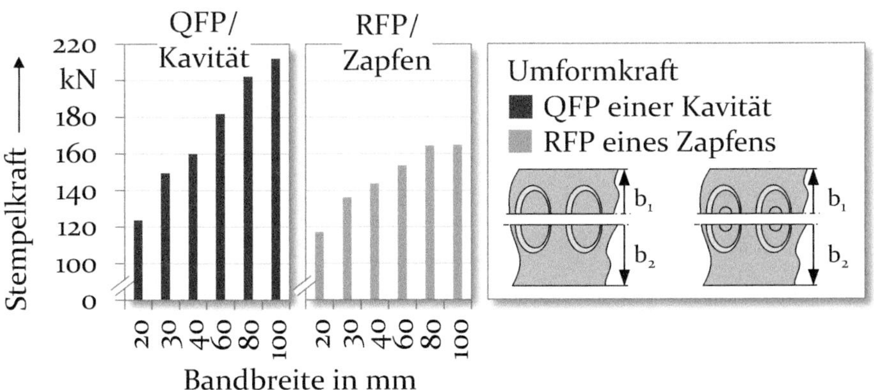


Bild 51: Numerisch ermittelter Einfluss der Bandbreite auf die maximalen Stempelkräfte im Quer- und Rückwärtsfließpressen

Durch die Erhöhung der Bandbreite von 20 mm auf 100 mm steigen im Querfließpressen die maximalen Stempelkräfte kontinuierlich von 123,6 kN um 72 % auf 211,9 kN an. Im Rückwärtsfließpressen ist die Zunahme mit 41 % von 117,0 kN auf 164,9 kN geringer. Der Anstieg der Umformkräfte ist auf den erhöhten Widerstand gegen einen Stofffluss aus der Umformzone zurückzuführen. Im Rückwärtsfließpressen fließt ein Teil des umgeformten Werkstoffvolumens in die Stempelkavität und formt den Zapfen aus. Dieser Stofffluss wird durch die Erhöhung der Bandbreite nicht erschwert.

Im Querfließpressen wird hingegen das gesamte Werkstoffvolumen zur Ausformung der Kavität in den Spalt zwischen Nieder- und Gegenhalter durchgedrückt. Folglich hat im Querfließpressen eine Veränderung des Widerstands gegen einen Stofffluss aus dem Bereich des Funktionselementes einen größeren Einfluss auf die maximale Umformkraft. Die Veränderung der maximalen Stempelkräfte bewirkt in beiden Prozessen einen veränderten Spannungszustand in den Werkzeugen (Bild 52).

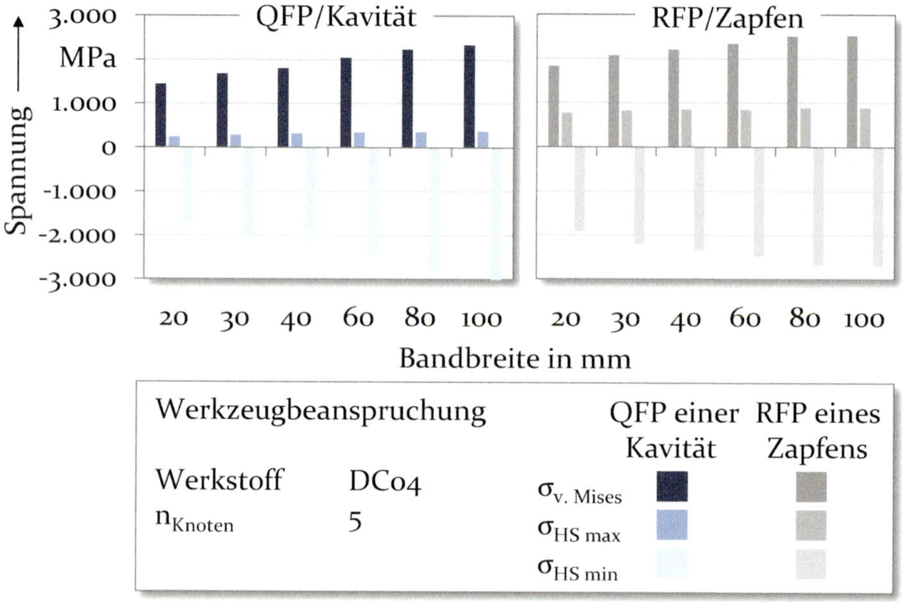


Bild 52: Numerisch ermittelter Einfluss der Bandbreite auf die Werkzeugbeanspruchungen im Quer- und Rückwärtsfließpressen

Im Querfließpressen steigen die Vergleichsspannungen nach VON MISES bei einer Veränderung der Coilbreite von 20 mm auf 100 mm von etwa 1440 MPa auf 2330 MPa an. Die minimalen Hauptspannungen gehen von näherungsweise -1730 MPa (20 mm Bandbreite) auf -3000 MPa (100 mm Bandbreite) zurück. Die Veränderung der maximalen Hauptspannungen ist mit einem Anstieg von 240 MPa (20 mm Bandbreite) auf 360 MPa (100 mm Bandbreite) hingegen moderat. Durch eine höhere Bandbreite nimmt somit die Druckbeanspruchung der Stempel aufgrund der höheren maximalen Umformkräfte (Bild 51) zu. Im Rückwärtsfließpressen steigen die Vergleichsspannungen nach VON MISES kontinuierlich von 1820 MPa (20 mm Bandbreite) auf 2510 MPa (100 mm Bandbreite) sowie die maximalen Hauptspannungen von 760 MPa auf 880 MPa an. Das im Vergleich zum Querfließpressen insgesamt höhere Niveau ist auf die Werkzeugkavität mit filigranen Übergängen und geometrischen Unstetigkeiten zurückzuführen. Derartige Geometrien bedingen Beanspruchungsmaxima durch Zugspannungen [49]. Der Anstieg des Betrags der minimalen Hauptspannungen von -1920 MPa (20 mm Bandbreite) auf -2690 MPa (100 mm Bandbreite) ist allerdings geringer als im Querfließpressen. Ursächlich hierfür ist, dass die minimalen Hauptspannungen primär durch die Druckbeanspruchung der Stempel verursacht werden. Da der Anstieg der maximalen Umformkräfte im Rückwärts- geringer als im Querfließpressen ist (Bild 51), fällt der Rückgang der minimalen Hauptspannungen geringer aus.

### 6.1.2 Adaption der Vorschubweite als prozessseitige Maßnahme

Im Rahmen der Prozessanalyse wurde in Abschnitt 5.2.2 ein Einfluss der lokalen Vorverfestigung des Bandes, eingebracht durch die Umformung des vorangegangenen Werkstückes, auf die Ausformung des folgenden Bauteils festgestellt. Der Vorschub zwischen den einzelnen Hüben ist bei einer Fertigung vom Band in gewissen Grenzen variabel. Dies motiviert entsprechend Bild 53 die Untersuchung, ob durch eine Anpassung der Referenzvorschubweite von 20 mm die Maßhaltigkeit der Bauteile verbessert wird. Zudem wird hierdurch im Sinne einer hohen Materialeffizienz erforscht, auf welchen minimalen Wert der Vorschub reduzierbar ist. Die Vorschubweite wird von 15 mm bis 30 mm variiert. Als Extremwert werden die Ergebnisse mit einer Umformung von nur einem Bauteil je Bandabschnitt verglichen.

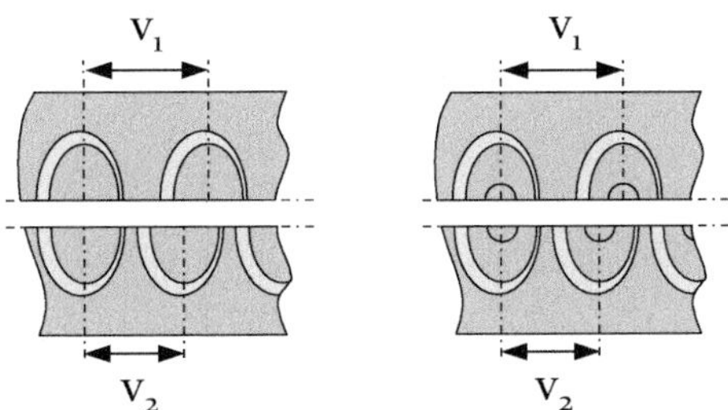


Bild 53: Vorschubweite im Quer- und Rückwärtsfließpressen

#### Bauteilausformung

Zunächst wird der Einfluss des Vorschubs auf die normierten Bauteilradien in Bild 54 ausgewertet. Diese sind im Referenzprozess aufgrund des anisotropen Stoffflusses ungleichmäßig ausgeformt und zu groß.

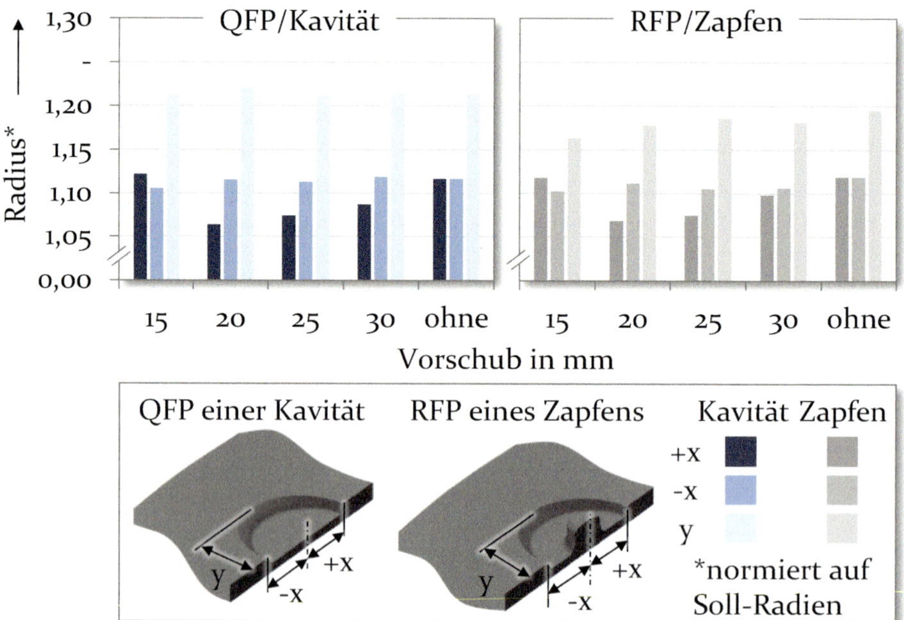


Bild 54: Numerisch ermittelter Einfluss der Vorschubweite auf die Radien im Quer- und Rückwärtsfließpressen

Im Quer- sowie Rückwärtsfließpressen sind die auf Soll-Werte normierten Radien in y- sowie –x-Orientierung näherungsweise konstant. Es ist somit kein Einfluss der Vorschubweite auf die Radien in –x- und y-Orientierung festzustellen. Der +x-Radius wird hingegen durch die Vorschubweite in beiden Prozessen beeinflusst. Beim Querfließpressen einer Kavität reduziert sich dieser Wert bei einer Erhöhung des Vorschubs von 15 mm auf 20 mm (Referenz) von 1,12 auf 1,06. Anschließend steigt der normierte +x-Radius kontinuierlich bis auf 1,12 bei der Umformung von nur einem Bauteil je Bandabschnitt an. Ein vergleichbares Verhalten tritt beim Rückwärtsfließpressen eines Zapfens auf.

Zur Ermittlung der Ursachen für die Ausformung der Bauteilradien sind in Bild 55 die Umformgradverteilungen zwischen den Bauteilen für unterschiedliche Vorschubweiten dargestellt. Bei der Referenzvorschubweite von 20 mm ist der Umformgrad zwischen den Bauteilen in beiden Prozessen größer als null. Wie in Abschnitt 5.2.2 mit Mikrohärtemessungen nachgewiesen, ist die durch die Umformung des vorangegangenen Bauteils eingebrachte einseitige lokale Vorverfestigung des Bands ursächlich für die ungleichmäßigen Radien in +x- und –x-Orientierung. Bild 55 belegt, dass durch eine Vergrößerung der Vorschubweite der Umformgrad zwischen den Bauteilen zurückgeht. Der Einfluss der einseitigen Vorverfestigung des Bands nimmt ab.

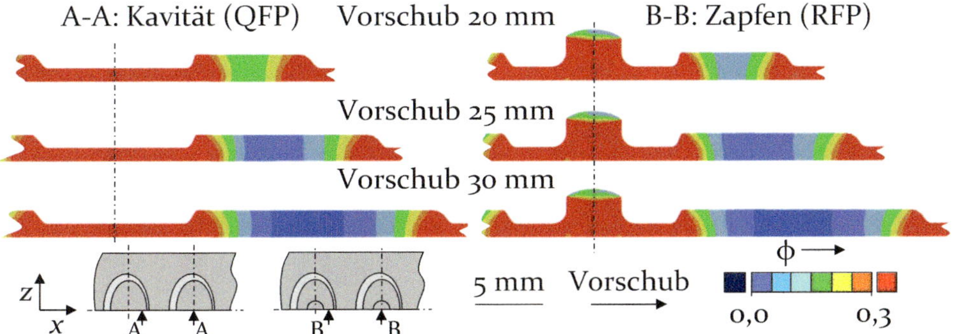


Bild 55: Einfluss der Vorschubweite auf die Umformgradverteilung zwischen den Bauteilen

Es ist der Einfluss der Vorschubweite auf den Stofffluss zu erforschen. Hierzu sind in Bild 56 die radialen Verschiebungen ausgewertet.

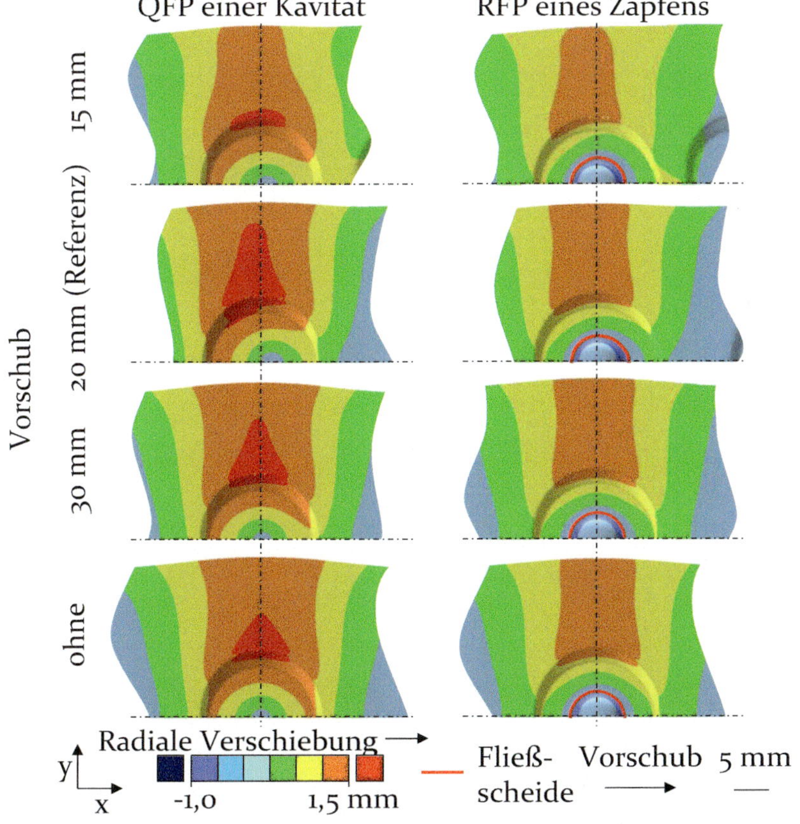


Bild 56: Einfluss der Vorschubweite auf die radiale Verschiebung

Bei einer Erhöhung der Vorschubweite von 20 mm an, gleicht sich die radiale Verschiebung in (+x) und entgegen (-x) der Vorschubrichtung an. Zurückzuführen ist dies auf den in Bild 55 nachgewiesen geringeren Einfluss der Bandvorverfestigung, aufgrund des größeren Abstandes zwischen den Bauteilen. Dies ist die Ursache für die gleichmäßigeren Radien in +x- und –x-Orientierung bei größeren Vorschubweiten (Bild 54).

Zudem zeigt Bild 56, dass bei einer Vorschubweite von 15 mm der Stofffluss aus der Umformzone in +x-Richtung im Vergleich zur Referenz zunimmt. Dies bestätigt den in Bild 54 identifizierten Anstieg der +x-Radien in beiden Prozessen. Zur Ermittlung der Ursachen hierfür sind in Bild 57 die Umformgradverteilungen bei einer Reduktion der Vorschubweite im Schnitt durch die Bauteile dargestellt.

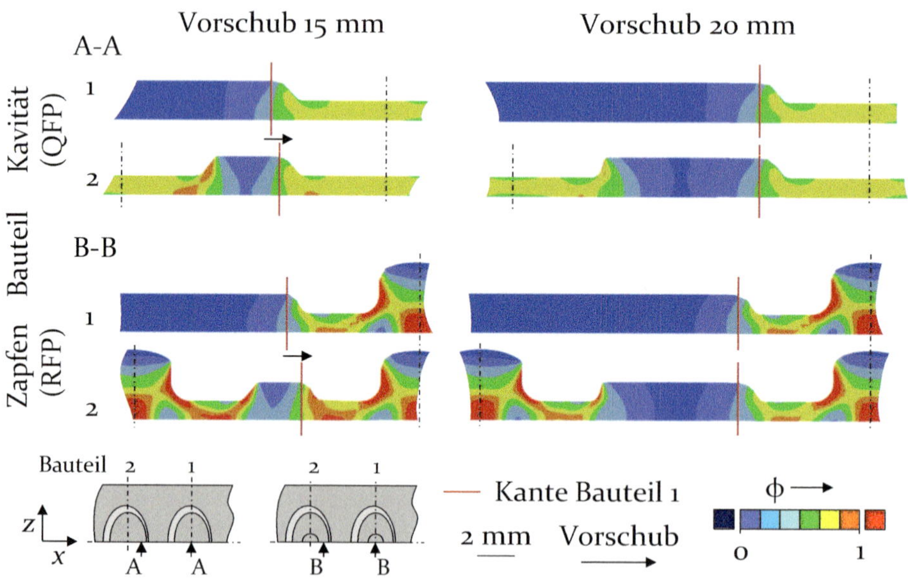


Bild 57: Einfluss einer Reduktion der Vorschubweite auf die Umformgradverteilung und den Stofffluss beim Quer- und Rückwärtsfließpressen

In beiden Prozessen wird bei einer Vorschubweite von 20 mm das vorherige Bauteil durch die Umformung des folgenden Werkstückes nicht beeinflusst. Weder eine Veränderung des –x-Radius noch der Umformgradverteilung tritt auf. Bei einem Vorschub von 15 mm wird hingegen sowohl im Quer- als auch im Rückwärtsfließpressen der –x-Radius des ersten Bauteils durch die Umformung des folgenden Werkstücks reduziert. Folglich ist bei einer Vorschubweite von 15 mm die Stützwirkung des Werkstoffes zwischen den Bauteilen nicht ausreichend. Somit tritt bei der Umformung des zweiten Bauteils der in Bild 56 identifizierte Stofffluss in das erste Werkstück auf. Bestätigt wird dies durch den Anstieg des Umformgrads in der –x-Hälfte des ersten Bauteils durch die Umformung des nachfolgenden Werkstückes. Der Materialfluss in das vorhergehende Bauteil bewirkt den in Bild 54 festgestellten Anstieg des +x-Radius. Somit ist bei der Wahl der minimalen Vorschubweite zu berücksichtigen, dass die Maßhaltigkeit der Bauteile nicht durch einen Stofffluss in das vorangehende Bauteil beeinflusst wird.

Zur genaueren Erforschung der kleinstmöglichen Vorschubweite wird der Einfluss des Vorschubs auf die Maßhaltigkeit des vorangehenden Bauteils untersucht. Hierzu ist in Bild 58 die Kontur des vorangegangen Werkstücks im Bereich des –x-Radius vor sowie nach der Umformung des folgenden Bauteils dargestellt. Die Referenzvorschubweite von 20 mm wird mit einer Schrittweite von 1 mm auf 18 mm reduziert. Zur Bestimmung des minimalen Vorschubs wird in beiden Prozessen zudem eine Stützstelle von 19,5 mm ergänzt.

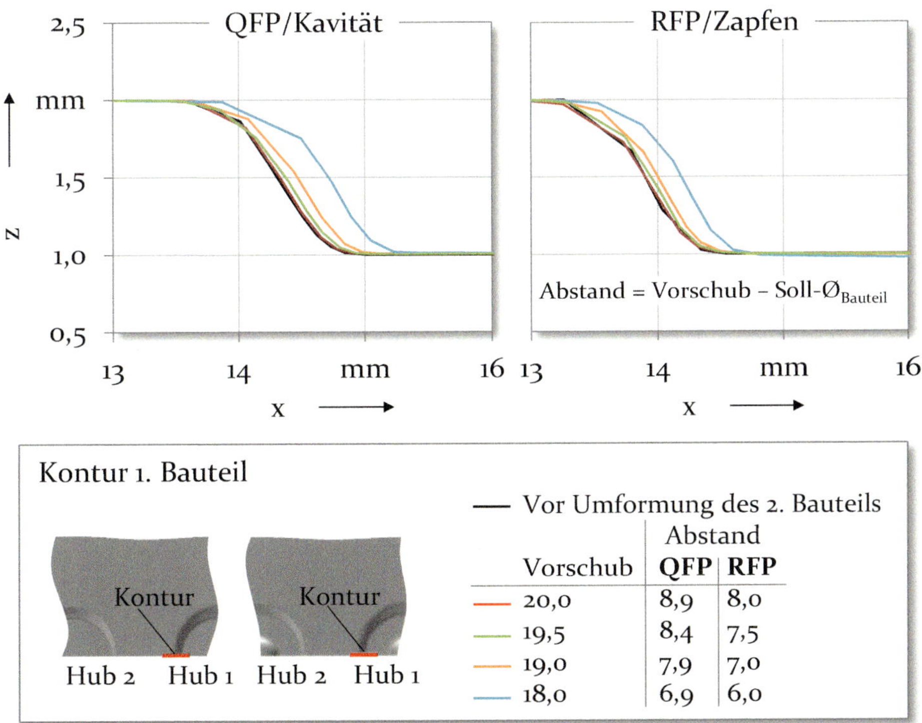


Bild 58: Einfluss der Vorschubweite auf die Maßhaltigkeit des vorangehenden Bauteils

Der Abstand zwischen den Bauteilkanten wird festgelegt durch die gewählte Vorschubweite abzüglich des Soll-Durchmessers der Bauteilgeometrie. Wie in Bild 57 identifiziert, wird die Kontur des vorherigen Bauteils in beiden Prozessen durch die Umformung des folgenden Bauteils bei einem Vorschub von 20,0 mm respektive Abstand von 8,9 mm (Querfließpressen/Kavität) sowie 8,0 mm (Rückwärtsfließpressen/Zapfen) nicht beeinflusst. Ab einem Vorschub von 19,5 mm wird die Maßhaltigkeit des vorherigen Bauteiles durch die Umformung des folgenden Werkstücks in beiden Prozessen verändert. Je geringer der Abstand zwischen den Bauteilen und somit die Stützwirkung, desto größer ist der Stofffluss in das vorherige Bauteil. Erkennbar ist dies daran, dass die Kontur des ersten Bauteils durch die Umformung des zweiten Bauteils bei geringeren Vorschüben stärker in +x-Richtung verschoben wird. Im Querfließpressen ist dieser Effekt größer als im Rückwärtsfließpressen. Dies ist zunächst kontraintuitiv, da der Abstand zwischen den Bauteilen aufgrund des niedrigeren Soll-Durchmessers im Quer- größer als im Rückwärtsfließpressen ist. Somit müsste die Stützwirkung bei gleichen Vorschubweiten im Quer- größer als im Rückwärtsfließpressen sein. Allerdings wird im Querfließpressen das gesamte Werkstoffvolumen aus der Umformzone in den Spalt zwischen Nieder- und Gegenhalter durchgedrückt. Im Rückwärtsfließpressen wird hingegen ein Zapfen ausgeformt. Der angestrebte Hauptstofffluss ist in die Stempelkavität orientiert, weshalb der Materialfluss aus der Umformzone niedriger ist (Bild 19). Folglich ist im Rückwärtsfließpressen eine geringere Stützwirkung und somit ein kleinerer Abstand zwischen den Bauteilen ausreichend, um den Stofffluss in das vorherige Bauteil zu verhindern. Der minimale Vorschub zwischen den Bauteilen wird somit durch die Werkstückgeometrie festgelegt, da diese sowohl den Abstand zwischen den Bauteilen als auch den Stofffluss aus der Umformzone determiniert.

Da gezeigt wurde, dass die Vorschubweite den Stofffluss aus dem Bereich der Funktionselemente beeinflusst, sind die Auswirkungen auf die Ausformung des Zapfens im Rückwärtsfließpressen zu untersuchen. Wie in Bild 59 ausgewertet, bewirkt eine Erhöhung des Abstands zwischen den Bauteilen ab einem Vorschub von 20 mm einen kontinuierlichen Rückgang der Zapfenhöhe von 3,66 mm (20 mm Vorschub, Referenz) auf 3,45 mm (ohne Vorschub). Dies ist auf den in Bild 56 identifizierten zunehmenden Stofffluss aus der Umformzone in +x-Richtung zurückzuführen. Hierdurch wird die Fließscheide in der +x-Hälfte des Bauteiles zum Werkstückzentrum verlagert. Weniger Werkstoff fließt in die Kavität und formt einen kleineren Zapfen aus. Eine Reduktion des Vorschubs von 20 mm auf 15 mm bewirkt einen minimalen Anstieg der Zapfenhöhe von 3,66 mm auf 3,68 mm.

Ursächlich ist, dass der stärkere Einfluss der lokalen Vorverfestigung bei einem Vorschub von 15 mm durch den Stofffluss in das vorherige Bauteil ausgeglichen wird (Bild 57).

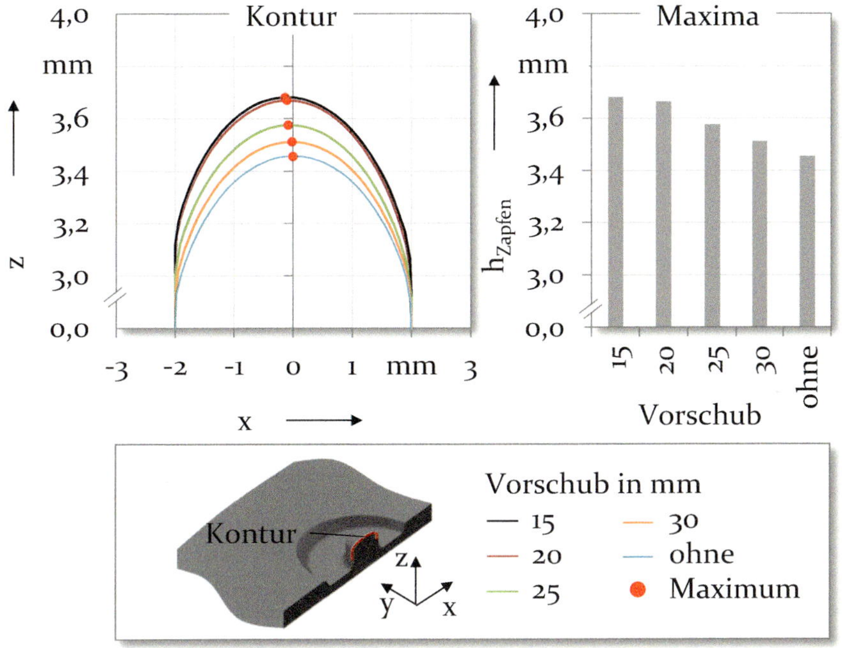


Bild 59: Numerisch ermittelter Einfluss der Vorschubweite auf die Ausformung des Zapfens im Rückwärtsfließpressen

Durch den größeren Vorschub nimmt der Einfluss der Vorverfestigung auf die Umformung ab. Wie in Bild 56 identifiziert, erfolgt die Materialbereitstellung zur Ausformung des Zapfen symmetrischer aus der +x- und –x-Hälfte des Bands. Die Abweichung des Zapfenmaximums in –x-Orientierung geht zurück.

Es wurde nachgewiesen, dass durch eine Anpassung der Vorschubweite der ungleichmäßige Stofffluss in und entgegen der Vorschubrichtung als eine bandspezifische Herausforderung angeglichen wird. Der anisotrope Stofffluss senkrecht und parallel zum Coil, eine weitere bandspezifische Herausforderung, wird durch diese Maßnahme hingegen nicht beeinflusst. Zudem wird durch die Erhöhung der Vorschubweite nicht den allgemeinen Herausforderungen, die zu großen Bauteilradien und die zu geringe Formfüllung des Zapfens, entgegengewirkt.

## Werkzeugbeanspruchungen

Neben dem Einfluss der Vorschubweite auf die Bauteilausformung werden die Auswirkungen auf die Beanspruchung der Werkzeuge ermittelt. Hierzu sind in Bild 60 die resultierenden maximalen Prozesskräfte dargestellt.

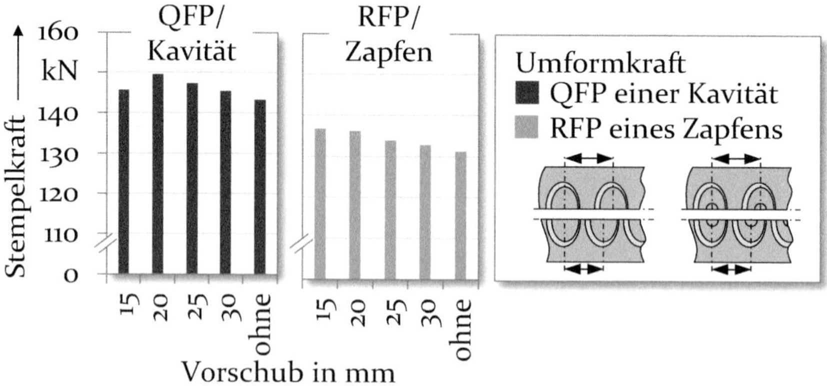


Bild 60: Numerisch ermittelter Einfluss des Vorschubs auf die maximalen Stempelkräfte

In beiden Prozessen bewirkt die Erhöhung der Vorschubweite von 20 mm an eine Reduktion der maximalen Prozesskräfte. Im Querfließpressen nehmen diese kontinuierlich um 4 % von 149,5 kN (20 mm Vorschub) auf 143,2 kN (ohne Vorschub) und im Rückwärtsfließpressen von 136,2 kN (20 mm Vorschub) auf 131,3 kN (ohne Vorschub) ab. Dieser Rückgang ist auf den größeren Abstand zum vorangehenden Bauteil zurückzuführen. In Bild 56 wurde identifiziert, dass hierdurch der Einfluss der lokalen Vorverfestigung zurückgeht. Der Widerstand gegen einen Stofffluss aus der Umformzone in Vorschubrichtung wird reduziert. Folglich werden niedrigere Umformkräfte benötigt.

Eine Vorschubweite von 15 mm bewirkt im Querfließpressen eine im Vergleich zur Referenz niedrigere maximale Umformkraft von 145,7 kN. Der in Bild 57 identifizierte Stofffluss in das vorherige Bauteil aufgrund des zu geringen Abstands zwischen den Werkstücken reduziert die benötigte Umformkraft. Im Rückwärtsfließpressen ist die maximale Umformkraft bei einer Verringerung des Vorschubs auf 15 mm hingegen näherungsweise konstant. Wie im Querfließpressen tritt auch im Rückwärtsfließpressen ein Rückgang der benötigten Kraft aufgrund des Stoffflusses in das vorherige Bauteil auf. Dieser ist allerdings geringer als im Querfließpressen, da ein Teil des umgeformten Werkstoffvolumens in die Stempelkavität fließt und den im Vergleich zur Referenz höheren Zapfen ausformt (Bild 59). Hierdurch steigt der Umformgrad im Bereich der Restblechdicke von 0,97

(20 mm Vorschub) auf 1,21 (15 mm Vorschub) an (Bild 57). Dies wiederum bewirkt aufgrund der Korrelation von Umformgrad und Fließspannung einen Anstieg der benötigten Stempelkraft. Der Rückgang der Kraft aufgrund des Stoffflusses in das vorherige Bauteil wird kompensiert. Durch die Veränderung der maximalen Umformkraft werden die in Bild 61 ausgewerteten Spannungen im Werkzeug beeinflusst.

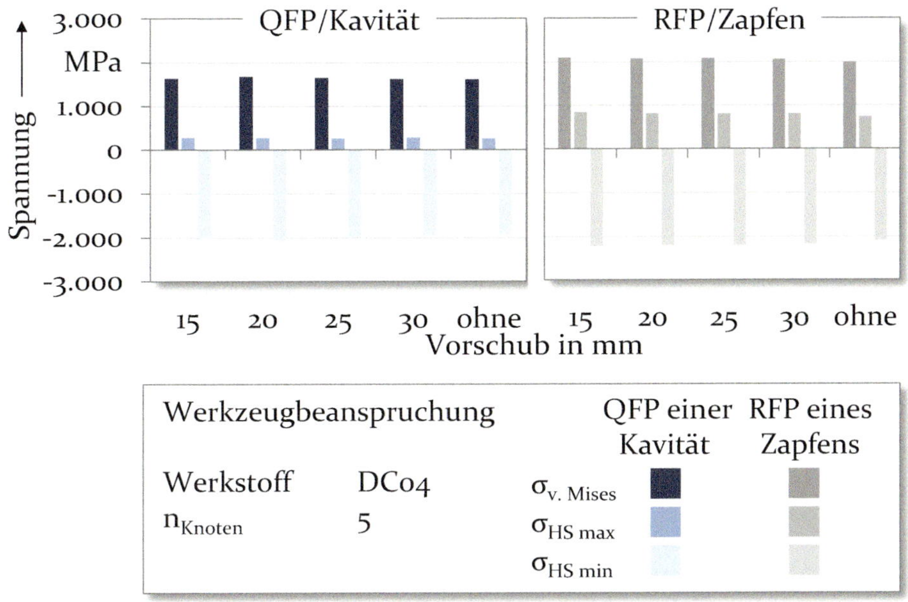


Bild 61: Numerisch ermittelter Einfluss des Vorschubs auf die Werkzeugbeanspruchungen

Im Querfließpressen steigt die Vergleichsspannung nach VON MISES bei einer Erhöhung der Vorschubweite von 15 mm auf 20 mm von etwa 1630 MPa auf 1680 MPa an. Dies ist auf die höhere Umformkraft (Bild 60) infolge des in +x-Richtung gehemmten Stoffflusses (Bild 56) zurückzuführen. Anschließend nimmt die Vergleichsspannung bei einer weiteren Erhöhung der Vorschubweite kontinuierlich bis auf 1610 MPa ab. Der Rückgang wird durch den in Bild 56 identifizierten geringeren Einfluss der lokalen Vorverfestigung des Bandes mit zunehmender Vorschubweite (Bild 56) respektive niedrigerer Stempelkraft (Bild 60) verursacht. Der Betrag der minimalen Hauptspannungen weist mit einem Anstieg von -2010 MPa bei 15 mm Vorschubweite auf -2080 MPa bei 20 mm Vorschub und anschließendem kontinuierlichen Rückgang auf -1930 MPa einen vergleichbaren Verlauf wie die Vergleichsspannungen auf.

Im Rückwärtsfließpressen sind die Werkzeugbeanspruchungen trotz der niedrigeren maximalen Umformkräfte aufgrund der komplizierteren

Werkzeuggeometrie höher als im Querfließpressen. Bei einer Erhöhung des Vorschubs gehen die Vergleichsspannungen nach VON MISES kontinuierlich von 2090 MPa (15 mm Vorschub) um 5 % auf 1980 MPa (ohne Vorschub) zurück. Auch die Beträge der maximalen und minimalen Hauptspannungen nehmen um 12 % von 850 MPa (15 mm Vorschub) auf 750 MPa (ohne Vorschub) sowie um 6 % von -2220 MPa (15 mm Vorschub) auf -2090 MPa (ohne Vorschub) ab. Eine Erhöhung der Vorschubweite bewirkt im Rückwärtsfließpressen sowohl einen Rückgang der maximalen Umformkraft (Bild 60) als auch der Zapfenhöhe (Bild 59). Die Reduktion der Formfüllung der Werkzeugkavität in Kombination mit der integral niedrigeren Belastung des Stempels durch die geringere Umformkraft verursachen den Rückgang der Spannungen.

### 6.1.3 Lokale Adaption der Reibung als werkzeugseitige Maßnahme

Um der Unterfüllung des Zapfens im Rückwärtsfließpressen sowie den anisotropen und zu großen Bauteilradien in beiden Prozessen entgegenzuwirken, wird eine lokale Adaption der Reibung zur Stoffflusssteuerung als weitere Maßnahme erforscht. MERKLEIN ET AL. zeigen beim Fließpressen im Einzelhub, dass durch eine lokale, werkzeugseitige Erhöhung der Reibung die Bauteilmaßhaltigkeit verbessert wird [179]. Derartige Adaptionen des tribologischen Systems sind durch reibungseinstellende Oberflächenmodifikationen, sogenannte Tailored Surfaces, umsetzbar.

Dies motiviert die Erforschung einer lokalen Reibungsanpassung beim Fließpressen vom Band im Dauerhub. Hierzu wird entsprechend Bild 62 die Reibung an den Niederhaltern erhöht.

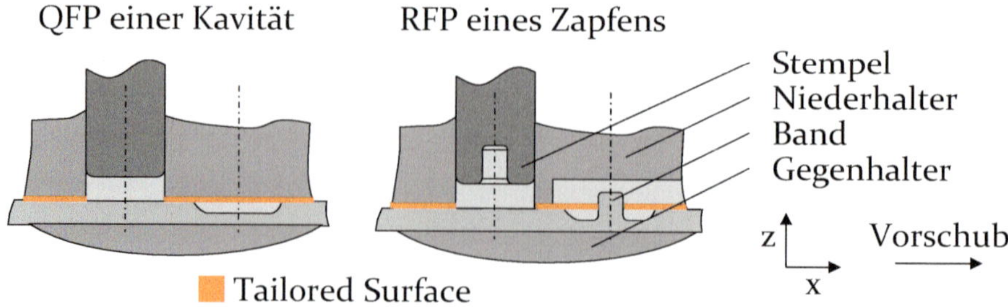


Bild 62: Lokale, werkzeugseitige Adaption der Reibung am Niederhalter

Ziel ist es, den Stofffluss aus der Umformzone zu begrenzen und dadurch die Bauteilmaßhaltigkeit zu verbessern. Durch das lokale Erhöhen des Reibfaktors am Niederhalter stellt sich ein Reibfaktorgradient zwischen diesem und den übrigen Werkzeugaktivteilen ein. In [159] wurde gezeigt, dass in der Blechmassivumformung Gradienten des Reibfaktors von bis zu 0,4 zwischen einer Referenzoberfläche und einer durch Abrasivstrahlen modifizierten Werkzeugoberfläche realisierbar sind. Folglich wird in den numerischen Untersuchungen der Gradient von 0,0 bis 0,4 variiert.

## Bauteilausformung

Zunächst wird in Bild 63 der Einfluss der Reibfaktorgradienten zwischen den Niederhaltern und den übrigen Werkzeugaktivteilen auf die Bauteilradien ermittelt. Diese sind zur Erhöhung der Vergleichbarkeit sowie zur Bewertung der Maßhaltigkeit auf die Soll-Werte normiert.

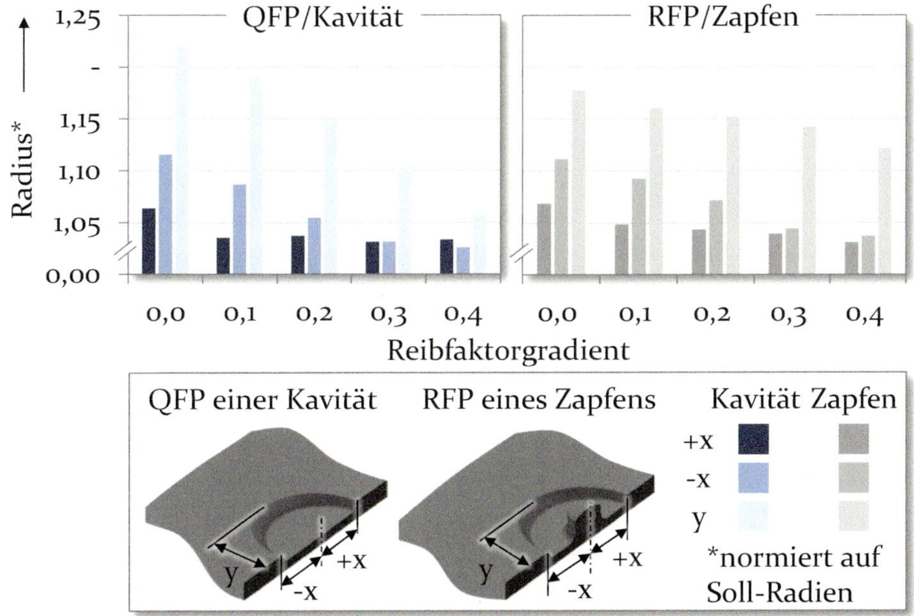


Bild 63: Numerisch ermittelter Einfluss eines Reibfaktorgradienten zwischen dem Niederhalter und den übrigen Werkzeugaktivteilen auf die normierten Bauteilradien

In beiden Prozessen bewirkt eine Erhöhung des Reibfaktorgradienten einen Rückgang der normierten Radien. Im Quer- und Rückwärtsfließpressen gehen die y-Radien von 1,22 (0,0 Reibfaktorgradient) auf 1,06 (0,4 Reibfaktorgradient) sowie von 1,18 (0,0 Reibfaktorgradient) auf 1,12 (0,4 Reibfaktorgradient) zurück. Auch die -x-Radien nehmen kontinuierlich von 1,12 (0,0 Reibfaktorgradient) auf 1,03 (0,4 Reibfaktorgradient) sowie von 1,12 (0,0 Reibfaktorgradient) auf 1,04 (0,4 Reibfaktorgradient) ab. Zudem werden die Radien in +x-Orientierung reduziert. Eine lokale Reibungsanpassung bewirkt sowohl eine Angleichung der anisotropen Ausformung der

Radien parallel und senkrecht zum Coil, als auch in und entgegen der Vorschubrichtung. Zudem sind die Bauteilradien insgesamt niedriger sowie maßhaltiger. Zur Ermittlung der Ursachen für die verbesserte Bauteilmaßhaltigkeit infolge der lokalen Reibungsanpassung sind in Bild 64 die radialen Verschiebungen dargestellt.

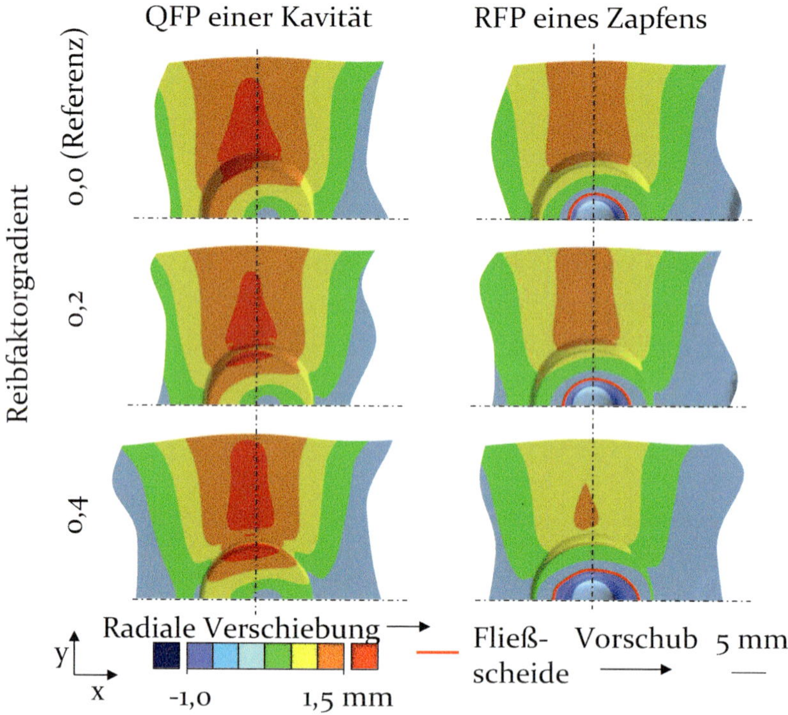


Bild 64: Einfluss eines Reibfaktorgradienten zwischen dem Niederhalter und den restlichen Werkzeugaktivteilen auf die radiale Verschiebung

Die Analyse des Einflusses einer Reibungserhöhung am Niederhalter auf die radiale Verschiebung zeigt ein grundsätzlich unterschiedliches Verhalten beider Prozesse. Beim Querfließpressen einer Kavität wird die radiale Verschiebung im an das Funktionselement angrenzenden Bereich nicht global reduziert. Grund hierfür ist, dass in diesem Prozess das gesamte Umformvolumen aus dem Bereich des Funktionselementes in den Spalt zwischen Nieder- und Gegenhalter verdrängt wird. Es kann nur nach außen oder in den Bereich der Bauteilkanten fließen. Bei einem Reibfaktorgradienten von 0,4 wird im Bereich des y-Radius lokal die radiale Verschiebung im Vergleich zu einem Gradienten von 0,0 reduziert. Dies ist darauf zurückzuführen, dass durch die höhere Reibung am Niederhalter ein größerer Widerstand gegen einen radial nach außen gerichteten Stofffluss wirkt.

Folglich wird der Leerraum zwischen den Bauteilkanten und dem Stempel gefüllt. Die in Bild 63 festgestellten niedrigeren Radien sowie eine höhere Bauteilmaßhaltigkeit sind die Folgen.

Auch beim Rückwärtsfließpressen eines Zapfens wird durch die Erhöhung der Reibung am Niederhalter der Widerstand gegen einen Materialfluss aus dem Bauteilzentrum erhöht. Im Gegensatz zum Querfließpressen wird der Materialfluss aus der Umformzone global reduziert. Neben der in Bild 63 festgestellten Reduktion der Radien wird resultierend die Fließscheide in der Umformzone radial nach außen verlagert. Ein größerer Anteil des umgeformten Werkstoffvolumens fließt in die Stempelkavität. Die Auswirkung auf die Ausformung des Zapfens wird in Bild 65 untersucht.

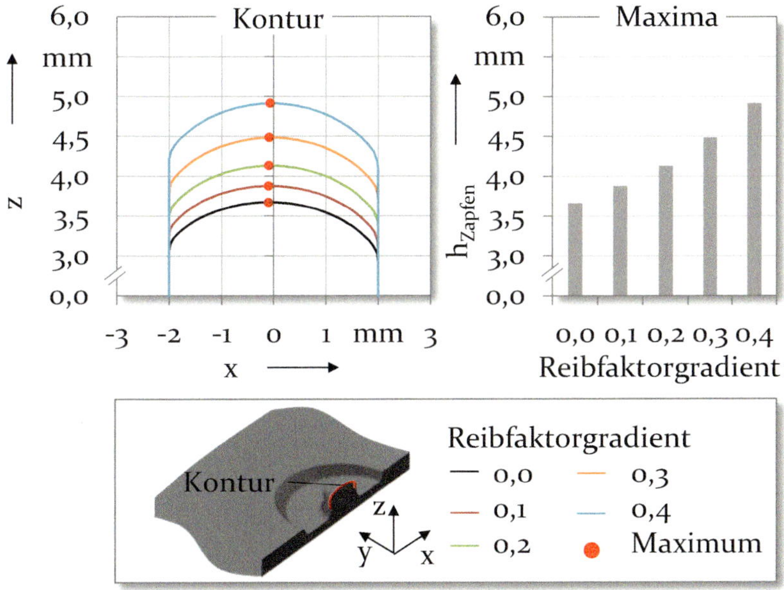


Bild 65: Numerisch ermittelter Einfluss eines Reibfaktorgradienten zwischen dem Niederhalter und den restlichen Werkzeugaktivteilen auf die Ausformung des Zapfens im Rückwärtsfließpressen

Durch die Veränderung des Stoffflusses aufgrund der Erhöhung des Reibfaktorgradienten nimmt die Zapfenhöhe kontinuierlich um 34 % von 3,66 mm (0,0 Reibfaktorgradient) auf 4,91 mm (0,4 Reibfaktorgradient) zu. Folglich wird durch die lokale Reibungsanpassung die Ausformung des Funktionselementes verbessert. Ursächlich hierfür ist, dass durch die Erhöhung der Reibung der Stofffluss aus dem Bereich des Funktionselementes abnimmt.

Zudem wird durch den Anstieg des Reibfaktorgradienten der anisotrope Stofffluss in (+x) und entgegen (-x) der Vorschubrichtung angeglichen (Bild 64). Ein Rückgang der Verschiebung des Zapfenmaximums in -x-Richtung folgt.

Die lokale Anpassung der Reibung am Niederhalter ermöglicht folglich, sämtlichen werkstückseitigen Herausforderungen entgegenzuwirken. Einerseits wird in beiden Prozessen die anisotrope Bauteilausformung reduziert. Andererseits werden ebenfalls kleinere und maßhaltigere Radien sowie größere Funktionselemente ausgeformt.

**Werkzeugbeanspruchungen**

Nach der Analyse des Stoffflusses sind die Auswirkung der lokalen Reibungsanpassung auf die Werkzeugbeanspruchungen zur untersuchen. Hierzu sind in Bild 66 die maximalen Stempelkräfte ausgewertet.

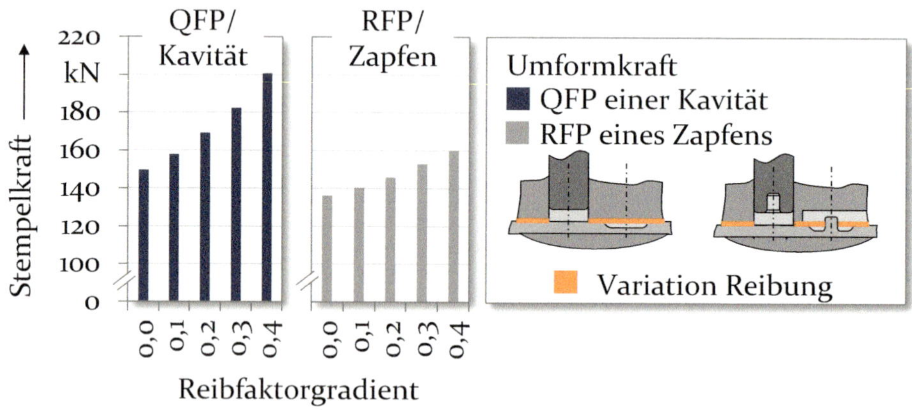


Bild 66: Numerisch ermittelter Einfluss eines Reibfaktorgradienten zwischen dem Niederhalter und den restlichen Werkzeugaktivteilen auf die maximalen Stempelkräfte im Quer- und Rückwärtsfließpressen

Durch die Erhöhung des Reibfaktorgradienten von 0,0 auf 0,4 steigen im Quer- und Rückwärtsfließpressen die maximalen Stempelkräfte kontinuierlich um 34 % von 149,5 kN auf 200,6 kN sowie um 18 % von 136,2 kN auf 159,9 kN an. Die Zunahme der Umformkraft ist auf den in Bild 64 festgestellten reibungsbedingten höheren Widerstand gegen einen Stofffluss aus dem Bereich der Funktionselemente zurückzuführen. Im Querfließpressen wird das gesamte Umformvolumen durch den Spalt zwischen Nieder- und Gegenhalter durchgedrückt. In diesem Bereich tritt die lokal höhere Reibung auf. Beim Rückwärtsfließpressen fließt hingegen ein Teil des umgeformten Werkstoffvolumens in die Werkzeugkavität. Diese weist einen konstanten Reibfaktor von 0,1 auf. Deshalb ist der Anstieg der maximalen

Stempelkraft im Querfließpressen ausgeprägter als im Rückwärtsfließpressen. Die Auswirkung der höheren Umformkräfte auf die Spannungszustände in den Stempeln wird in Bild 67 analysiert.

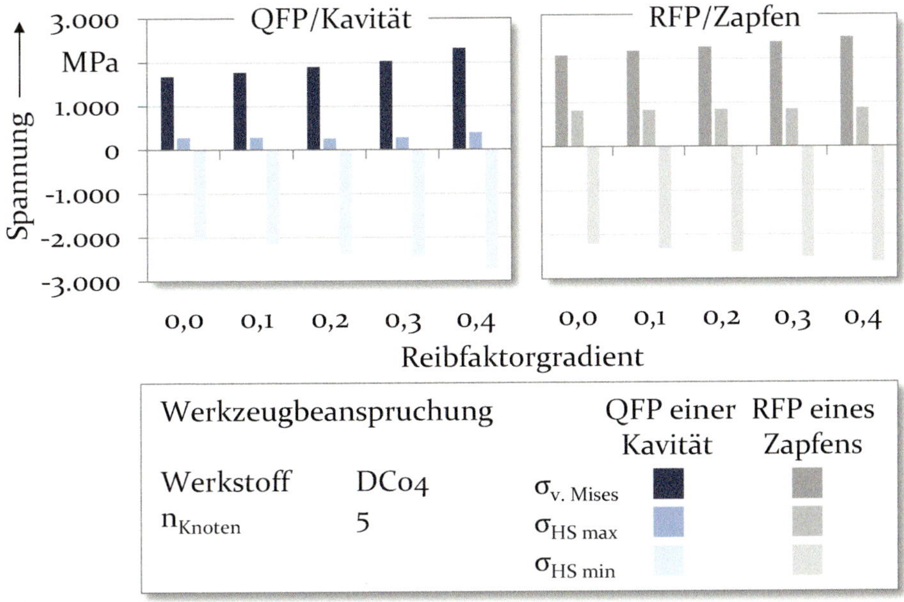


Bild 67: Numerisch ermittelter Einfluss eines Reibfaktorgradienten zwischen dem Niederhalter und den restlichen Werkzeugaktivteilen auf die Werkzeugbeanspruchungen im Quer- und Rückwärtsfließpressen

Im Querfließpressen steigen die Vergleichsspannungen nach VON MISES durch die Erhöhung des Reibfaktorgradienten von etwa 1680 MPa (0,0 Reibfaktorgradient) um 38 % auf 2320 MPa (0,4 Reibfaktorgradient) sowie die Beträge der minimalen Hauptspannungen von näherungsweise -2080 MPa (0,0 Reibfaktorgradient) um 32 % auf -2740 MPa (0,4 Reibfaktorgradient) an. Die maximalen Hauptspannungen verbleiben auf einem unkritischen Niveau. Die Zunahme der Werkzeugbeanspruchungen ist durch die höhere Druckbeanspruchung der Stempel aufgrund der angestiegenen maximalen Umformkraft (Bild 66) erklärbar. Im Rückwärtsfließpressen ist der Anstieg der Werkzeugbeanspruchungen aufgrund der geringeren Zunahmen der maximalen Umformkräfte niedriger. Die Vergleichsspannungen nach VON MISES steigen um 20 % von 2070 MPa (0,0 Reibfaktorgradient) auf 2490 MPa (0,4 Reibfaktorgradient), die maximalen Hauptspannungen um 7 % von 820 MPa (0,0 Reibfaktorgradient) auf 870 MPa (0,4 Reibfaktorgradient) und die Beträge der minimalen Hauptspannungen um 19 % von -2210 MPa (0,0 Reibfaktorgradient) auf -2620 MPa (0,4 Reibfaktorgradient) an. Die lokale Reibungsanpassung hat somit beim Querfließpressen einer Kavität einen größeren Einfluss auf den Beanspruchungszustand als beim Rückwärtsfließpressen eines Zapfens. Insgesamt erhöht die lokale Reibungsanpassung die Beanspruchungen, allerdings auf einen bezüglich Gewaltbruch unkritischen Bereich [177].

### 6.1.4 Adaption der Stempelgeometrie als werkzeugseitige Maßnahme

Die Anpassung der Werkzeuggeometrie stellt beim Fließpressen von vorbeschnittenen Ronden im Einzelhub einen Ansatz zur Stoffflusssteuerung dar [22]. Dies motiviert die Untersuchung, ob durch adaptierte Werkzeuggeometrien beim Fließpressen vom Coil im Dauerhub den bandspezifischen Herausforderungen entgegengewirkt wird. Hierzu werden entsprechend Bild 68 die Stempelgeometrien angepasst.

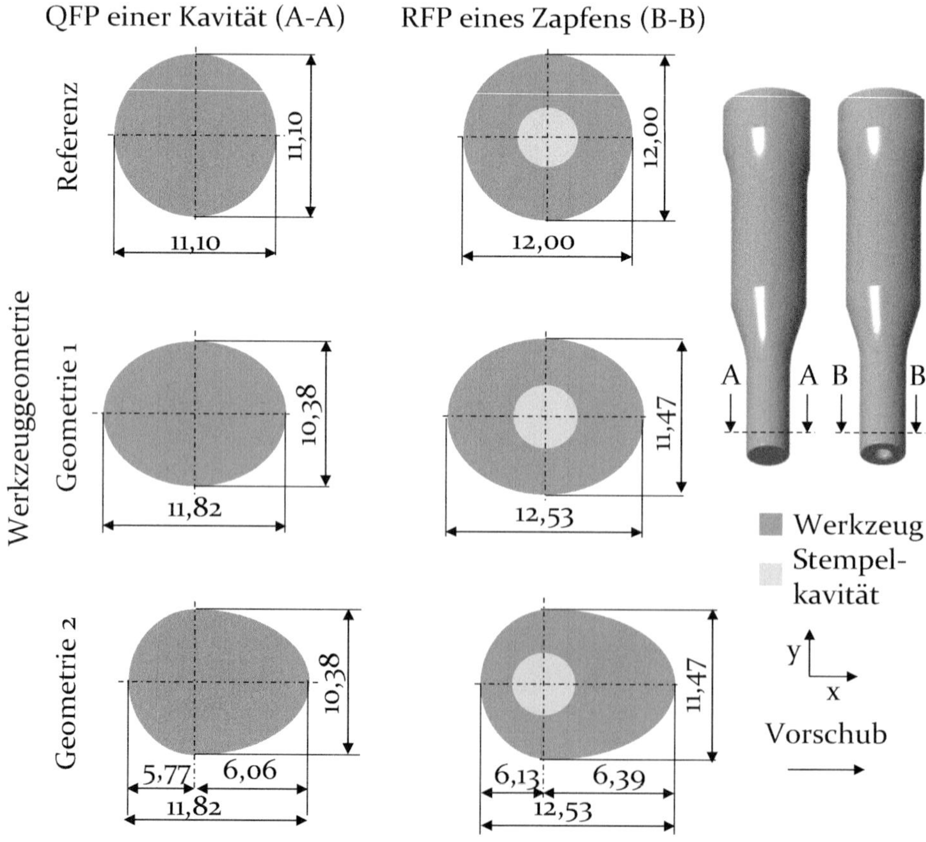


Bild 68: Adaption der Werkzeuggeometrie im Quer- und Rückwärtsfließpressen

In der Referenzvariante weisen die Stempel in beiden Prozessen einen kreisförmigen Querschnitt auf. Im Rahmen der Prozessanalyse wurde nachgewiesen, dass bei einer Umformung mit diesen Stempeln eine ungleichmäßige Ausformung der Bauteilradien senkrecht und parallel zum Band auftritt (Bild 15). Verursacht wird dies durch einen anisotropen Stofffluss infolge der bandförmigen Halbzeuggeometrie. Zum Ausgleich dieser ungleichmäßigen Bauteilradien werden in der Geometrievariante 1 elliptische Stempelaußenkonturen gewählt. Die lange Seite der Ellipse ist hierbei parallel zum Band orientiert. Ziel ist es, die Radien in x- und y-Orientierung anzugleichen. Die Durchmesser der Ellipse werden basierend auf den Abweichungen der Bauteilradien in x- und y-Orientierung bei einer Umformung mit den Referenzstempeln gewählt.

Des Weiteren wurde in Abschnitt 5.2.2 ein anisotroper Stofffluss in und entgegen der Bandvorschubrichtung identifiziert. Dieser ist auf die lokale Vorverfestigung des Bandes durch die Umformung des vorangegangenen Bauteils im Dauerhub zurückzuführen (Bild 21). Als weitere bandspezifische Herausforderung werden hierdurch ungleichmäßige Bauteilradien in und entgegen der Vorschubrichtung ausgeformt. Zur Kompensation dieser Herausforderung wird bei der Geometrie 2 die erste Stempelvariante weiter adaptiert. Dabei werden entsprechend Bild 68 zwei Ellipsenhälften kombiniert. Deren kleine Durchmesser gleichen dem der Geometrie 1. Die Durchmesser der langen Seite werden jeweils entsprechend der Differenz zwischen den Bauteilradien in +x- und –x-Orientierung bei einer Umformung mit den Referenzstempeln angepasst.

**Bauteilausformung**

Zur Ermittlung des Einflusses der adaptierten Stempelgeometrien auf die Ausformung der Bauteile sind in Bild 69 die normierten Bauteilradien dargestellt. Durch den Einsatz der Geometrie 1 geht der y-Radius im Quer- sowie Rückwärtsfließpressen von 1,22 auf 1,14 sowie von 1,18 auf 1,14 zurück. Die Radien parallel zum Band steigen zudem an. Durch die Stempelgeometrien 1 wird somit die ungleichmäßige Ausformung senkrecht und parallel zum Band reduziert. Die anisotropen Bauteilradien in und entgegen der Vorschubrichtung bleiben bestehen. Stempelgeometrie 2 bedingt im Querfließpressen hingegen in sämtliche Orientierungen einheitliche, normierte Radien von 1,15. Auch im Rückwärtsfließpressen wird ein näherungsweise konstantes Niveau von 1,11 bis 1,13 erreicht.

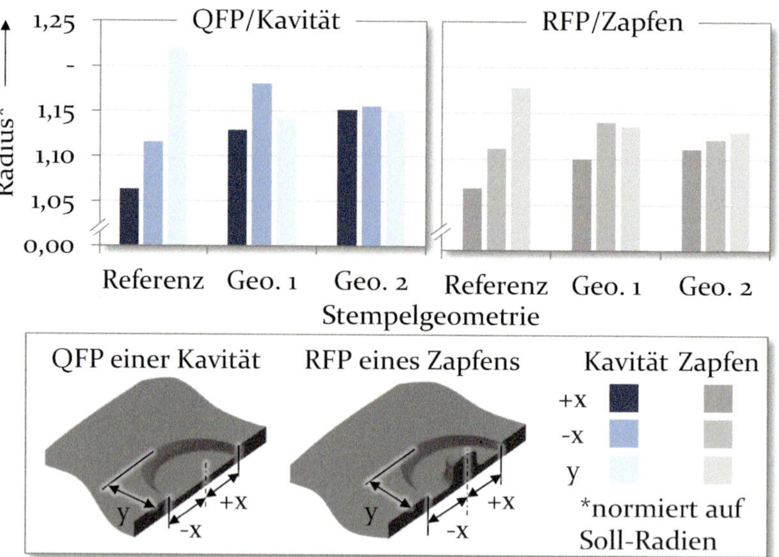


Bild 69: Numerisch ermittelter Einfluss einer Adaption der Stempelgeometrie auf die normierten Bauteilradien im Quer- und Rückwärtsfließpressen

Im nächsten Schritt sind die Auswirkungen der geometrischen Anpassungen auf den Stofffluss zu analysieren. Hierzu sind in Bild 70 die radialen Verschiebungen ausgewertet.

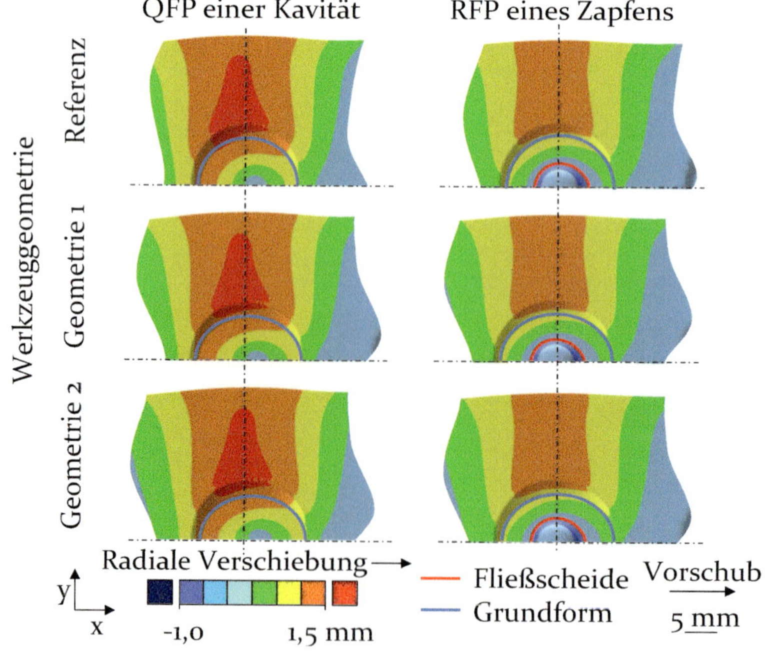


Bild 70: Einfluss einer Adaption der Stempelgeometrie auf radiale Verschiebung

Durch die adaptierten Geometrien wird der Stofffluss in beiden Prozessen nicht grundlegend geändert. Aufgrund der im Rahmen der Prozessanalyse identifizierten Ursachen ist der Materialfluss senkrecht zum Band ausgeprägter als parallel. Zudem ist der Stofffluss aus der Umformzone in den Spalt zwischen Nieder- und Gegenhalter entgegen größer als in Vorschubrichtung. Die adaptierten Stempelgeometrien gleichen die Bauteilradien somit nur durch den geänderten Werkzeugquerschnitt an. Sie haben keinen Einfluss auf die Ursachen des anisotropen Stoffflusses bei einer Bauteilfertigung vom Band im Dauerhub.

Im Rückwärtsfließpressen ist keine Veränderung der Fließscheide feststellbar. Zur Verifizierung der konstanten Fließscheide wird in Bild 71 die Ausformung der Zapfen untersucht.

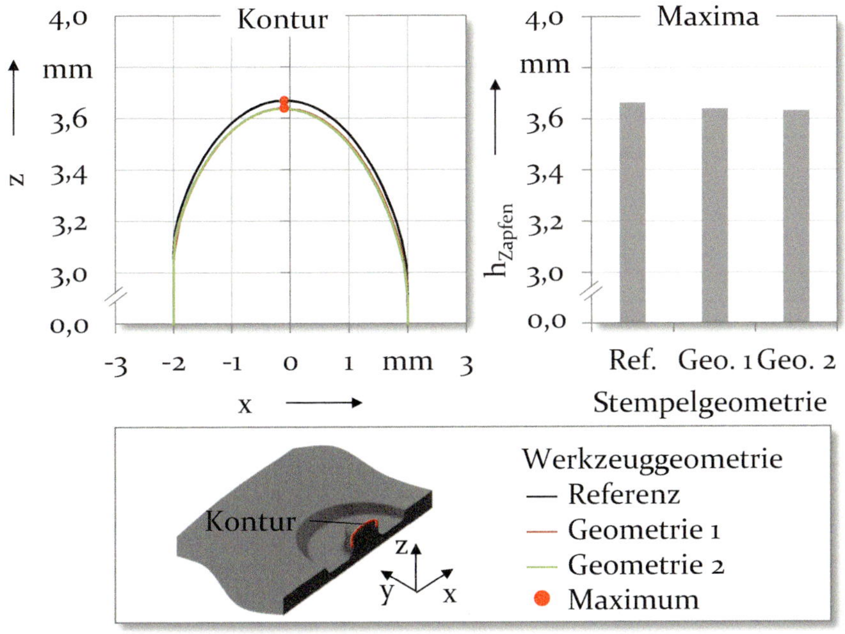


Bild 71: Numerisch ermittelter Einfluss einer Adaption der Stempelgeometrie auf die Ausformung des Zapfens im Rückwärtsfließpressen

Aufgrund der für sämtliche Stempelvarianten einheitlichen Fließscheiden besteht kein signifikanter Einfluss der adaptierten Werkzeuge auf die Ausformung des Zapfens. Die Höhen der Funktionselemente weisen mit 3,63 mm bis 3,66 mm geringe Unterschiede auf. Dies ist darauf zurückzuführen, dass durch die Adaption der Werkzeuggeometrie nicht der Widerstand gegen einen Stofffluss aus der Umformzone, sondern nur die Ausformung der Radien beeinflusst wird. Die minimal niedrigeren Zapfenhöhen bei den mit adaptieren Stempeln umgeformten Bauteilen wird durch das geringfügig niedrigere Umformvolumen infolge der geometrischen Anpassung verursacht.

Auch wird der ungleichmäßige Stofffluss aus der Umformzone in (+x) und entgegen (-x) der Vorschubrichtung nicht angeglichen (Bild 70). Folglich wird die Verschiebung des Zapfenmaximums in –x-Richtung nicht reduziert.

Die Untersuchungen zeigen, dass durch eine adaptierte Werkzeuggeometrie sowohl im Quer- als auch im Rückwärtsfließpressen die ungleichmäßige Ausformung der Bauteilradien in und entgegen sowie parallel und senkrecht zur Vorschubrichtung als bandspezifische Herausforderungen angeglichen werden. Die Unterfüllung des Zapfens sowie die insgesamt zu großen Bauteilradien werden durch die Maßnahme hingegen nicht verbessert.

**Werkzeugbeanspruchungen**

Die Werkzeuggeometrie beeinflusst in der Umformtechnik den Beanspruchungszustand [49]. Dies motiviert die Untersuchung des Einflusses der adaptierten Stempelkonturen auf die Werkzeugbeanspruchungen. Zunächst werden in Bild 72 die maximalen Stempelkräfte im Quer- und Rückwärtsfließpressen ausgewertet.

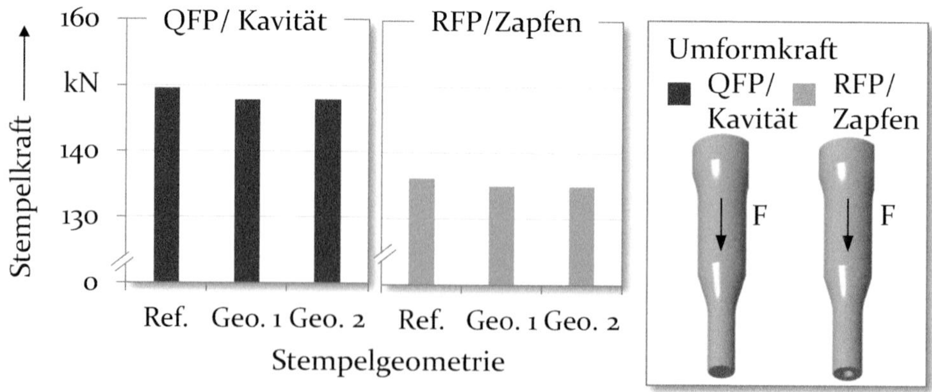


Bild 72: Numerisch ermittelter Einfluss einer Adaption der Stempelgeometrie auf die maximalen Stempelkräfte im Quer- und Rückwärtsfließpressen

Es ist ein geringer Einfluss der adaptierten Stempelkonturen auf die maximalen Umformkräfte festzustellen. In beiden Prozessen gehen die Stempelkräfte um etwa 1 kN auf 147,7 kN (Geometrie 1) sowie 147,8 kN (Geometrie 2) im Quer- und auf 134,9 kN (Geometrie 1 und 2) im Rückwärtsfließpressen zurück. Ein Erklärungsansatz für diese minimal niedrigere

Umformkraft ist, dass das Umformvolumen durch die geometrischen Anpassungen im Vergleich zu den Referenzwerkzeugen leicht abnimmt. Die Auswirkungen der adaptierten Stempelgeometrien auf die Vergleichsspannung nach VON MISES sowie die minimale und maximale Hauptspannung sind in Bild 73 visualisiert.

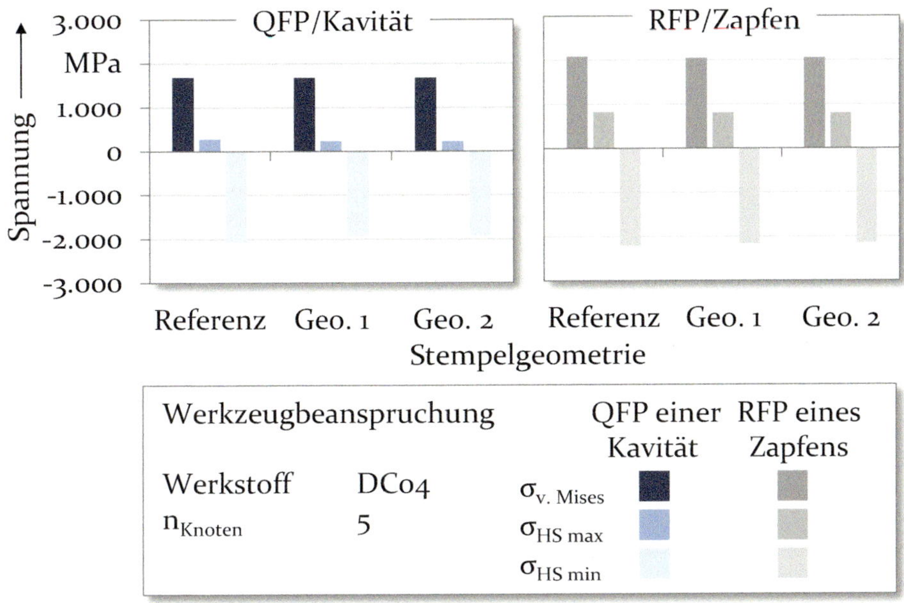


Bild 73: Numerisch ermittelter Einfluss einer Adaption der Stempelgeometrie auf die Werkzeugbeanspruchungen im Quer- und Rückwärtsfließpressen

Im Vergleich zu dem Referenzwerkzeug tritt im Querfließpressen für beide Geometrien ein Rückgang des Betrags der minimalen Hauptspannungen von etwa -2080 MPa (Referenz) um 130 MPa (Geometrie 1) sowie 150 MPa (Geometrie 2) auf. Auch im Rückwärtsfließpressen reduziert sich der Betrag der minimalen Hauptspannungen von näherungsweise -2210 MPa (Referenz) um etwa 50 MPa (Geometrie 1) sowie 70 MPa (Geometrie 2). Dieser Rückgang ist einerseits auf die in Bild 72 identifizierten geringfügig niedrigeren maximalen Umformkräfte zurückzuführen. Andererseits steigt durch die elliptische Grundform der Querschnitt in der hochbeanspruchten und in Vorschubrichtung orientierten Seite der Stempel an. Folglich werden die einseitig höheren Beanspruchungen auf einen größeren Querschnitt verteilt und sind somit geringer. Eine adaptierte Werkzeugaußenkontur als Maßnahme zur Kompensation der bandspezifischen, anisotropen Bauteilausformung ist bezüglich der Werkzeugbeanspruchungen unkritisch.

## 6.2 Experimentelle Verifizierung der Wirksamkeit stoffflusssteuernder Maßnahmen

Die numerischen Untersuchungen haben die Eignung werkstück-, prozess- sowie werkzeugseitiger Maßnahmen zur Verbesserung der Bauteilmaßhaltigkeit gezeigt. Zur Verifizierung der numerischen Erkenntnisse sowie als Grundlage für die vergleichende Bewertung der untersuchten Ansätze in Kapitel 8 werden ausgewählte Varianten im Experiment erforscht.

### 6.2.1 Anpassung der Bandbreite im Experiment als werkstückseitige Maßnahme zur Stoffflusssteuerung

Die Adaption der Bandbreite erfolgt im Experiment entsprechend Bild 74 auf drei Stufen von 20 mm bis 30 mm. Breitere Bänder sind aufgrund des eingesetzten Werkzeugsystems nicht umformbar. Die geringeren Bandbreiten werden durch den beidseitigen Beschnitt eines 30 mm breiten Coils erzielt.

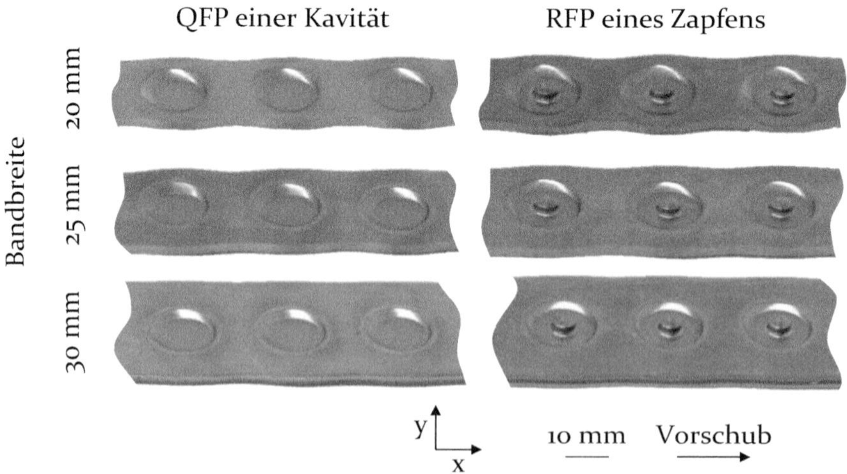


Bild 74: Anpassung der Bandbreite im Experiment

An den umgeformten Werkstücken ist zu erkennen, dass die anisotrope Ausformung der Bauteilradien durch den Einsatz breiterer Bänder abnimmt. In Bild 75 ist deshalb der Einfluss der Bandbreite auf die normierten Radien im Quer- und Rückwärtsfließpressen analysiert.

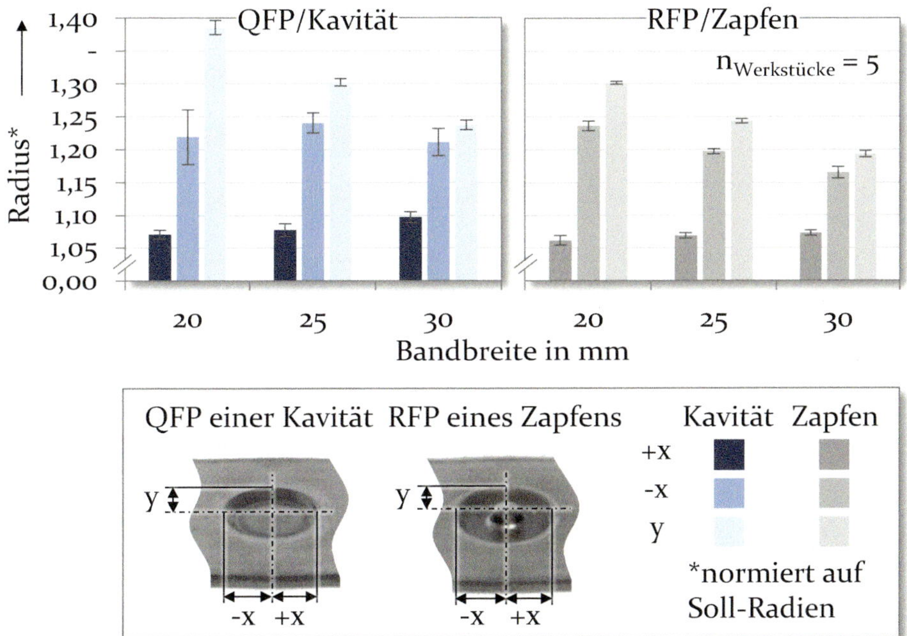


Bild 75: Experimentell ermittelter Einfluss der Bandbreite auf die normierten Bauteilradien im Quer- und Rückwärtsfließpressen

Sowohl im Quer- als auch im Rückwärtsfließpressen geht durch eine Erhöhung der Bandbreite von 20 mm auf 30 mm die normierten Radien in y-Orientierung kontinuierlich von 1,39 ± 0,01 auf 1,24 ± 0,01 sowie von 1,30 ± 0,01 auf 1,19 ± 0,01 zurück. Dieser Rückgang ist – wie in den numerischen Untersuchungen gezeigt (Bild 48) – auf die höhere Stützwirkung gegen einen senkrecht zum Band orientierten Stofffluss aus der Umformzone zurückzuführen. Die Zunahme der Stützwirkung bei breiteren Bändern wird durch den Widerstand des zusätzlichen Werkstoffes gegen Plastifizieren sowie der höheren Reibung infolge der größeren Kontaktfläche zwischen Werkstück und Werkzeug bedingt. Wie numerisch identifiziert, geht auch im Experiment durch den senkrecht zum Band gehemmten Stofffluss im Rückwärtsfließpressen der –x-Radius von 1,24 ± 0,01 (20 mm Bandbreite) auf 1,16 ±0,01 (30 mm Bandbreite) zurück. Im Querfließpressen ist hierzu aufgrund der höheren Standardabweichung keine eindeutige Aussage möglich. Die Auswirkung des durch die adaptierte Bandbreite beeinflussten Stoffflusses auf die Ausformung des Zapfens wird in Bild 76 analysiert.

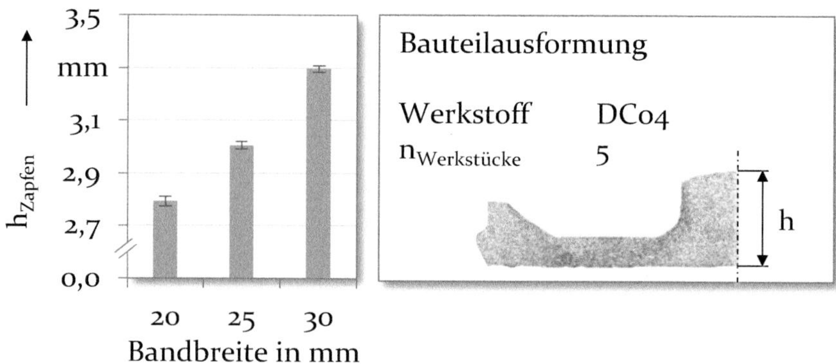


Bild 76: Experimentell ermittelter Einfluss der Bandbreite auf die Zapfenhöhe im Rückwärtsfließpressen

Durch die Erhöhung der Bandbreite von 20 mm auf 30 mm steigt die Zapfenhöhe um 18 % von 2,79 ± 0,01 mm auf 3,30 ± 0,01 mm an. Aufgrund des breiteren Bands wird der Stofffluss aus der Umformzone – wie bei der Analyse der radialen Verschiebungen gezeigt (Bild 48) – reduziert. Mehr Werkstoffvolumen steht zur Ausformung des Funktionselementes zur Verfügung und fließt in die Stempelkavität.

Der Stofffluss beeinflusst neben der resultierenden Bauteilgeometrie die notwendigen Prozesskräfte. Deshalb wird in Bild 77 der Einfluss der Coilbreite auf die maximalen Prozesskräfte untersucht.

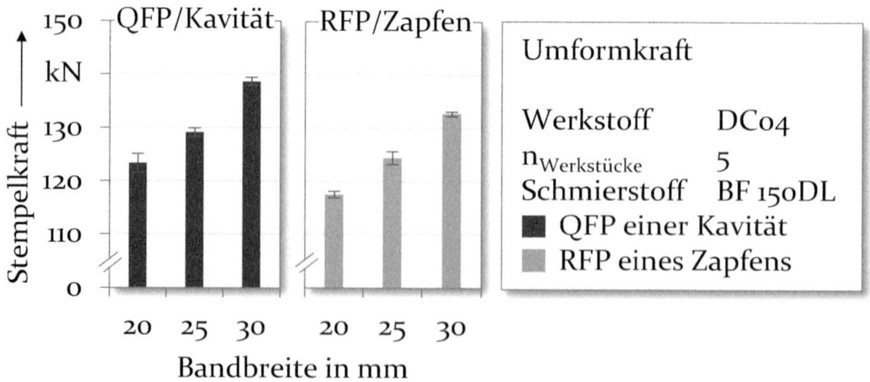


Bild 77: Experimentell ermittelter Einfluss der Bandbreite auf die maximalen Stempelkräfte im Quer- und Rückwärtsfließpressen

Die maximalen Stempelkräfte nehmen im Quer- und Rückwärtsfließpressen durch das breitere Halbzeug um 12 % von 123,4 ± 1,8 kN (20 mm Bandbreite) auf 138,6 ± 0,7 kN (30 mm Bandbreite) sowie um 12 % von

117,6 ± 0,6 kN (20 mm Bandbreite) auf 132,7 ± 0,4 kN (30 mm Bandbreite) zu. Die Ursache ist der höhere Widerstand gegen einen Stofffluss aus der Umformzone bei der weggebundenen Umformung. Zudem wird im Rückwärtsfließpressen ein höherer Zapfen ausgeformt (Bild 76), was mit einem Anstieg der umformungsbedingten Kaltverfestigung des Werkstoffes verbunden ist. Die ansteigende mechanische Werkstofffestigkeit erhöht zusätzlich die benötigte Umformkraft.

### 6.2.2 Anpassung der Vorschubweite im Experiment als prozessseitige Maßnahme zur Stoffflusssteuerung

Die numerischen Untersuchungen zeigen, dass durch eine Erhöhung der Vorschubweite die ungleichmäßige Ausformung der Bauteilradien in und entgegen der Vorschubrichtung reduziert wird. Entsprechend Bild 78 wird zur experimentellen Verifizierung die Vorschubweite auf drei Stufen von 20 mm bis 30 mm variiert. Eine geringere Vorschubweite wird nicht gewählt, da in den numerischen Untersuchungen festgestellt wurde, dass hierdurch die geometrische Maßhaltigkeit des vorherigen Bauteils negativ beeinflusst würde. Zudem werden als Extremwert nur jeweils ein Bauteil je Coilabschnitt ausgeformt.

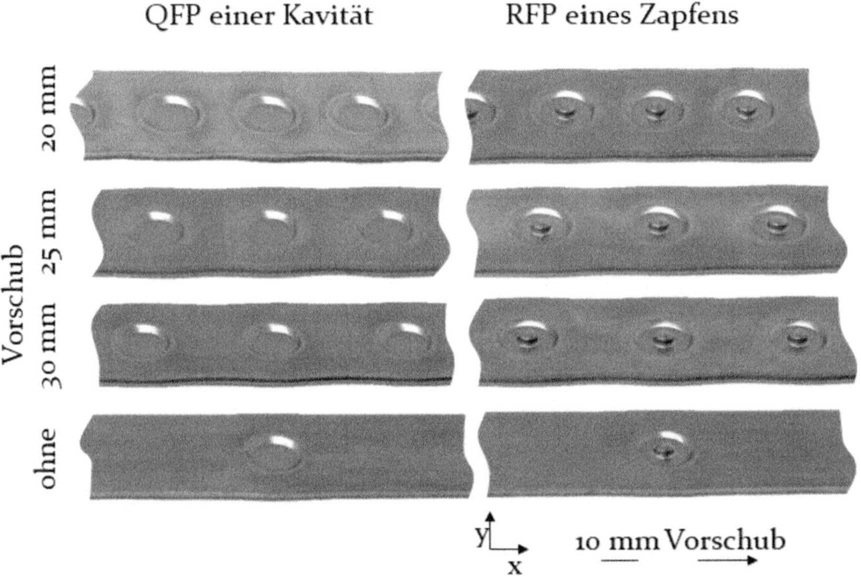


Bild 78: Anpassung der Vorschubweite im Experiment

Zur Analyse des Einflusses der Vorschubweite auf die Bauteile sind in Bild 79 die Radien visualisiert. Im Quer- und Rückwärtsfließpressen nehmen die normierten Radien in +x-Orientierung bei Erhöhung der Vorschubweite kontinuierlich von 1,10 ± 0,01 (20 mm Vorschub) auf 1,18 ± 0,01 (Umformung von nur einem Bauteil je Coilabschnitt) sowie von 1,07 ± 0,01 (20 mm Vorschub) auf 1,15 ± 0,01 (Umformung von nur einem Bauteil je Coilabschnitt) zu. Ursächlich hierfür ist – wie numerisch gezeigt (Bild 56) –, dass durch den größeren Abstand zwischen den Bauteilen der Einfluss der Vorverfestigung des Bands, eingebracht durch die Umformung des vorangegangenen Werkstücks, zurückgeht. Somit gleicht sich der Widerstand gegen einen Stofffluss aus der Umformzone in (+x) und entgegen (-x) der Umformzone an. Einheitliche +x- und –x-Radien folgen.

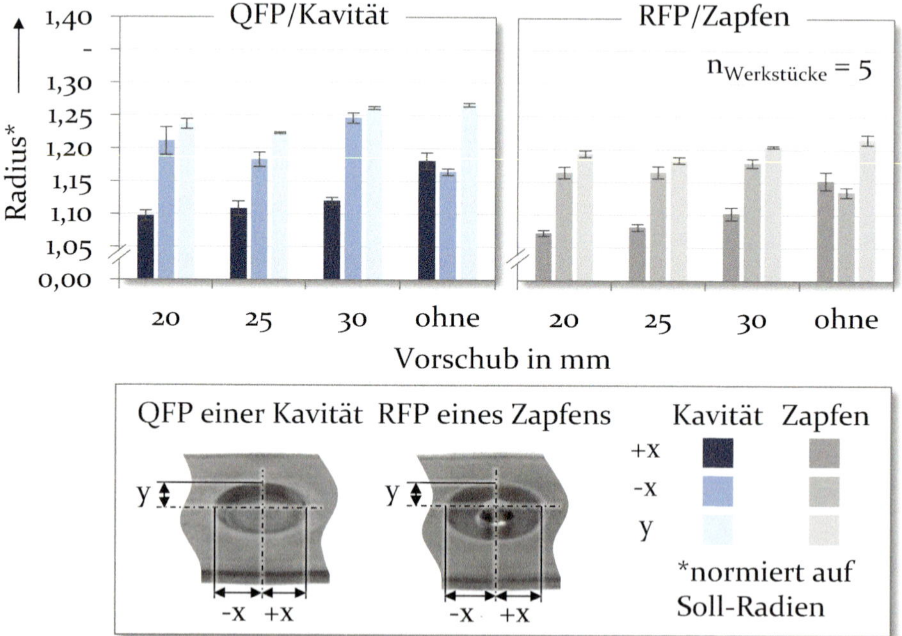


Bild 79: Experimentell ermittelter Einfluss der Vorschubweite auf die normierten Bauteilradien im Quer- und Rückwärtsfließpressen

Wie an den nicht einheitlichen Radien in ±x- und y-Orientierung zu erkennen, wird der ungleichmäßige Stofffluss senkrecht und parallel zur Bandorientierung durch die Erhöhung der Vorschubweite jedoch nicht verringert. Inwieweit die Ausformung des Zapfens durch die Vorschubweite beeinflusst wird, ist in Bild 80 analysiert.

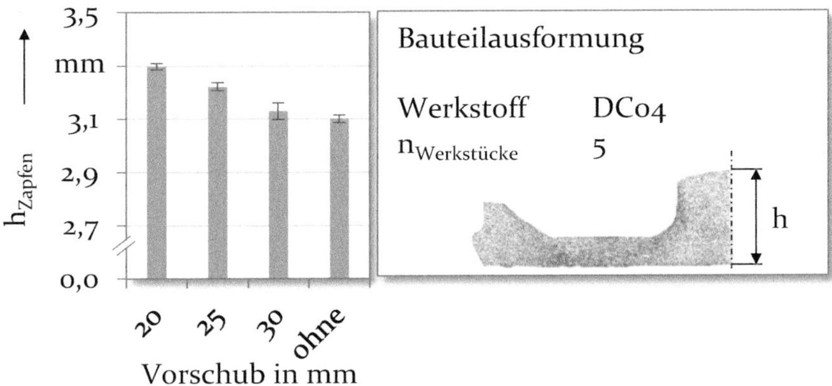


Bild 80: Experimentell ermittelter Einfluss der Vorschubweite auf die Zapfenhöhe im Rückwärtsfließpressen

Die Zapfenhöhe wird durch die Erhöhung der Vorschubweite im Rückwärtsfließpressen kontinuierlich von 3,30 ± 0,01 mm (20 mm Vorschub) auf 3,10 ± 0,01 mm (Umformung von nur einem Bauteil je Coilabschnitt) reduziert. Ursächlich hierfür ist der geringere Einfluss der lokalen Vorverfestigung des Bands bei einer höheren Vorschubweite. Hieraus resultiert eine Zunahme des Stoffflusses aus dem Bereich der Funktionselemente in Bandvorschubrichtung (Bild 79) und somit ein Rückgang des Stoffflusses in die Kavität. Wie bereits numerisch festgestellt (Bild 59) werden kleinere Zapfen ausgeformt. Die Auswirkungen der Vorschubweite auf die maximalen Prozesskräfte sind in Bild 81 ausgewertet.

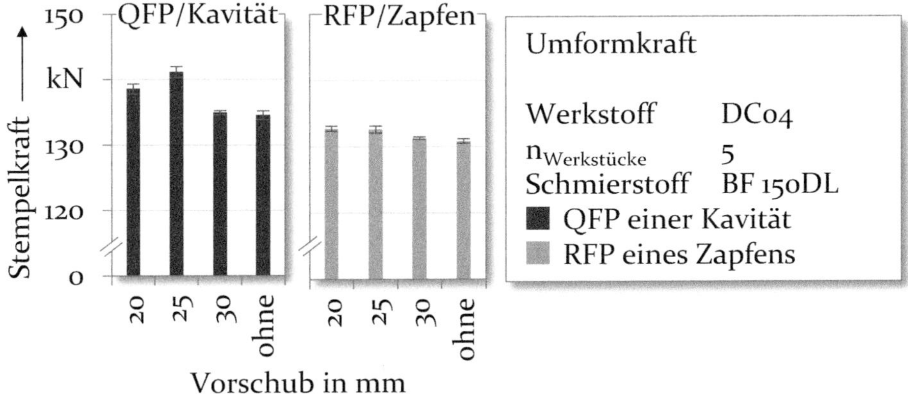


Bild 81: Experimentell ermittelter Einfluss der Vorschubweite auf die maximalen Stempelkräfte im Quer- und Rückwärtsfließpressen

Durch die Erhöhung der Vorschubweite nimmt die maximale Stempelkraft im Rückwärtsfließpressen kontinuierlich von 132,7 ± 0,4 kN (20 mm Vorschub) auf 130,8 ± 0,3 kN (Umformung von nur einem Bauteil je Coilabschnitt) ab. Auch im Querfließpressen wird die Stempelkraft mit einem Ausreißer bei 25 mm Vorschub von 138,6 ± 0,7 kN (20 mm Vorschub) auf 134,6 ± 0,06 kN (Umformung von nur einem Bauteil je Coilabschnitt) reduziert. Dieser Rückgang bestätigt experimentell den geringeren Einfluss der lokalen Vorverfestigung aufgrund größerer Abstände zwischen den Bauteilen. Zudem geht im Rückwärtsfließpressen die Zapfenhöhe (Bild 80) zurück, was mit einer geringeren umformungsbedingten Verfestigung des Bauteils und somit einer geringeren Stempelkraft einhergeht.

### 6.2.3 Anpassung der Reibung durch Modifikation der Werkzeugoberfläche im Experiment als werkzeugseitige Maßnahme zur Stoffflusssteuerung

Zur experimentellen Erforschung des Einflusses einer lokalen Reibungsanpassung auf den Umformprozess werden die Niederhalter modifiziert. Die numerischen Erkenntnisse zeigen, dass zur Erhöhung der Bauteilmaßhaltigkeit möglichst hohe Gradienten des Reibfaktors zwischen den Niederhaltern und den restlichen Werkzeugoberflächen einzustellen sind. Deshalb werden die Oberflächen der Niederhalter im Experiment entsprechend Bild 82 durch Hochvorschubfräsen sowie Abrasivstrahlen modifiziert.

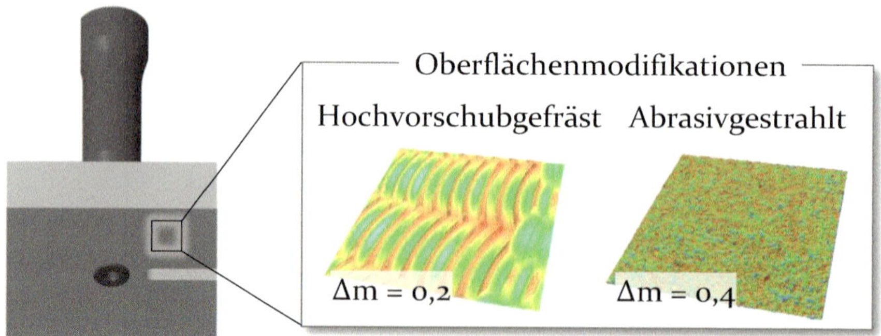


Bild 82: Adaption der Reibung durch Modifikation der Niederhalteroberflächen

Die topographischen und tribologischen Eigenschaften der eingesetzten Oberflächenmodifikationen sind in Abschnitt 4.2 erörtert. Durch Hochvorschubfräsen wird ein Reibfaktorgradient von näherungsweise 0,2 eingestellt. Bei abrasivgestrahlten Oberflächen resultiert ein Gradient von etwa

0,4 (Bild 4). Ursächlich für das Erhöhen der Reibung ist bei beiden Modifikationen die hohe Rauheit und folglich mechanisches Verhaken von werkstück- und werkzeugseitigen Rauheitsspitzen. Zur Analyse des Einflusses der maßgeschneiderten Reibsysteme auf die Bauteilausformung sind in Bild 83 die normierten Bauteilradien dargestellt.

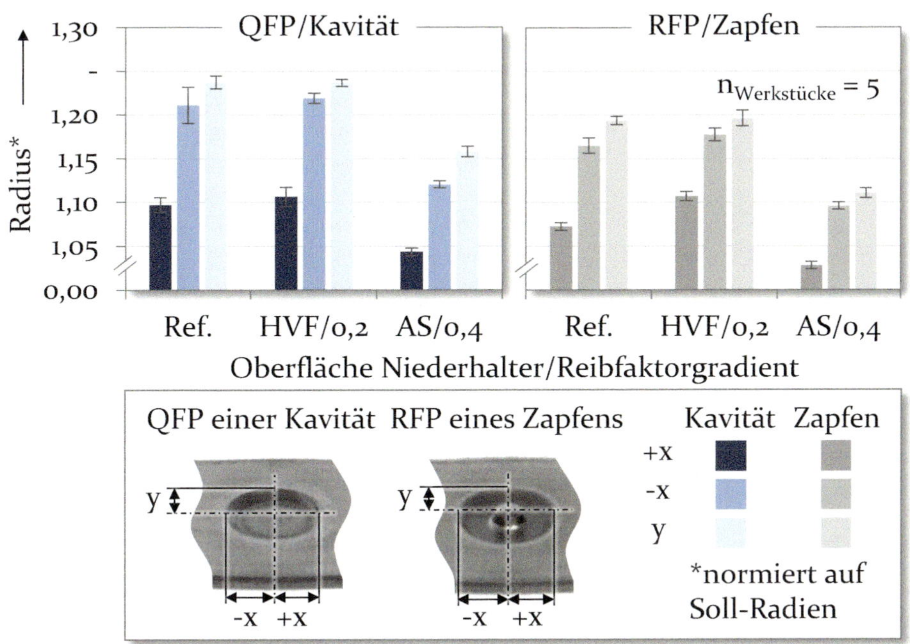


Bild 83: Experimentell ermittelter Einfluss der lokalen Reibungsanpassung durch modifizierte Werkzeugoberflächen auf die normierten Bauteilradien im Quer- und Rückwärtsfließpressen

In beiden Prozessen wird durch einen Reibfaktorgradient von 0,2 im Rahmen der Standardabweichung keine Veränderung der Radien im Vergleich zu den Referenzwerten erzielt. Beim Einsatz der abrasivgestrahlten Niederhalter (Reibfaktorgradient 0,4) tritt im Quer- und Rückwärtsfließpressen hingegen ein signifikanter Rückgang sämtlicher normierter Radien auf. Dies ist – wie numerisch in Bild 64 gezeigt – auf den gehemmten Stofffluss aus der Umformzone in angrenzende Bereiche zurückzuführen. Die höhere Reibung im Kontakt zum Niederhalter reduziert den Stofffluss aus der Umformzone. Die Auswirkungen hiervon auf die Ausformung des Zapfens werden in Bild 84 visualisiert.

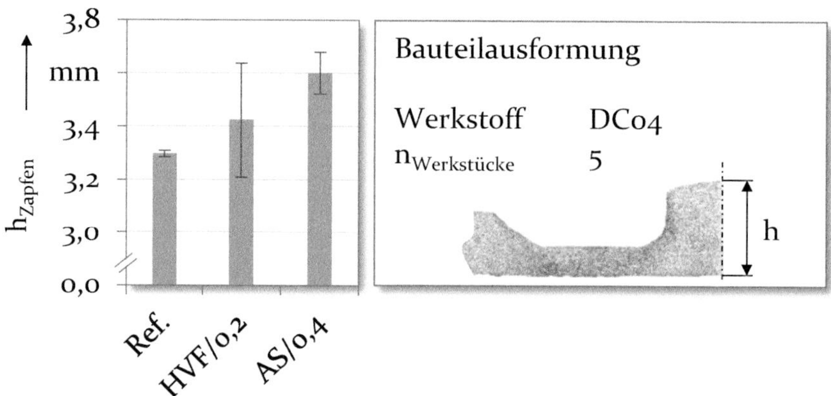


Bild 84: Experimentell ermittelter Einfluss der lokalen Reibungsanpassung durch modifizierte Werkzeugoberflächen auf die Zapfenhöhe im Rückwärtsfließpressen

Durch die Erhöhung des Reibfaktorgradienten steigt die Zapfenhöhe kontinuierlich von 3,30 ± 0,01 mm auf 3,60 ± 0,08 mm an. Auch ein Reibfaktorgradient von 0,2 bewirkt eine Verbesserung der Bauteilmaßhaltigkeit. Der Anstieg der Zapfenhöhe ist auf die höhere Reibung im Kontakt zum Niederhalter bei gleichbleibender Reibung am Stempel zurückzuführen. Dadurch wird der Anteil des umgeformten Werkstoffs, der aus dem Bereich des Funktionselementes in den angrenzenden Bereich fließt, reduziert (Bild 64). Mehr Werkstoff gelangt in die Kavität. In dieser wirkt eine konstant niedrige Reibung. Eine höhere Formfüllung ist die Folge. Um die Auswirkung der Reibungsanpassung auf die maximalen Prozesskräfte im Experiment einzuschätzen, sind diese in Bild 85 ausgewertet.

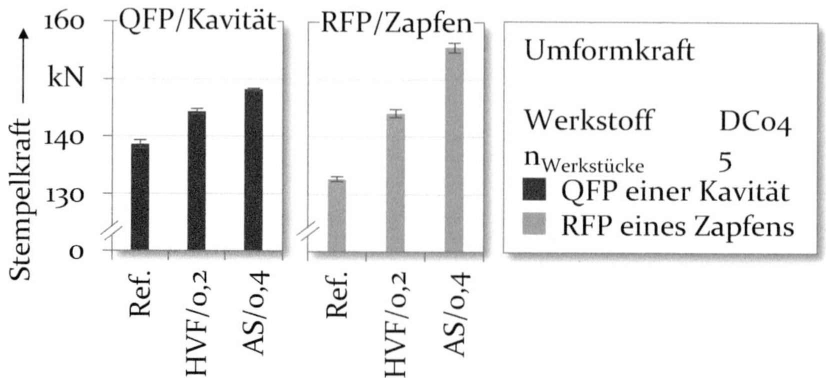


Bild 85: Experimentell ermittelter Einfluss der lokalen auf die maximalen Stempelkräfte

Durch die Erhöhung der Reibung am Niederhalter steigen im Quer- und Rückwärtsfließpressen – wie in den numerischen Untersuchungen – die maximalen Stempelkräfte von 138,6 ± 0,7 kN (Referenz) auf 148,2 ± 0,2 kN (0,4 Reibfaktorgradient) sowie von 132,7 ± 0,4 kN (Referenz) auf 155,6 ± 0,8 kN (0,4 Reibfaktorgradient) an. Dieser Anstieg ist auf den zunehmenden Widerstand gegen einen Stofffluss aus dem Bereich der Funktionselemente aufgrund der höheren Reibung zurückzuführen.

# 7 Verschleißbedingte Veränderungen der Wirksamkeit stoffflusssteuernder Maßnahmen

Sowohl in der Blech- [180] als auch in der Massivumformung [49] tritt Verschleiß an Werkzeugoberflächen auf. In der Blechmassivumformung beeinflusst der Werkzeugverschleiß die Effizienz der Prozesse [181]. In Abschnitt 6.2.3 wurde experimentell nachgewiesen, dass durch lokale Reibungserhöhungen am Niederhalter mittels hochvorschubgefrästen oder abrasivgestrahlten Oberflächen die Bauteilmaßhaltigkeit verbessert wird. Die Reibungserhöhung der Oberflächenmodifikationen ist auf deren Topographie zurückzuführen [68]. Vor diesem Hintergrund haben verschleißbedingte Veränderungen der Topographie potenziell einen Einfluss auf die Wirksamkeit der Maßnahmen zur Verbesserung der Bauteilmaßhaltigkeit.

Dies motiviert die Erforschung des Einsatzverhaltens der stoffflusssteuernden Maßnahmen für eine hohe Zahl an Bauteilen. Hierzu werden in beiden Prozessen jeweils drei hochvorschubgefräste und abrasivgestrahlte Niederhalter eingesetzt. Die Reibsysteme sind entsprechend Bild 82 maßgeschneidert. Zudem werden Standmengenversuche mit den Referenzniederhaltern durchgeführt. Mit jeder Variante werden je Niederhalter 5.000 Bauteile im Automatikbetrieb hergestellt. Nach dieser Anzahl an Werkstücken stellt sich ein stationäres Verhalten der Oberflächen und der Bauteilmaßhaltigkeit ein.

Zunächst werden die Auswirkungen der Umformung auf die Oberflächenmodifikationen ermittelt. Es werden die wirkenden Verschleißmechanismen identifiziert. Anschließend werden die Auswirkungen der veränderten Oberflächen auf die Bauteilmaßhaltigkeit erforscht. Dies erlaubt die Bewertung der Wirksamkeit der Maßnahme für eine hohe Anzahl an Hüben sowie die Eignung maßgeschneiderter Oberflächen zur Stoffflusssteuerung beim Fließpressen vom Band.

## 7.1 Analyse des umformungsbedingten Verschleißes der Werkzeugoberflächen

Nachfolgend werden die einsatzbedingten Veränderungen der modifizierten Oberflächen untersucht. Für einen Überblick sind in Bild 86 Aufnahmen der Niederhalter nach der Umformung von jeweils 5.000 Kavitäten (Querfließpressen) respektive Zapfen (Rückwärtsfließpressen) dargestellt.

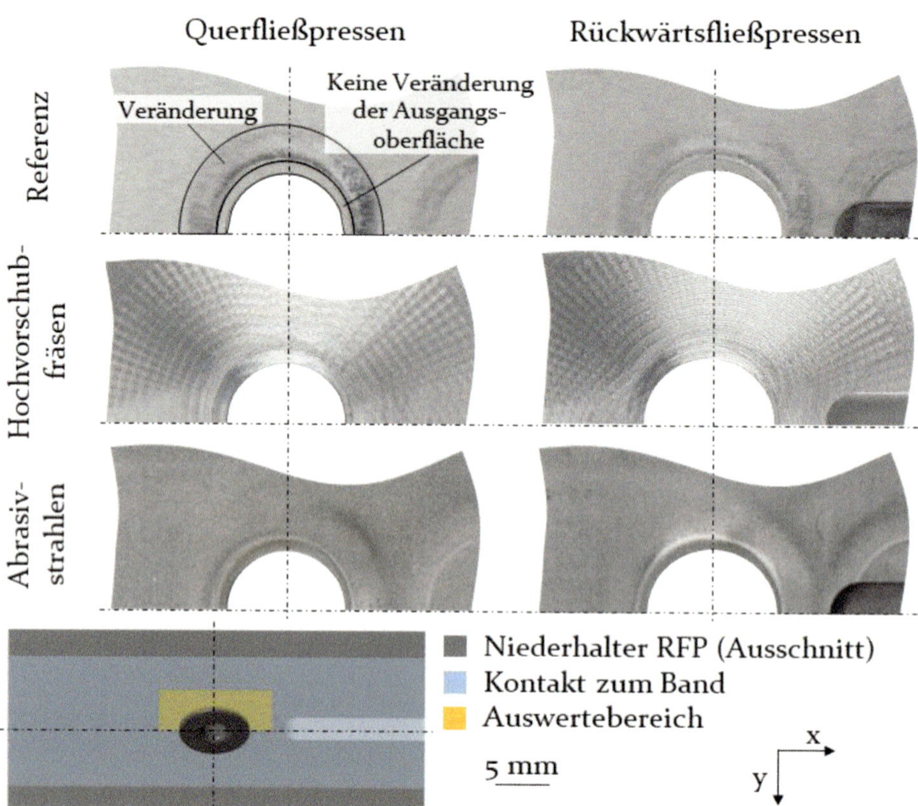


Bild 86: Oberflächen der Niederhalter nach 5.000 Hüben

Bereits auf den Aufnahmen sind einsatzbedingte Veränderungen der Oberflächen erkennbar. Aufgrund der im Ausgangszustand gleichmäßigen Erscheinungsbilder sind diese insbesondere für die Referenz sowie die abrasivgestrahlten Niederhalter ausgeprägt. Zwischen den Prozessen bestehen keine wesentlichen Unterschiede bezüglich der Veränderungen der Erscheinungsbilder der Oberflächen. In Abschnitt 5.4 erfolgte eine detaillierte Analyse der an den Niederhaltern anliegenden tribologischen Lasten (vergleiche Bild 33), welche nun zur Erklärung der einsatzbedingten Veränderungen an den Niederhaltern genutzt wird. In den Aufnahmen der Niederhalter nach dem Einsatz (Bild 86) ist zu erkennen, dass für sämtliche Niederhaltervarianten um die Bohrung ein kleiner elliptischer Bereich anschließt, in dem keine Veränderungen der Oberflächen erkennbar sind. Diese Zone ist am Referenzniederhalter des Querfließpressens exemplarisch markiert. Grund für nicht auftretende Veränderungen ist, dass die Niederhalter wegen der zu großen Bauteilradien in diesem Bereich keinen

Kontakt zu den Werkstücken haben (Bild 83). Mit größerer radialer Entfernung von der Bohrung schließt eine Zone mit maximalen Veränderungen an. Im Rahmen der Analyse der tribologischen Lasten in Abschnitt 5.4 wurde für diesen Bereich der maximale an den Niederhaltern anliegende Kontaktdruck identifiziert. In der Umformtechnik verschleißen Werkzeugoberflächen besonders in den höchstbeanspruchten Bereichen [182]. Folglich sind die in dieser Zone maximalen Veränderungen des Erscheinungsbildes der Oberflächen auf die lokalen Maxima der tribologischen Lasten an den Niederhaltern in diesen Bereichen zurückzuführen. Mit größerem radialen Abstand zur Bohrung sind die erkennbaren Veränderungen der Oberflächen geringer. Dies ist auf den mit zunehmendem Abstand von der Bohrung niedrigeren Kontaktdruck zurückzuführen. Die einsatzbedingten Verschleißspuren an den Niederhaltern verifizieren durch die gute Übereinstimmung mit der Kontaktdruckverteilung (Bild 33) die Analyse der tribologischen Lasten aus Abschnitt 5.4. Zur detaillierten Erforschung der einsatzbedingten Veränderungen sind zunächst für die Referenz in Bild 87 die Topographien nach 5.000 Umformungen visualisiert.

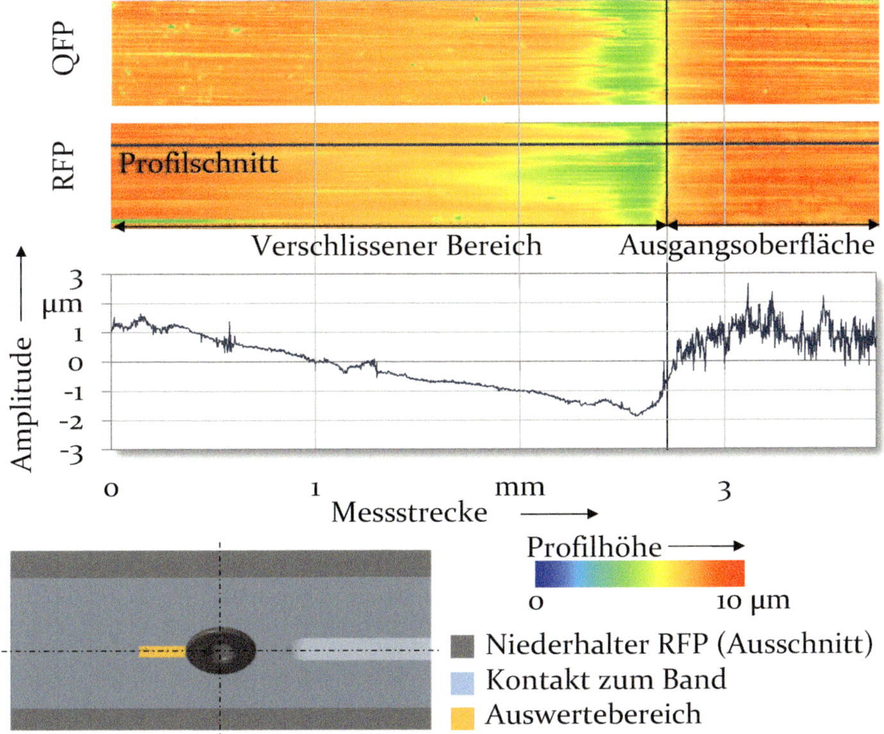


Bild 87: Topographie der Referenzniederhalter nach 5.000 Hüben

Die Topographien der Referenzniederhalter sind entsprechend der Skizze in Bild 87 auf der x-Achse in –x-Richtung ausgewertet. Bei der Analyse der tribologischen Lasten am Niederhalter (Bild 33) wurde in diesem Bereich ein maximaler Kontaktdruckgradient festgestellt. Somit ist anzunehmen, dass in diesem Bereich starke Veränderungen der Ausgangsoberfläche auftreten. Die Ausgangsoberfläche im nicht verschlissenen Bereich weist in beiden Prozessen viele Rauheitsspitzen sowie gerichtete Riefen auf. Diese sind auf die Herstellung der Oberfläche durch Schleifen zurückzuführen. An die Ausgangsoberfläche schließt der verschlissene Bereich an. Diese Zone hat im Gegensatz zur Ausgangsoberfläche während der Umformung Kontakt zum Werkstück. Im Übergang zur Ausgangsoberfläche hat das Profil des verschlissenen Bereichs eine Vertiefung von etwa 3 µm. Das Niveau dieses Bereichs ist niedriger als die durchschnittliche Profilhöhe der Ausgangsoberfläche. Somit wurde während des Einsatzes lokal Werkstoff von der Niederhalteroberfläche abgetragen. Folglich ist für die Referenz Abrasion der dominierende Verschleißmechanismus. Die Abrasion ist am Übergang zur Ausgangsoberfläche am höchsten, da hier entsprechend der Analyse der tribologischen Lasten in Abschnitt 5.4 der maximale an den Niederhaltern während der Umformung wirkende Kontaktdruck auftritt (Bild 33). Mit zunehmendem Abstand zur Umformzone geht der Kontaktdruck und infolge die Abrasion zurück. Nachgewiesen wird der lokale Rückgang der Abrasion durch den Anstieg der Profilhöhe auf die Ausgangshöhe mit zunehmendem Abstand von der Bohrung. Die lokale Verteilung der Abrasion stimmt mit der in Bild 86 untersuchten Veränderung des optischen Erscheinungsbilds der Niederhalteroberflächen überein.

Die Topographien der hochvorschubgefrästen Niederhalter des Quer- und Rückwärtsfließpressens sind in Bild 88 a) dargestellt. Die hochvorschubgefräste Ausgangsoberfläche weist eine quasideterministische Struktur mit radial zur Umformzone angeordneten Rauheitsspitzen auf. Diese sind deutlich größer und breiter als die Rauheitsspitzen der Referenz. Auch im verschlissenen Bereich sind quasideterministische Rauheitsspitzen zu erkennen. Im Vergleich zur Ausgangsoberfläche weisen diese Riefen im Profilschnitt allerdings eine plateauartige Form auf. Die Spitzen der Strukturen wurden folglich abgetragen. Ein Detail der Topographie der quasistochastischen Riefen nach dem Einsatz ist in Bild 88 b) dargestellt.

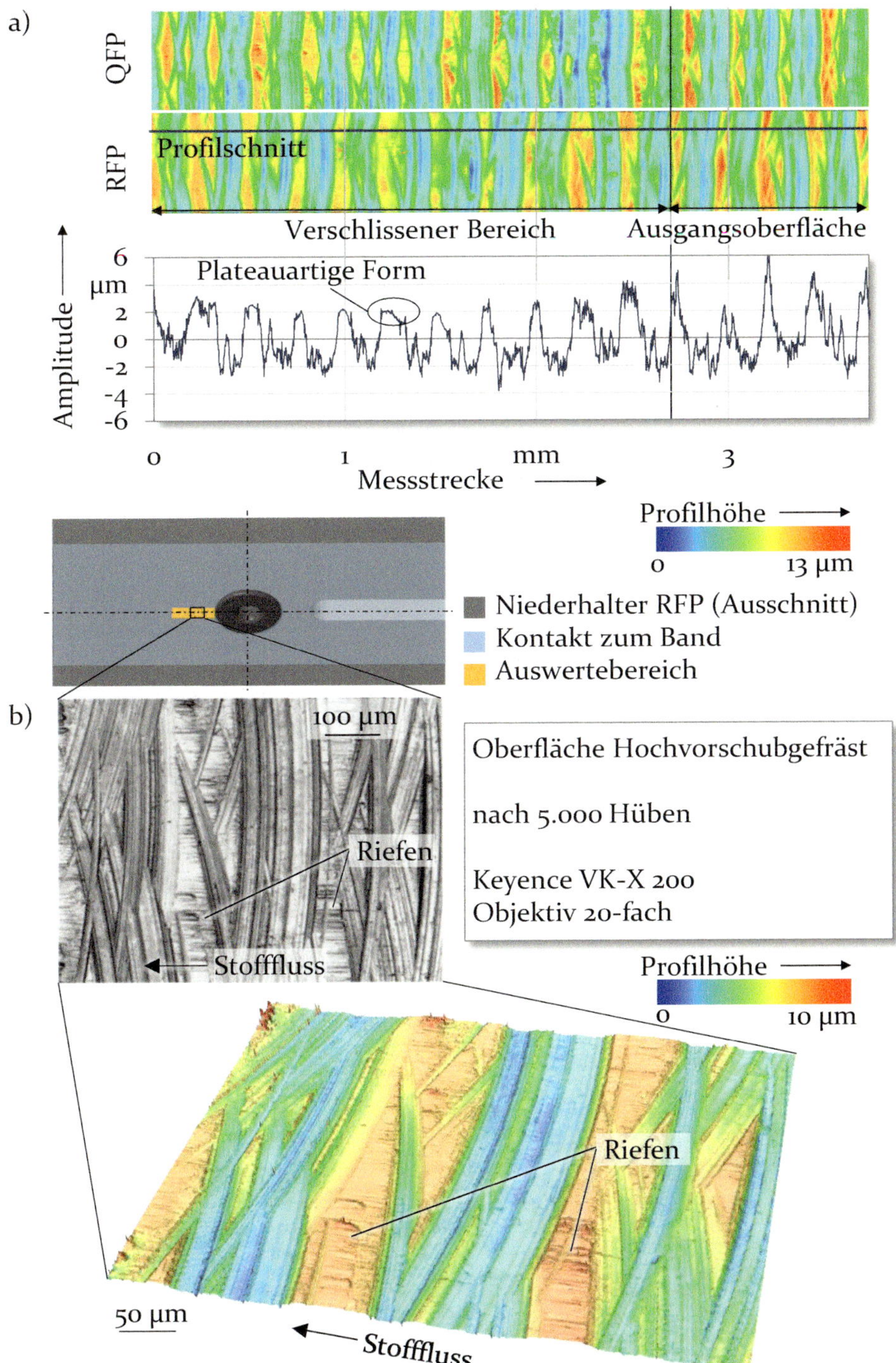


Bild 88: Topographie der hochvorschubgefrästen Niederhalter nach 5.000 Hüben in der Übersicht a) und im Detail b)

Nach 5.000 Hüben sind in der Detailansicht aus Bild 88 b) an den Spitzen der hochvorschubgefrästen Strukturen in Stoffflussrichtung orientierte Riefen zu erkennen. Folglich wird Werkstoff während des Einsatzes der Niederhalter an den Strukturspitzen abgetragen. Dies weist nach, dass die in Bild 88 a) identifizierte Veränderung der Oberflächenmodifikation zu Strukturen mit einer plateauartigen Form auf einen abrasiven Verschleiß der Rauheitsspitzen zurückzuführen ist. Die Erkenntnisse bestätigen die Ergebnisse von FREIBURG [136] zum Verschleiß hochvorschubgefräster Werkzeugoberflächen aus einem anderen Umformprozess. Er identifizierte Abrasion infolge von aus der Oberfläche herausgebrochener Karbide und Partikel, welche durch die Topographie pflügen, als Verschleißmechanismus. Im Vergleich zur Referenz wird bei hochvorschubgefrästen Niederhaltern nicht die gesamte Ausgangsoberfläche durch Abrasion abgetragen. Dies ist darauf zurückzuführen, dass die Profilhöhe der hochvorschubgefrästen Oberfläche von etwa 8 µm deutlich höher als die der Referenzoberfläche mit näherungsweise 2 µm ist. Somit sind während des Einsatzes primär die Spitzen der Strukturen mit den Werkstücken in Kontakt. Der abrasive Verschleiß ist folglich auf die Spitzen der Strukturen konzentriert. Dies bestätigt experimentell die numerischen Erkenntnisse von SCHEWE ET AL. [183], die bei einer Verschleißsimulation von quasideterministisch strukturierten Werkzeugoberflächen unter charakteristischen Lasten der Blechmassivumformung eine Konzentration der Oberflächenveränderung auf die Spitzen der Strukturen feststellten. Durch die Untersuchungen wurde experimentell nachgewiesen, dass Abrasion der Rauheitsspitzen bei hochvorschubgefrästen Strukturen der dominierende Verschleißmechanismus ist.

Zur Analyse der einsatzbedingten Veränderungen an den abrasivgestrahlten Niederhaltern ist deren Topographie in Bild 89 a) visualisiert. Die Topographie der abrasivgestrahlten Ausgangsoberfläche weist eine für gestrahlte Oberflächen charakteristische stochastische Struktur mit Rauheitsspitzen und -tälern auf. Das Profilniveau im Profilschnitt des verschlissenen Bereichs liegt unter dem Ausgangsniveau. Im Vergleich zur Ausgangsoberfläche weist es weniger Rauheitsspitzen, aber eine ähnliche Häufigkeit an Rauheitstälern, auf. Zur genaueren Analyse ist in Bild 89 b) der Übergang zwischen der Ausgangsoberfläche und dem verschlissenen Bereich im Detail dargestellt.

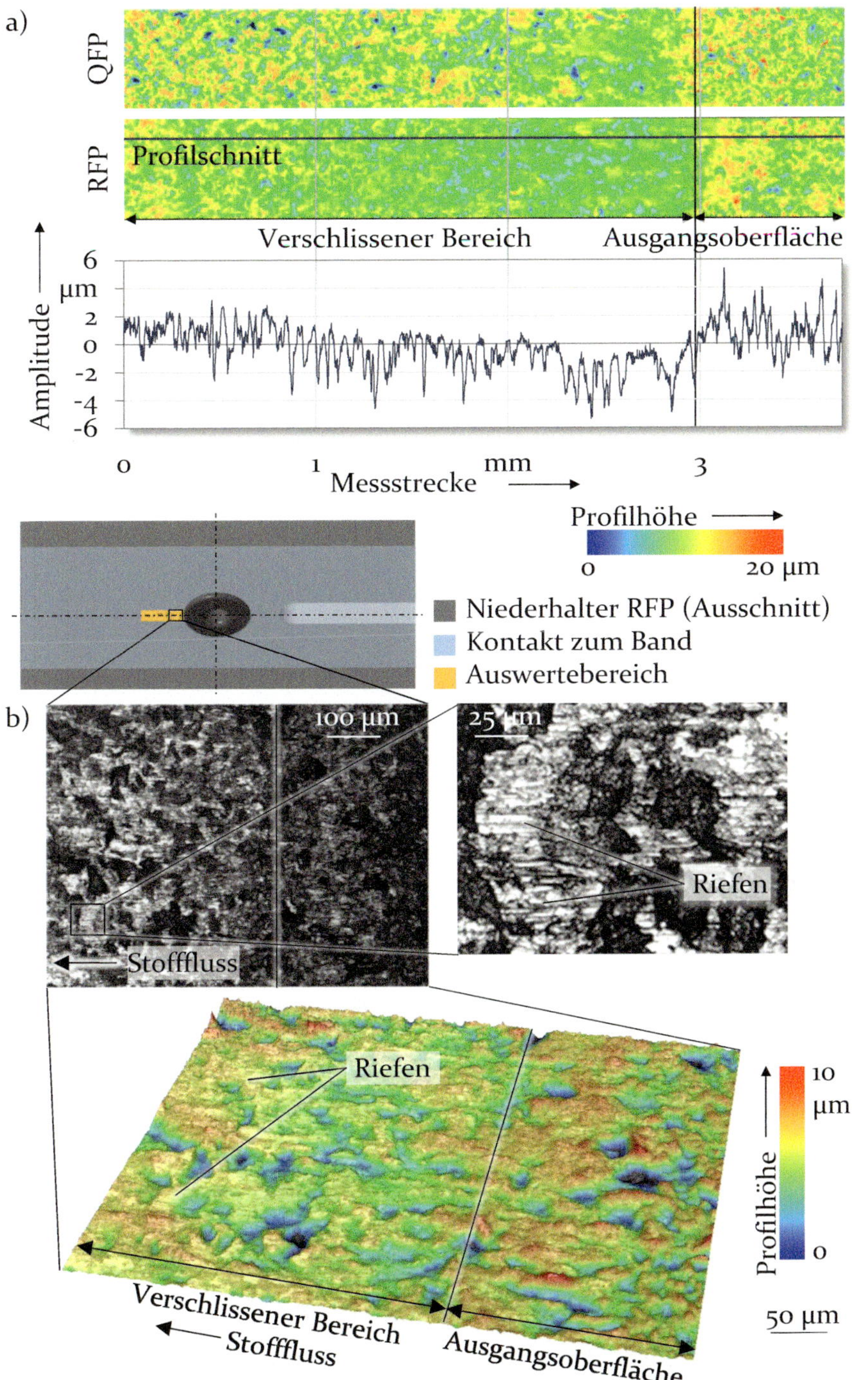


Bild 89: Topographie der abrasivgestrahlten Niederhalter nach 5.000 Hüben in der Übersicht a) und im Detail b)

Aus dem Detail in Bild 89 b) ist ersichtlich, dass im verschlissenen Bereich anstatt einzelner, hoher Profilspitzen plateauartige Bereiche auftreten. In diesen Zonen sind in Stoffflussrichtung orientierte Riefen zu erkennen. Folglich wurden die Profilspitzen wie bei den hochvorschubgefrästen Oberflächen durch abrasiven Verschleiß abgetragen. Dies erklärt das niedrigere Profilniveau des verschlissenen Bereichs mit weniger Profilspitzen im Vergleich zur Ausgangsoberfläche (Bild 89 a)).

Die Untersuchung der Niederhalteroberflächen nach der Umformung von 5.000 Bauteilen weist nach, dass sämtliche Topographien durch den Einsatz verändert werden. Der Verschleiß ist in Abhängigkeit der Oberfläche unterschiedlich stark ausgeprägt. Zur Bewertung des Einsatzverhaltens der modifizierten Werkzeugoberflächen ist zu erforschen, wie sich die Oberflächen in Abhängigkeit der Anzahl an hergestellten Bauteilen verändern. Hierzu wird die Rauheit der Niederhalter in den am höchsten beanspruchten Zonen taktil gemessen. Bei der Analyse der Topographien wurden Veränderungen des Rauheitsprofils durch den Einsatz identifiziert. In [159] wurde gezeigt, dass eine Veränderung der gemittelten Rautiefe Rz mit einer Veränderung der Funktion der Oberflächenmodifikation einhergeht. Folglich wird diese Zielgröße in Bild 90 dargestellt. Die Rauheit wurde an den drei Niederhaltern je Oberflächenmodifikation jeweils vor dem Einsatz sowie nach der Umformung von fünf, 25, 50, 200, 500, 1.000, 2.000 und 5.000 Bauteilen ausgewertet. Durch die häufigeren Messungen zu Beginn wird die Einlaufphase detailliert untersucht.

Die gestrahlten Niederhalter weisen vor dem Einsatz mit 10,1 ± 0,9 µm die höchste gemittelte Rautiefe auf. Die Rauheiten der hochvorschubgefrästen sowie der Referenzoberflächen sind mit 7,7 ± 0,4 µm sowie 2,4 ± 0,6 µm niedriger.

Der Rückgang der gemittelten Rautiefe der Referenzoberflächen nach der Umformung von 5.000 Werkstücken auf 1,8 ± 0,5 µm im Quer- und auf 1,8 ± 0,3 µm im Rückwärtsfließpressen ist in beiden Prozessen näherungsweise linear. Die Veränderung der Rauheit ist auf den in Bild 87 identifizierten Abtrag der Rauheitsspitzen zurückzuführen.

Die gemittelte Rautiefe der hochvorschubgefrästen Niederhalter geht im Quer- und Rückwärtsfließpressen näherungsweise kontinuierlich auf 6,2 ± 0,7 µm und auf 6,8 ± 0,4 µm zurück. Dies bestätigt die in Bild 88 nachgewiesene Abrasion der Spitzen der hochvorschubgefrästen Strukturen. Der Rückgang der gemittelten Rautiefe ist während der ersten 1.000 Hüben in beiden Prozessen mit jeweils 0,5 µm stärker als während der folgenden 4.000 Hüben. Im Intervall von 1.000 bis 5.000 Hüben gehen die gemittelten Rautiefen jeweils um 0,2 µm im Quer- und 0,4 µm im Rückwärtsfließpressen zurück. Ein Erklärungsansatz hierfür ist, dass mit zunehmender Veränderung der gefrästen Spitzen zu den in Bild 88 b) nachgewiesenen plateauartigen Strukturen die wahre Kontaktfläche zwischen Werkzeug und Bauteil zunimmt. Folglich ist die lokale Beanspruchung der Strukturen niedriger und die Verschleißrate geht zurück.

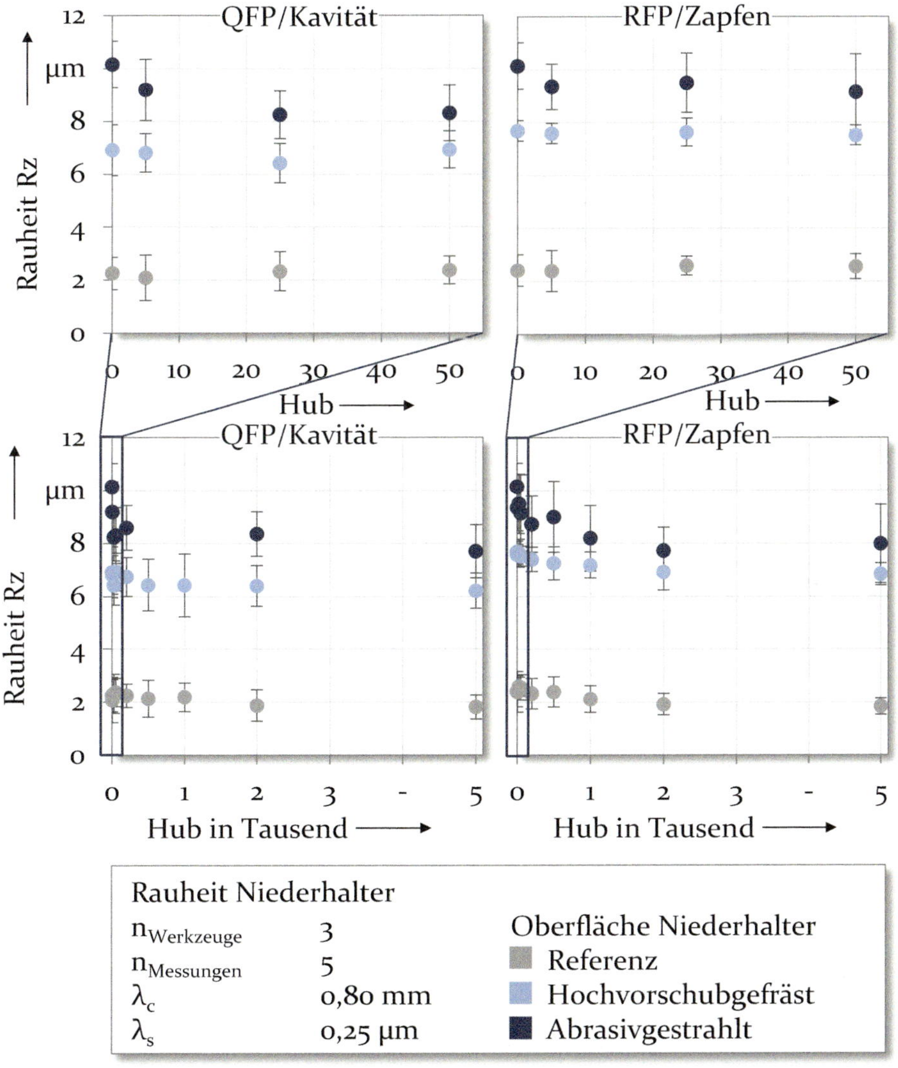


Bild 90: Einfluss der Umformungen auf die Rauheit der eingesetzten Niederhalter

Der Rückgang der gemittelten Rautiefe der abrasivgestrahlten Niederhalter nach 5.000 Hüben ist mit 2,5 µm auf 7,7 ± 1,0 µm im Quer- und mit 2,2 µm auf 8,0 ± 1,5 µm im Rückwärtsfließpressen stärker als bei den anderen Oberflächen. 39 % (Querfließpressen) respektive 37 % (Rückwärtsfließpressen) des Rückgangs der gemittelten Rautiefe entfallen bei den abrasivgestrahlten Niederhaltern auf die ersten fünf Hübe. Für hochvorschubgefräste Oberflächen entfallen hingegen nur 14 % (Querfließpressen) sowie 13 % (Rückwärtsfließpressen) des Rückgangs der gemittelten Rautiefe auf die ersten fünf Hübe. Zurückzuführen ist dies auf die Ausgangsoberflächen der Modifikationen, dargestellt in Bild 91.

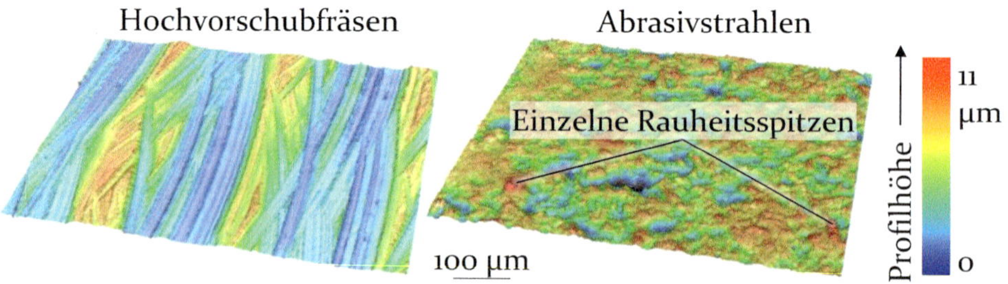


Bild 91: Ausgangszustand der Topographie der hochvorschubgefrästen und abrasivgestrahlten Niederhalter

Die abrasivgestrahlten Oberflächen weisen vor dem Einsatz im Vergleich zu den hochvorschubgefrästen Oberflächen eine höhere Anzahl fein verteilter Rauheitsspitzen mit geringerer lateraler Ausdehnung auf. Einzelne dieser Rauheitsspitzen überragen die Gesamttopographie der gestrahlten Werkzeuge deutlich und werden, wie in Bild 89 b) nachgewiesen, verschlissen. Folglich ist der stärkere Rückgang der gemittelten Rautiefe während der ersten fünf Hübe bei den abrasivgestrahlten Niederhalter auf das Verschleißen einzelner, feiner Rauheitsspitzen zurückzuführen, welche die Gesamttopographie überragen und während den ersten Kontakten zum Werkstück verschleißen. Dies stimmt mit Erkenntnissen von MERKLEIN ET AL. [179] überein, die bei gestrahlten Ringstauchbahnen die größte Veränderung der Rauheit während den ersten fünf Umformungen identifizierten. Nach dem Verschleißen dieser einzelnen Rauheitsspitzen ist entsprechend Bild 90 der Rückgang der gemittelten Rautiefen in den folgenden Hüben geringer, so dass die abrasivgestrahlten Werkzeuge im Vergleich zu den anderen Modifikationen nicht nur zu Beginn, sondern auch nach 5.000 Hüben die höchste gemittelte Rautiefe aufweisen.

Die Untersuchungen zeigen, dass die Oberflächen der Niederhalter durch den Einsatz verändert werden. Diese Veränderung ist jeweils modifikationsspezifisch. Im Rahmen der Standardabweichungen ist kein Unterschied bezüglich des Verschleißes zwischen dem Quer- und Rückwärtsfließpressen festzustellen.

## 7.2 Analyse der Auswirkungen des Verschleißes auf die Bauteilmaßhaltigkeit

Im vorherigen Abschnitt wurde eine Veränderung der Niederhalteroberflächen durch den Einsatz nachgewiesen. Die Funktion der reibungseinstellenden und somit stoffflusssteuernden Oberflächenmodifikationen beruht auf deren Topographie [68]. Deshalb ist zu erforschen, wie sich der Verschleiß auf die Bauteilmaßhaltigkeit beim Querfließpressen einer Kavität und Rückwärtsfließpressen eines Zapfens vom Band im Dauerhub auswirkt. Als Zielgrößen zur Bewertung der geometrischen Bauteilmaßhaltigkeit werden entsprechend Abschnitt 5.2 die Bauteilradien in (+x), entgegen (-x) sowie senkrecht (y) zur Vorschubrichtung und die Zapfenhöhe ausgewertet. Da in Bild 90 zu Beginn der Versuche eine höhere Verschleißrate festgestellt wurde, werden zunächst Charakterisierungsintervalle von fünf Bauteilen gewählt und diese kontinuierlich auf eine maximale Intervallweite von 1.500 Werkstücken erhöht.

Bild 92 visualisiert die Bauteilradien in beiden Prozessen in Abhängigkeit der Anzahl an hergestellten Werkstücken. Die Radien sind zur Erhöhung der Vergleichbarkeit zwischen den Prozessen sowie zur Bewertung der Abweichung von der angestrebten Geometrie auf die Soll-Radien normiert. Innerhalb der jeweiligen Niederhaltervarianten treten einheitliche Trends der normierten Radien in +x-, -x- und y-Orientierung auf. Zudem sind die Trends für die jeweiligen Oberflächenmodifikationen im Quer- und Rückwärtsfließpressen gleich. Für mit Referenzwerkzeugen hergestellte Werkstücke sind die normierten Radien im Rahmen der Standardabweichung über 5.000 Bauteile konstant. Bei mit hochvorschubgefrästen Niederhaltern umgeformten Werkstücken steigen die normierten Radien in −x- und y-Orientierung während der ersten 2.000 Bauteilen hingegen tendenziell an – die Maßhaltigkeit der Werkstücke nimmt somit ab – und verbleibt anschließend für 3.000 Umformungen auf einem konstanten Niveau. Für die mit abrasivgestrahlten Werkzeugen gefertigten Werkstücke tritt ein vergleichbares Verhalten auf. So nimmt zum Beispiel im Quer- und Rückwärtsfließpressen der normierte Radius in y-Orientierung während der ersten 2.000 Umformungen von 1,17 ± 0,01 sowie 1,14 ± 0,01 auf 1,20 ± 0,01 sowie 1,16 ± 0,01 zu. Anschließend verbleibt der y-Radius bis zur Umformung von 5.000 Werkstücken mit 1,21 ± 0,01 sowie 1,17 ± 0,01 im Rahmen der Standardabweichung auf einem konstanten Niveau. Die mit abrasivgestrahlten

Niederhaltern hergestellten Werkstücke sind dennoch auch nach 5.000 Hüben deutlich maßhaltiger als die Referenzbauteile.

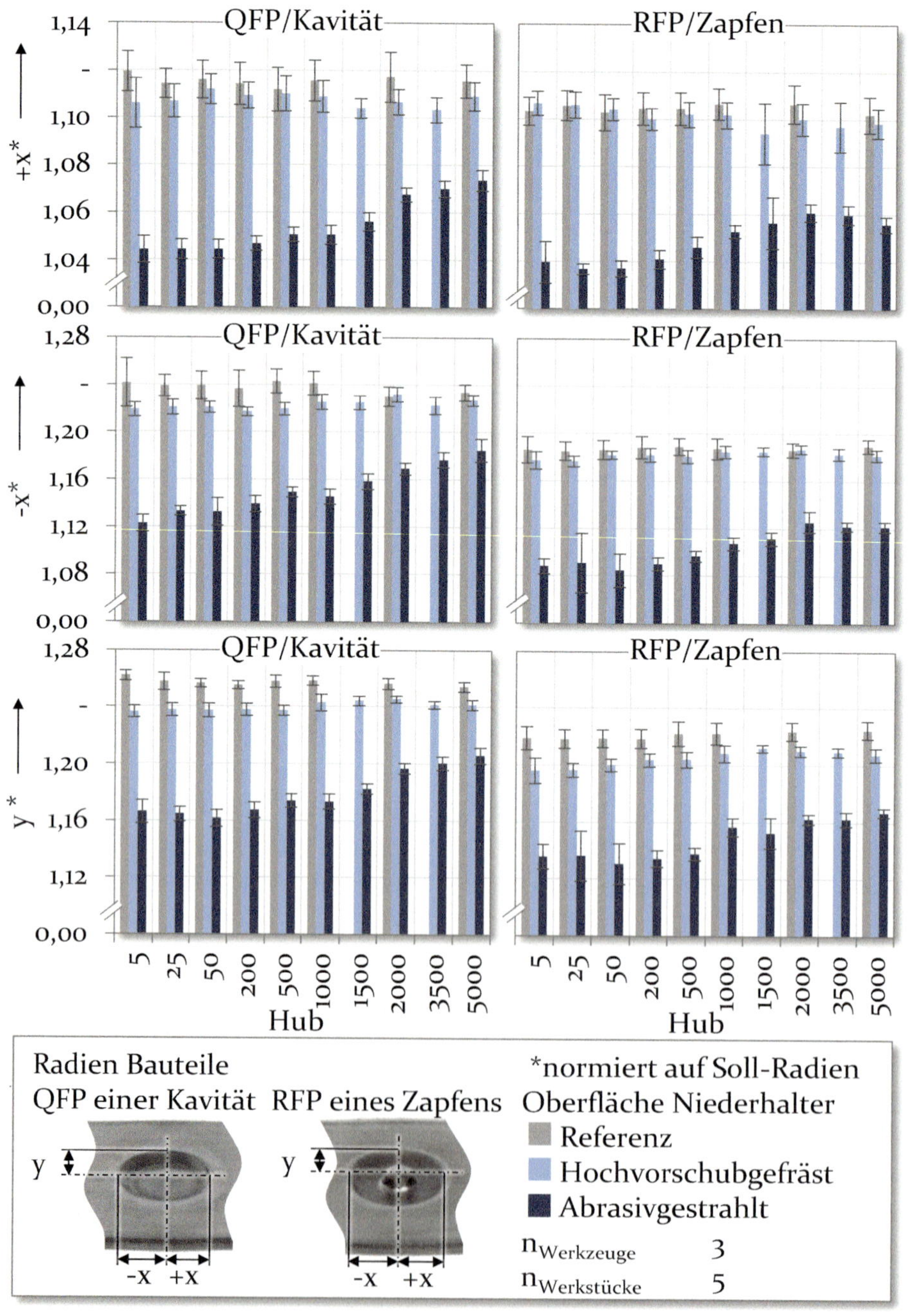


Bild 92: Einfluss der Anzahl an Umformungen auf die normierten Radien

Um die Ursachen der Veränderung der Radien über die Anzahl an gefertigten Bauteilen zu ermitteln, sind in Bild 93 die normierten Radien in y-Orientierung und die Rauheit der Niederhalter korreliert. Die näherungsweise konstanten Radien bei den Referenzbauteilen sind auf die im Vergleich zu den anderen Niederhalteroberflächen sehr geringe Veränderung der Werkzeugrauheit zurückzuführen. Folglich ist die Reibung, welche die Ausformung der Radien beeinflusst, näherungsweise konstant und über 5.000 Hübe näherungsweise einheitliche Radien resultieren.

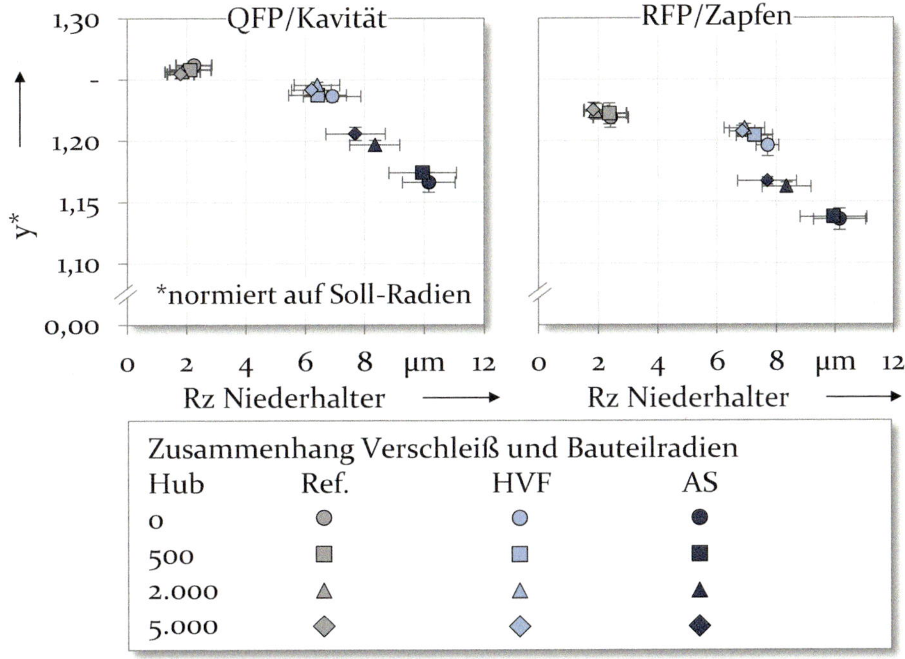


Bild 93: Zusammenhang zwischen den Radien in y-Orientierung und der Veränderung der Rauheit der Niederhalter

Entsprechend Bild 93 besteht für die mit hochvorschubgefrästen sowie abrasivgestrahlten Niederhaltern hergestellten Bauteile in beiden Prozessen ein Zusammenhang zwischen der Rauheit der Niederhalter und den Radien in y-Orientierung. Eine niedrigere Rauheit der Niederhalter bedingt größere Radien in y-Orientierung. In Abschnitt 7.1 wurde nachgewiesen, dass der Rückgang der Niederhalterrauheit auf den abrasiven Verschleiß der Rauheitsspitzen zurückzuführen ist. Die reibungserhöhende Wirkung der Oberflächenmodifikationen wird durch das mechanische Verhaken von werkzeug- und werkstückseitigen Rauheitsspitzen bedingt [159]. Ein Verschleiß dieser Rauheitsspitzen verursacht somit einen Rückgang der lokal an den Niederhaltern wirkenden Reibung. Dadurch geht der zur Stoffflusssteuerung angestrebte Reibfaktorgradient zwischen den Niederhaltern und den restlichen Werkzeugaktivteilen zurück. Wie in Abschnitt 6.1.3 numerisch nachgewiesen (Bild 63), resultiert aus einem niedrigeren Reibfaktorgradienten eine geringere Hemmung des Materialflusses aus der Umformzone. Größere Radien sind die Folge. Der Anstieg der Bauteilradien mit zunehmender Anzahl an Hüben ist somit auf einen Rückgang der reibungserhöhenden Funktion der hochvorschubgefrästen und der abrasivgestrahlten Niederhalter infolge des Verschleißes zurückzuführen.

Neben den Bauteilradien ist im Rückwärtsfließpressen die Zapfenhöhe eine wichtige Zielgröße zur Beschreibung der geometrischen Bauteilmaßhaltigkeit. Der Einfluss der Anzahl an umgeformten Bauteilen auf diese ist in Bild 94 dargestellt.

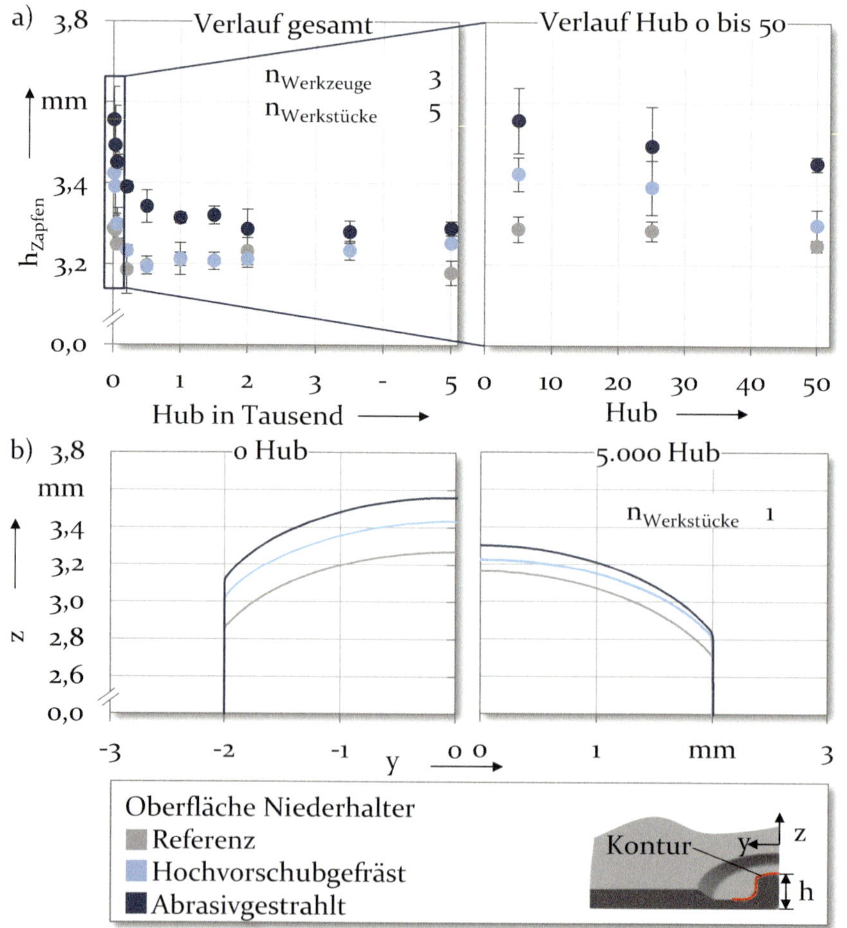


Bild 94: Einfluss der Anzahl an Hüben auf die Zapfenhöhe a) und Kontur der Zapfen b)

Es ist ersichtlich, dass die Zapfenhöhe der mit modifizierten Niederhaltern hergestellten Bauteile sich mit zunehmender Anzahl an Hüben verändert. Bei hochvorschubgefrästen Niederhaltern verringert sich die Zapfenhöhe während der ersten 500 Hüben von 3,42 ± 0,21 mm auf 3,19 ± 0,01 mm. Anschließend ist die Zapfenhöhe tendenziell höher als die der Referenzbauteile. Die Zapfenhöhe der mit abrasivgestrahlten Niederhaltern fließgepressten Bauteile geht während der ersten 1.000 Hüben von 3,56 ± 0,08 mm auf 3,31 ± 0,04 mm zurück und verbleibt die folgenden 4.000 Hübe näherungsweise auf diesem Niveau. Trotz des Rückgangs der Zapfenhöhe bei mit abrasivgestrahlten Niederhaltern hergestellten Bauteilen, werden mit dieser Oberflächenmodifikation immer besser ausgeformte Zapfen als mit den nicht modifizierten Referenzwerkzeugen gefertigt. Dies ist auch an den Konturen der Zapfen zu Beginn und am Ende der Standmengenversuche zu erkennen (Bild 94 b)). Zur Ermittlung der Ursachen für die Veränderung der Ausformung der Zapfen ist in Bild 95 der Zusammenhang zwischen der Höhe der Funktionselemente und der verschleißbedingten Veränderung der Rauheit der modifizierten Niederhalter dargestellt.

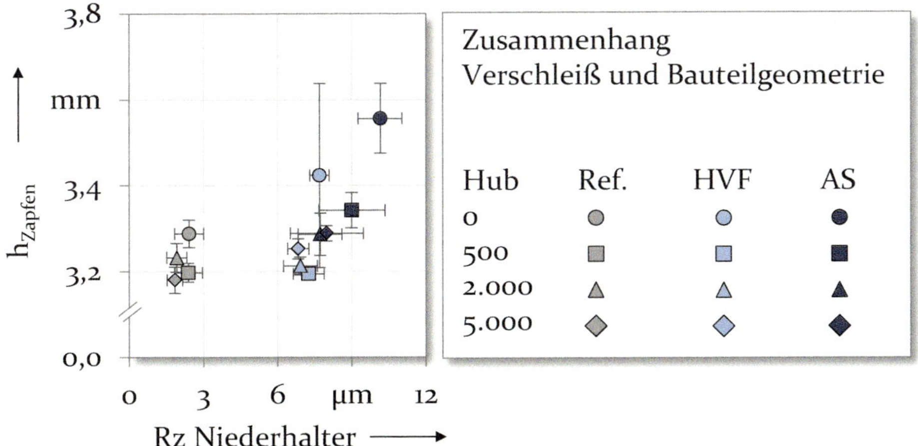


Bild 95: Zusammenhang zwischen der Zapfenhöhe und der Veränderung der Rauheit des Niederhalters im Rückwärtsfließpressen

Entsprechend Bild 95 ist der Rückgang der Zapfenhöhe beim Einsatz abrasivgestrahlter und hochvorschubgefräster Niederhalter auf die in Abschnitt 7.1 identifizierte Verringerung der Niederhalterrauheit infolge von abrasivem Verschleiß der Oberflächenmodifikationen zurückzuführen (Bild 88 und Bild 89). Wie bereits bei der Analyse der Veränderung der Radien diskutiert, nimmt dadurch die am Niederhalter wirkende Reibung und somit der Reibfaktorgradient zu den restlichen Werkzeugaktivteilen ab.

Folglich geht die stoffflusshemmende Wirkung der modifizierten Topographien zurück. Mehr Werkstoff fließt aus der Umformzone. Niedrigere Zapfen werden ausgeformt.

Insgesamt zeigt die Analyse der Bauteile, dass die in Abschnitt 7.1 identifizierten verschleißbedingten Veränderungen der Niederhalteroberflächen die Bauteilmaßhaltigkeit beeinflussen. Folglich ist die Wirksamkeit der Maßnahmen zur Erhöhung der Bauteilmaßhaltigkeit mittels lokal adaptierter Werkzeugoberflächen nicht konstant. Dennoch wurde in Bild 92 und Bild 94 nachgewiesen, dass mit abrasivgestrahlten Niederhaltern im Rahmen der untersuchten Hubanzahl immer Werkstücke gefertigt werden, die maßhaltiger als die Referenzbauteile sind. Insbesondere nach einer Einlaufphase von etwa 2.000 Hüben weisen die abrasivgestrahlten Niederhalter die folgenden 3.000 Hübe eine näherungsweise konstante Wirksamkeit auf. Die Erkenntnisse bezüglich des Verschleiß- und Einsatzverhaltens maßgeschneiderter Werkzeugoberflächen werden in Kapitel 8 zur Bewertung der Maßnahmen und Ableitung von Handlungsempfehlungen genutzt. Bei mit hochvorschubgefrästen Niederhaltern gefertigten Werkstücken ist die Negativgeometrie der Struktur teilweise im Bereich, welcher die Umformzone umschließt, auf die Bauteiloberfläche abgeprägt. Dies ist als unkritisch einzustufen, da dieser Bereich des Bauteils nicht zum Funktionselement des Werkstückes gehört.

# 8 Wissenschaftliche Bewertung der Ergebnisse

Durch numerische und experimentelle Versuche wurden Erkenntnisse bezüglich der Gemeinsamkeiten und Unterschiede der Blechmassivumformung von Bauteilen aus vorbeschnittenen Ronden und vom Band gewonnen. Die Synthese dieser Ergebnisse ermöglicht das Ableiten eines Prozessverständnisses. Hierbei werden insbesondere die bandspezifischen Herausforderungen bezüglich der geometrischen Bauteilmaßhaltigkeit und des Werkzeugbeanspruchungszustandes sowie deren Ursachen dargestellt. Die Bewertung von untersuchten Maßnahmen bezüglich deren Wirksamkeit zur Reduktion der Herausforderungen sowie deren Anwendbarkeit stellen wichtige, praxisrelevante Hinweise dar.

## 8.1 Ableitung eines Verständnisses für das Fließpressen von Bauteilen vom Band

### Werkstofffluss und Bauteilausformung

Die im Rahmen der Prozessanalyse identifizierten werkstückseitigen Herausforderungen sind in allgemeine sowie bandspezifische Problemstellungen zu unterteilen. Allgemeine Herausforderungen treten sowohl bei der Umformung von vorbeschnittenen Ronden als auch von Coil auf.

Beim Rückwärtsfließpressen von Zapfen aus Bandmaterial stellt die Unterfüllung der Funktionselemente eine allgemeine Herausforderung dar (Bild 17). Die begrenzte Zapfenhöhe ist auf einen Stofffluss aus dem Bereich der Funktionselemente, der unter anderem durch umforminduzierte Festigkeitsgradienten bedingt ist, zurückzuführen [184]. Dieser Wirkzusammenhang [36] sowie eine reduzierte Formfüllung der Funktionselemente [173] treten auch beim Fließpressen von vorbeschnittenen Ronden auf. Neben der Unterfüllung des Zapfens bewirkt der Stofffluss aus dem Bereich der Funktionselemente zudem in beiden Prozessen bei der Umformung von vorbeschnittenen Ronden und Bandmaterial zu große Bauteilradien (Bild 15). Die Bauteilradien, welche als der Abstand vom Werkstückzentrum zu den Bauteilkanten definiert sind, sowie die zu geringen Zapfenhöhen verschlechtern das Einsatzverhalten der von Positionier- und Stoppelementen abgeleiteten Bauteilgeometrien.

Eine bandspezifische Herausforderung ist ein anisotroper Stofffluss. Bei der Umformung von zuvor zu kreisförmigen Ronden beschnittenen

Halbzeugen tritt eine rotationssymmetrische Ausformung ohne anisotropen Stofffluss auf. Hierdurch wurde in Abschnitt 5.2.1 der Nachweis erbracht, dass der anisotrope Stofffluss bei der Umformung des zuvor nicht zu Ronden beschnittenen Bandes für den Referenzwerkstoff DC04 nicht auf anisotrope Werkstoffeigenschaften zurückzuführen ist. Stattdessen wird die anisotrope Ausformung der Bauteile beim Fließpressen von Band durch zwei andere Ursachen bedingt. Einerseits tritt ein senkrecht und parallel zur Bandorientierung ungleichmäßiger Stofffluss aus der Umformzone (Bild 14) auf. Hierdurch sind die Radien senkrecht zur Coilorientierung größer als parallel zum Band (Bild 17). Als Ursache wurde in Abschnitt 5.2.1 die bandförmige Halbzeuggeometrie identifiziert. Bei dieser ist der radiale Abstand vom Bauteilzentrum zu den Werkstückkanten nicht wie bei einer kreisförmigen Ronde konstant, sondern variabel. Da bei den untersuchten Prozessen ein seitlich offenes Gesenk eingesetzt wird, ist der Stofffluss aus der Umformzone nur durch die Stützwirkung des das Bauteilzentrum umschließenden Materials begrenzt. Diese Stützwirkung ist auf den Widerstand des Werkstoffes gegen Plastifizieren sowie der Reibung zwischen Werkstück und Werkzeug in diesem Bereich zurückzuführen. Da wie in Bild 15 schematisch dargestellt beim Einsatz von Band der radiale Abstand vom Bauteilzentrum zur Werkstückkante mit zunehmender Orientierung senkrecht zum Coil abnimmt, geht die Stützwirkung in diese Richtung zurück. Ein stärker ausgeprägter Stofffluss senkrecht zum Coil und infolge größere Radien resultieren.

In Abschnitt 5.2.2 wurde ein ungleichmäßiger Stofffluss aus der Umformzone in und entgegen der Vorschubrichtung (Bild 19) als eine weitere bandspezifische Herausforderung identifiziert. Diese bedingt, dass die Radien entgegen größer als in Vorschubrichtung sind (Bild 23). Bei einer Fertigung vom Band im Dauerhub werden mehrere Werkstücke von einem Coil umgeformt. Da die Werkstücke erst in der letzten Stufe vom Coil vereinzelt werden (Bild 11), bestehen wie in Bild 21 schematisch gezeigt Wechselwirkungen zwischen der Umformung der einzelnen Bauteile. In Bild 20 wurde durch Mikrohärtemessungen nachgewiesen, dass durch die Umformung des vorangegangenen Bauteils das Band lokal vorverfestigt wird. Hierdurch steigt die Festigkeit der in Vorschubrichtung (in Richtung des vorherigen Bauteils) orientierten Seite des Coils an. Folglich nimmt der Stofffluss aus der Umformzone in Vorschubrichtung aufgrund der einseitig höheren Festigkeit ab und in entgegengesetzte Richtung zu. Kleinere Radien in Richtung des vorangegangenen Bauteils (in Vorschubrichtung) sowie größere Radien in entgegengesetzte Richtung resultieren (Bild 23). Bestätigt wird dieser Zusammenhang durch die Analyse der Stempelkräfte

(Bild 22). Diese steigen bei der Umformung des zweiten Bauteils im Vergleich zum ersten Werkstück an. Ab der zweiten Umformung ist die Zielgröße konstant. Der Anstieg der Umformkraft bestätigt die lokale Zunahme der Festigkeit des Bands durch die Umformung des vorherigen Bauteils.

Die anisotrope Ausformung der Radien aus den zuvor diskutierten Ursachen tritt beim Querfließpressen von Kavitäten und beim Rückwärtsfließpressen von Zapfen auf. Sie ist somit nicht prozessspezifisch. Lediglich die Ausprägung der ungleichmäßigen Ausformung der Radien ist im Querfließpressen höher als im Rückwärtsfließpressen. Zurückzuführen ist dies darauf, dass im Querfließpressen das gesamte Umformvolumen aus dem Bauteilzentrum in den Bereich des anisotropen Stoffflusses in den Spalt zwischen Nieder- und Gegenhalter durchgedrückt wird, wohingegen beim Rückwärtsfließpressen ein Teil in die Stempelkavität zur Ausformung des Zapfens fließt.

Zur Analyse der Übertragbarkeit der Erkenntnisse auf anspruchsvollere Geometrien werden abstrahierte Verzahnungen gefertigt. Der dabei auftretende Stofffluss sowie die Bauteilgeometrien sind in Bild 96 dargestellt.

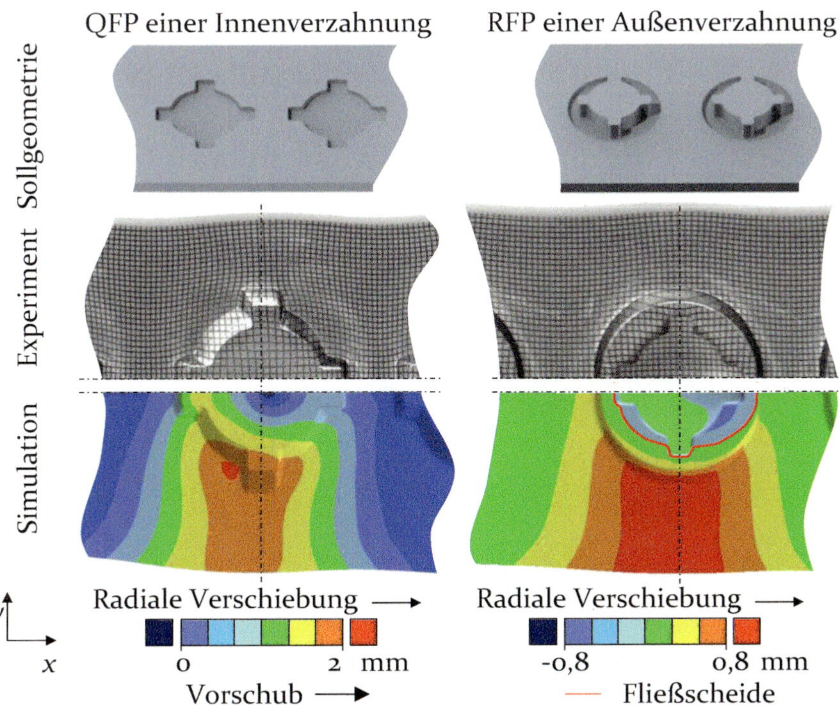


Bild 96: Anisotroper Stofffluss beim Quer- und Rückwärtsfließpressen von abstrahierten Verzahnungen

Die Aufnahmen der umgeformten Bauteile zeigen in beiden Prozessen Abweichungen der Werkstücke von den Sollgeometrien auf. Die Werkstücke sind jeweils ungleichmäßig ausgeformt. Wie bei der Umformung der Kavität und des Zapfens ist der Stofffluss aus der Umformzone senkrecht zum Band höher als parallel. Auch ist der Materialfluss aus dem Bauteilzentrum entgegen größer als in Vorschubrichtung. Dies zeigt, dass die Erkenntnisse bezüglich der anisotropen Bauteilausformung sowie deren Ursachen – die Halbzeuggeometrie sowie die Vorverfestigung, eingebracht durch die Umformung des vorangegangenen Bauteils – potenziell auch auf das Fließpressen von Werkstücken höherer geometrischer Kompliziertheit übertragbar sind.

Die identifizierten stoffflussbestimmenden Wirkzusammenhänge sind bandspezifisch. Sie treten auch beim Einsatz der höherfesten Werkstückwerkstoffe HC260 und DP600 auf. Eine Variation der Ausgangsblechdicke ändert ebenfalls nicht grundlegend den anisotropen Stofffluss. Allerdings verringert eine höhere Blechdicke die anisotrope Ausformung der Radien (Bild 42), da diese insgesamt zurückgehen und somit eine höhere Maßhaltigkeit aufweisen. Entsprechend der schematischen Darstellung in Bild 97, die aus den Materialflussanalysen in Abschnitt 5.5.2 abgeleitet wurde, ist der Grund hierfür, dass das aus dem Bereich der Funktionselemente verdrängte Werkstoffvolumen auf einen größeren Querschnitt verteilt wird (Bild 41). Zudem wird durch die höhere Blechdicke der Widerstand gegen einen Stofffluss aus dem Bereich der Funktionselemente reduziert. Eine geringere Zapfenhöhe im Rückwärtsfließpressen ist die Folge (Bild 43).

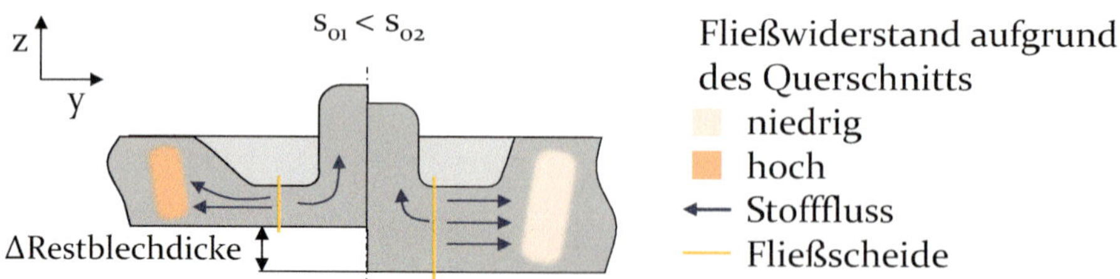


Bild 97: Schematische Darstellung des Einflusses der Ausgangsblechdicke auf die Bauteilausformung

### Werkzeugbeanspruchungszustand

Hohe Prozesskräfte [15] und infolge hohe Werkzeugbeanspruchungen [11] sind bekannte werkzeugseitige Herausforderungen bei der Blechmassivumformung von vorbeschnittenen Ronden. Auch beim Quer- sowie Rückwärtsfließpressen von Bandmaterial treten hohe Umformkräfte (Bild 28) und somit eine Druckbeanspruchung der Stempel (Bild 34) auf. Hierdurch werden diese komprimiert (Bild 35). Da durch das elastische Verformen der Aktivteile der angestrebte untere Totpunkt nicht erreicht wird, sind Maßabweichungen der Bauteile die Folge. Das globale Auffedern der Stempel ist durch ein Nachstellen des Hubes ausgleichbar und deshalb unkritisch. Allerdings ist bei der Auslegung der Prozesse eine ausreichende Hubreserve der eingesetzten Schnellläuferpresse vorzuhalten. Zudem ist bei der Inbetriebnahme der Hub iterativ anzupassen.

Um den Vorteil einer Fertigung vom Band bezüglich einer hohen Ausbringungsmenge zu nutzen, werden kurze Taktzeiten angestrebt. In der Massivumformung steigen die Werkzeugtemperaturen bei der Herstellung einer hohen Anzahl an Bauteilen nach einer Einlaufphase auf bis zu 120°C an [53]. Die Erhöhung der Temperatur ist auf die Umwandlung von Umform- und Reibarbeit in Wärme zurückzuführen. Potenzielle Folgen sind eine Veränderung der mechanischen Werkstückwerkstoffeigenschaften [87] oder der Reibung aufgrund geänderter Schmierstoffeigenschaften [185]. Zudem können Maßabweichungen der Bauteile als Konsequenz der thermisch bedingten Werkzeugausdehnung resultieren. Im Quer- und Rückwärtsfließpressen ist die am Stempel direkt nach der Umformung von jeweils 3.000 Bauteilen gemessene Temperatur mit 36,4 ± 0,2°C und 37,3 ± 1,5°C niedrig. Der geringe Anstieg der Temperatur kann darauf zurückgeführt werden, dass in beiden Prozessen mit jedem Hub weniger als 10 % des neu in das Werkzeugsystem eingeführten Werkstoffvolumens umgeformt werden. Bei der Auslegung von Blechmassivumformprozessen vom Band mit größerer Umformzone ist die Möglichkeit von thermischen Effekten zu berücksichtigen. Ein Ansatz zur Begrenzung des Temperaturanstieges ist die Kühlung der Umformzone durch eine geeignete Schmierung [107].

Neben diesen globalen werkzeugseitigen Herausforderungen bedingt der anisotrope Werkstofffluss in beiden erforschten Prozessen lokale Auswirkungen auf die Werkzeuge. Durch die einseitige und lokale Vorverfestigung des Bands werden in beiden Prozessen die in Vorschubrichtung orientierten Seiten der Stempel mit höheren Kontaktnormaldrücken beansprucht (Bild 32). Der einseitig höhere Druckspannungszustand resultiert in einer höheren elastischen Komprimierung dieser Stempelseiten (Bild 35). Die hieraus entstehende Biegung der Stempel ist potenziell kritisch für die Standmenge der Aktivteile und kann die Werkzeugermüdung beeinflussen [53]. Des Weiteren kann ein ungleichmäßiges Auffedern der Stempel insbesondere bei größeren Bauteildurchmessern ungleichmäßige Restblechdicken und somit Maßabweichungen verursachen. Es ist deshalb neben den anderen werkzeug- und werkstückseitigen Herausforderungen bei der Auslegung von Fließpressprozessen vom Band zu berücksichtigen.

## 8.2 Bereitstellung und Bewertung von Maßnahmen zur Erweiterung der Prozessgrenzen beim Fließpressen von Kavitäten und Zapfen

Um der Herausforderung der begrenzten Bauteilmaßhaltigkeit entgegenzuwirken und damit das Anwendungspotential des Fließpressens von Kavitäten und Zapfen vom Band zu erhöhen, sind Maßnahmen zur Stoffflusssteuerung bereitzustellen. Hierzu wurden in Kapitel 6 die Wirkmechanismen werkstück-, prozess- sowie werkzeugseitiger Maßnahmen erforscht und deren Verschleißverhalten in Kapitel 7 analysiert. In Bild 98 werden die Erkenntnisse vergleichend zusammengefasst und die Ansätze bewertet.

**Wirkung**
↑ Anstieg
↓ Abnahme
**Bewertung**
Positiv
Negativ

| | | | Maßnahme | | | | | | | |
|---|---|---|---|---|---|---|---|---|---|---|
| | | | Bandbreite ↑ | | Vorschubweite ↑ | | Reibung Niederhalter ↑ | | Stempelgeometrie | |
| | | | QFP/ Kavität | RFP/ Zapfen | QFP/ Kavität | RFP/ Zapfen | QFP/ Kavität | RFP/ Zapfen | QFP/ Kavität | RFP/ Zapfen |
| Wirksamkeit | Bauteilausformung | Größe der Radien | ↓ | ↓ | → | → | ↓ | ↘ | → | → |
| Wirksamkeit | Bauteilausformung | Gleichmäßigkeit der Radien | ↑ | ↑ | ↗ | ↗ | ↑ | ↗ | ↑ | ↑ |
| Wirksamkeit | Bauteilausformung | Zapfenhöhe | | ↑ | | ↘ | | ↗ | | → |
| Wirksamkeit | Umformkraft | | ↑ | ↗ | ↘ | ↘ | ↑ | ↗ | → | → |
| Wirksamkeit | Werkzeugbeanspruchungen | | ↑ | ↗ | ↘ | ↘ | ↑ | ↗ | ↘ | ↘ |
| Anwendbarkeit | | | ↗ | | → | | ↑ | | → | |

Bild 98: Bewertung der Maßnahmen zur Erweiterung der Prozessgrenzen beim Fließpressen von Kavitäten und Zapfen vom Band

Als Bewertungskriterium wird neben der Wirksamkeit die Anwendbarkeit evaluiert. Das Kriterium der Wirksamkeit ist bezüglich der Eignung der Maßnahme zur Verbesserung der Bauteilausformung sowie den Auswirkungen auf die Umformkraft und die Werkzeugbeanspruchung untergliedert. Kriterien zur Bewertung der Anwendbarkeit sind die Auswirkung auf die Materialeffizienz der Prozesse sowie das Verschleißverhalten der Maßnahme. Ein Vorteil der Blechmassivumformung sind kurze Prozessketten mit einer geringeren Anzahl an Stufen als konventionelle Prozesse [15]. Aus diesem Grund verlängern sämtliche erforschten Maßnahmen als Grundvoraussetzung nicht die Prozesskette.

### Adaption der Bandbreite

Durch die Vergrößerung der Bandbreite wird, wie in Bild 99 visualisiert, die Stützwirkung gegen einen Stofffluss aus der Umformzone senkrecht zur Vorschubrichtung erhöht. Der anisotrope Stofffluss in der Blechebene, insbesondere der Materialfluss senkrecht zur Vorschubrichtung, wird im Quer- und Rückwärtsfließpressen gehemmt (Bild 48). Eine Ursache hierfür ist, dass durch das breitere Band die Kontaktfläche und somit die Reibung zwischen Werkzeug und Werkstück senkrecht zur Vorschubrichtung zunimmt. Der zusätzliche Werkstoff infolge des bereiteren Bands erhöht zudem den Widerstand gegen Plastifizieren. Durch beide Ursachen wird der Widerstand gegen den Stofffluss in der Blechebene in, entgegen und senkrecht zur Vorschubrichtung angeglichen. Wie in Abschnitt 6.1.1 numerisch (Bild 47) und in Abschnitt 6.2.1 experimentell (Bild 75) gezeigt, sind einheitlichere Bauteilradien die Folge. Der bandspezifischen Herausforderung der ungleichmäßigen Radien wird entgegengewirkt.

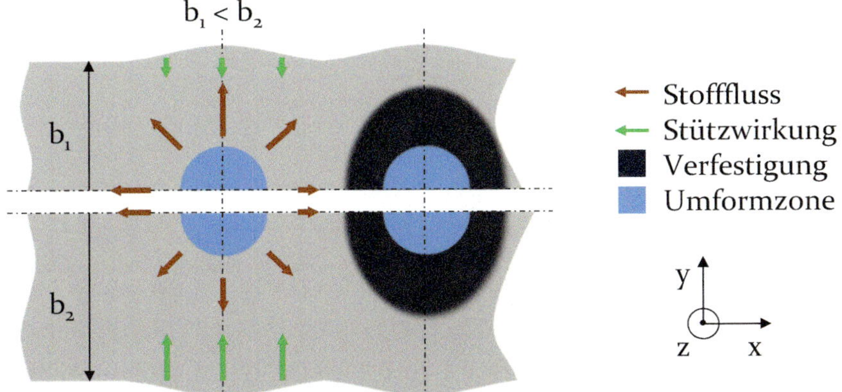


Bild 99: Schematische Darstellung des Einflusses der Adaption der Bandbreite auf den Stofffluss

Zudem nehmen die Radien ab, da der senkrecht zur Vorschubrichtung gehemmte Stofffluss ebenfalls eine bessere Ausformung der parallel zum Band orientierten Radien bedingt (Bild 75). Außerdem fließt im Rückwärtsfließpressen durch den höheren Widerstand gegen einen Stofffluss aus der Umformzone ein größerer Anteil des umgeformten Werkstoffvolumens in die Stempelkavität. Ein höherer Zapfen wird ausgeformt (Bild 76). Folglich wird durch diesen Ansatz auch den allgemeinen werkstückseitigen Herausforderungen entgegengewirkt.

Beim Einsatz dieser Maßnahme ist zu berücksichtigen, dass – wie in Bild 49 gezeigt – bei einer lediglich geringen Erhöhung der Bandbreite aufgrund des senkrecht zur Vorschubrichtung reduzierten Stoffflusses ein Materialfluss in das vorherige Bauteil auftreten kann. Hierdurch wird dieses Bauteil deformiert und dessen geometrische Maßhaltigkeit reduziert. Bei einer weiteren Erhöhung der Bandbreite wird das Deformieren des vorangehenden Bauteils durch die höhere Stützwirkung verhindert. Die Bauteilmaßhaltigkeit bleibt erhalten.

Neben dem Stofffluss beeinflusst die Bandbreite die Werkzeugbeanspruchungen. Aufgrund des höheren Widerstands gegen einen Stofffluss aus der Umformzone in den Spalt zwischen Gegen- und Niederhalter nehmen in beiden Prozessen die Umformkräfte zu (Bild 77). Infolge steigen auch die Werkzeugbeanspruchungen an. Im Querfließpressen ist der Anstieg der Umformkräfte und Werkzeuglasten stärker als im Rückwärtsfließpressen (Bild 52). Ursächlich ist, dass der angestiegene Widerstand gegen die Hauptstoffflussrichtung des Querfließpressens wirkt. Beim Rückwärtsfließpressen weicht der nach außen reduzierte Materialfluss hingegen in die Stempelkavität aus.

Die Anpassung der Bandbreite hat in beiden Prozessen eine hohe Wirksamkeit zur Angleichung der anisotropen Bauteilausformung sowie zur Erhöhung der Formfüllung des Zapfens und Reduktion der Radien. Deshalb ist dieser Ansatz eine geeignete Maßnahme zur Verbesserung der geometrischen Bauteilmaßhaltigkeit. Da der Ansatz werkstückseitig angewendet wird, weist er zudem eine konstante Wirksamkeit auf. Diese wird nicht durch die Anzahl an umgeformten Bauteilen beeinflusst. Folglich ist die Maßnahme für die Fertigung von Bauteilen mit einheitlichen Eigenschaften ohne durch den Ansatz verursachte Prozessschwankungen geeignet. Allerdings ist für eine starke Verbesserung der geometrischen Bauteilmaßhaltigkeit eine deutliche Erhöhung der Bandbreite notwendig. Ein Ziel der Blechmassivumformung ist eine hohe Materialeffizienz durch geringen Werkstoffeinsatz [54]. Ein breiteres Band erhöht den Werkstoffbedarf und reduziert damit die Materialeffizienz. Dies widerspricht somit der Zielsetzung. Deshalb ist vor der Anwendung einer erhöhten Bandbreite zu prüfen, ob die angestrebte geometrische Bauteilmaßhaltigkeit durch einen anderen Ansatz erreichbar ist. Beim Einsatz dieser Maßnahme ist die Bandbreite nur so weit zu erhöhen, dass die notwendige Bauteilmaßhaltigkeit erreicht wird.

### Adaption der Vorschubweite

Durch die Erhöhung der Referenzvorschubweite wird der ungleichmäßige Stofffluss in und entgegen der Bandorientierung, welcher auf die lokale Vorverfestigung des Bandes durch die Umformung des vorangegangenen Werkstückes zurückzuführen ist, reduziert (Bild 56). Der zugrundeliegende Wirkmechanismus ist in Bild 100 visualisiert. Wie in Abschnitt 6.1.2 durch die Analyse der Umformgradverteilung bei verschiedenen Vorschubweiten nachgewiesen (Bild 55), reduziert sich der Einfluss der lokalen Bandvorverfestigung bei einer Erhöhung des Vorschubs durch den größeren Abstand zwischen den Bauteilen. Folglich geht die anisotrope Ausformung der in die jeweiligen Richtungen orientierten Bauteilradien in beiden Prozessen zurück (Bild 54).

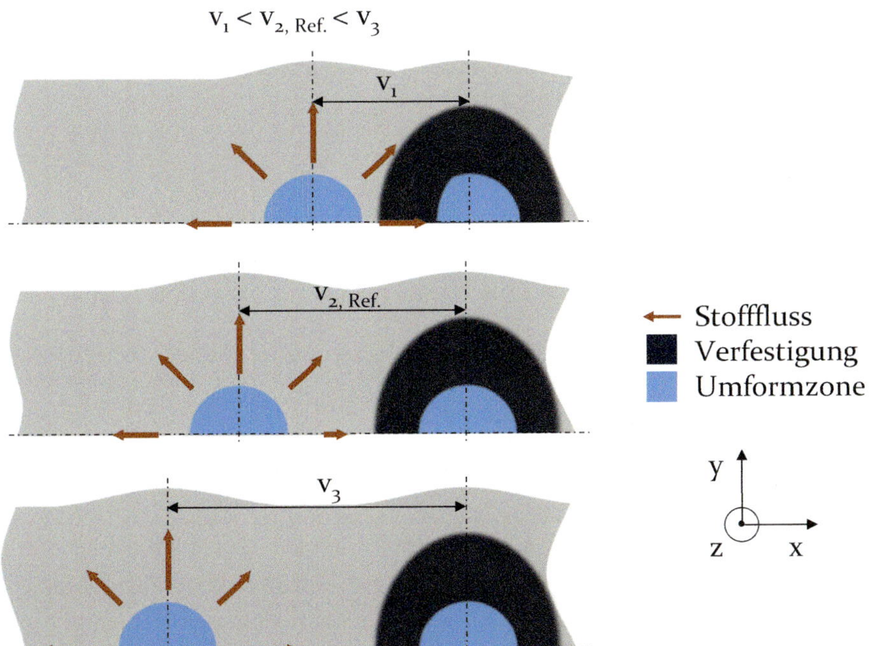


Bild 100: Schematische Darstellung des Einflusses der Adaption der Vorschubweite auf den Stofffluss

Der ungleichmäßige Materialfluss parallel und senkrecht zur Bandorientierung wird durch eine Variation der Vorschubweite nicht verringert (Bild 56). Zudem geht im Rückwärtsfließpressen bei einer Erhöhung des Abstands zwischen den Bauteilen die Formfüllung des Zapfens zurück (Bild 59). Dies ist auf den geringeren Einfluss der lokalen Vorverfestigung und der damit verbundenen Zunahme des Materialflusses aus dem Bereich der Funktionselemente in die Vorschubrichtung zurückzuführen.

Entsprechend Bild 100 ist bei der Wahl eines zu geringen Abstands zwischen den Werkstücken die Stützwirkung des Werkstoffes zwischen den Bauteilen nicht ausreichend, um einen Stofffluss in das vorherige Werkstück zu unterbinden (Bild 57). Die geometrische Maßhaltigkeit des vorherigen Bauteils wird durch die Umformung des folgenden Werkstückes verschlechtert. Folglich ist bei der Auslegung von Blechmassivumformprozessen vom Band darauf zu achten, dass der aus dem Vorschub resultierende Abstand ausreichend groß gewählt wird, um diesen Effekt zu verhindern. Da die Bauteilgeometrie das aus der Umformzone in den Bereich zwischen Nieder- und Gegenhalter durchgedrückte Werkstoffvolumen und somit den Stofffluss in Vorschubrichtung beeinflusst, ist der minimale Abstand zwischen den Bauteilen in Abhängigkeit der Bauteilgeometrie zu bestimmen. Wie in Abschnitt 6.1.2 nachgewiesen, ist bei einem Prozess mit ausgeprägtem Stofffluss in die Zone zwischen Nieder- und Gegenhalter, wie zum Beispiel dem Querfließpressen, ein größerer minimaler Abstand zwischen den Bauteilen als bei Prozessen mit geringerem Stofffluss aus der Umformzone notwendig (Bild 58).

Zudem besteht bei Bauteilen, bei denen primär die Maßhaltigkeit der inneren Funktionselemente relevant ist, die Option, durch eine gezielte Reduktion der Vorschubweite deren Formfüllung zu erhöhen. Zurückzuführen ist dieser Anstieg auf die lokale Vorverfestigung, welche den Stofffluss aus dem Bereich der Funktionselemente hemmt.

Aufgrund des abnehmenden Einflusses der lokalen Vorverfestigung bei einer Erhöhung des Abstandes zwischen den Bauteilen gehen in beiden Prozessen die benötigten maximalen Umformkräfte (Bild 60) sowie Werkzeugbeanspruchungen (Bild 61) zurück. Nur im Querfließpressen bewirkt eine Reduktion der Vorschubweite unter den Referenzwert ebenfalls eine geringere Stempelkraft sowie Werkzeugbeanspruchung. Dies ist darauf zurückzuführen, dass durch den geringeren Abstand zum vorherigen Bauteil und den damit einhergehenden Stofffluss in dieses Werkstück der Widerstand gegen die Hauptstoffflussrichtung des Prozesses lokal abnimmt.

Wie die Variation der Bandbreite ist auch die Adaption der Vorschubweite ein Ansatz zur Stoffflusssteuerung, deren Wirksamkeit nicht durch die Anzahl an umgeformten Bauteilen beeinflusst wird. Allerdings ist die Wirksamkeit der Adaption der Vorschubweite zur Stoffflusssteuerung im Vergleich zu den anderen erforschten Ansätzen gering. Durch die Maßnahme wird nicht der ungleichmäßige Stofffluss parallel und senkrecht zur Bandorientierung angeglichen. Lediglich der Stofffluss in sowie entgegen der Vorschubrichtung wird bei einer Erhöhung des Abstands zwischen den Bauteilen einheitlicher. Auch wird den allgemeinen Herausforderungen – die zu großen Radien und zu geringen Zapfenhöhen – nicht entgegengewirkt. Die Erhöhung der Vorschubweite reduziert zudem die Materialeffizienz, da der Werkstoffeinsatz je hergestelltem Werkstück zunimmt. Vor diesem Hintergrund ist die Adaption des Abstandes zwischen den Bauteilen nur bedingt als stoffflusssteuernde Maßnahme zu empfehlen. Stattdessen sollte die Vorschubweite bei der Prozessauslegung minimiert werden. Hierbei ist als untere Grenze der Vorschubweite zu berücksichtigen, dass die Maßhaltigkeit des vorherigen Bauteiles nicht durch die Umformung des nächsten Bauteils beeinflusst wird.

### Lokale Adaption der Reibung durch Modifikation der Werkzeugoberflächen

Die lokale Reibungserhöhung am Niederhalter durch modifizierte Werkzeugoberflächen ist in beiden Prozessen geeignet, die anisotrope Ausformung der Bauteilradien senkrecht und parallel sowie in und entgegen der Vorschubrichtung zu reduzieren (Bild 63). Sie verringert somit entsprechend Bild 101 die bandspezifischen Herausforderungen.

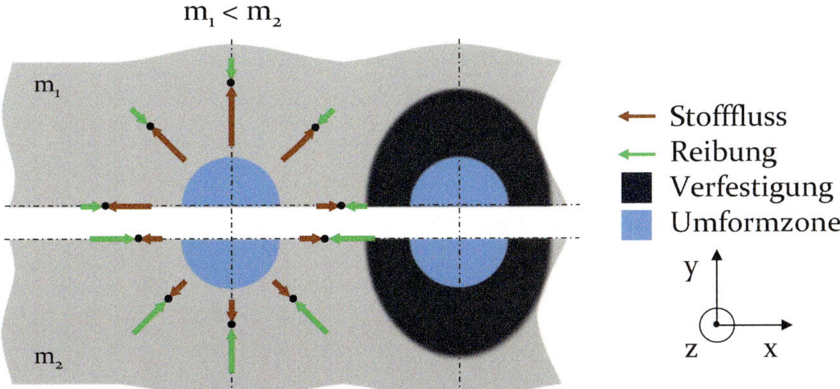


Bild 101: Schematische Darstellung des Einflusses der lokalen Adaption der Reibung am Niederhalter auf den Stofffluss

Zudem werden die Radien insgesamt kleiner und somit maßhaltiger. In Abschnitt 6.1.3 wurde numerisch und in Abschnitt 6.2.3 experimentell nachgewiesen, dass dies ist auf den Reibfaktorgradienten zwischen dem Niederhalter und den restlichen Werkzeugoberflächen zurückzuführen. Hiermit ist ein höherer Widerstand gegen einen Stofffluss aus dem Bereich der Funktionselemente verbunden. Im Rückwärtsfließpressen wird deshalb die Fließscheide nach außen verlagert (Bild 64). Die Zapfenhöhe (Bild 65) steigt an. Mit dem im Rahmen des untersuchten Parameterraums höchsten Reibfaktorgradienten von 0,4 werden sowohl in den numerischen als auch in den experimentellen Untersuchungen die Bauteile mit der höchsten Maßhaltigkeit erzielt.

Der aus dem Bereich der Funktionselemente gehemmte Stofffluss verursacht in beiden Prozessen einen Anstieg der maximalen Umformkraft (Bild 66) sowie der Werkzeugbeanspruchungen (Bild 67). Die Zunahme beider Zielgrößen ist im Quer- höher als im Rückwärtsfließpressen, da die lokale Reibungsanpassung gegen die Hauptstoffflussrichtung des Querfließpressens wirkt.

Die Wirksamkeit der lokalen Reibungsanpassung zur Reduktion des anisotropen Stoffflusses sowohl senkrecht als auch parallel sowie in und entgegen der Vorschubrichtung, aber auch zur Verbesserung der Formfüllung des Zapfens und Verringerung der Radien, ist hoch. Im Gegensatz zu einer Adaption der Bandbreite oder Vorschubweite wird durch eine lokale Reibungsanpassung nicht der Werkstückwerkstoffverbrauch erhöht. Die Materialeffizienz des Prozesses ist konstant. Experimentell ist die Reibungsanpassung durch die Adaption der Niederhaltertopographie zu erreichen. Durch abrasivgestrahlte Niederhalter werden im Vergleich zu den Referenz- oder hochvorschubgefrästen Oberflächen die Bauteile mit der höchsten Maßhaltigkeit hergestellt (Bild 83). Die Ursache hierfür ist, dass durch abrasivgestrahlte Oberflächen im Rahmen der untersuchten Werkzeugtopographien der höchste Reibfaktorgradient einstellbar ist. Nachteilig im Vergleich zu den anderen stoffflusssteuernden Ansätzen ist die Möglichkeit, dass die Wirkung der lokalen Reibungsanpassung durch Verschleiß an den Oberflächenmodifikationen beeinflusst wird. Allerdings haben Standmengenuntersuchungen in Kapitel 7 gezeigt, dass die Wirksamkeit der abrasivgestrahlten sowie hochvorschubgefrästen Oberflächen nach einer Einlaufphase von 1.000 bis 2.000 Bauteilen in beiden Prozessen näherungsweise konstant ist (Bild 92 und Bild 94). Sowohl bei den hochvorschubgefrästen (Bild 88) als auch bei den abrasivgestrahlten (Bild 89) Niederhaltern ist Abrasion der dominierende Verschleißmechanismus während der

Einlaufphase. Ein möglicher Ansatz zur Verbesserung der Verschleißbeständigkeit wäre die Beschichtung der Oberflächen mit chrombasierten Hartstoffschichten [136]. Im Kugel-Scheibe-Tribometer wurde durch den Einsatz einer derartigen Schicht auf einer hochvorschubgefrästen Oberfläche eine Reduktion des Verschleißes erzielt [186]. Unabhängig von der Einlaufphase werden durch die abrasivgestrahlten Niederhalter in beiden Prozessen während der jeweils durchgeführten 5.000 Hüben immer geringere Bauteilradien (Bild 92) sowie im Rückwärtsfließpressen größere Zapfenhöhen (Bild 94) erreicht. Somit haben werkzeugseitige Reibungsanpassungen ein hohes Potential für die Anwendung und Realisierung von Fließpressprozessen zur Herstellung von Werkstücken vom Band. Sie wirken den allgemeinen und bandspezifischen Herausforderungen entgegen ohne die Prozesskette zu verlängern oder die Materialeffizienz zu verschlechtern.

**Adaption der Stempelgeometrie**

Die Adaption der kreisförmigen Stempelquerschnitte zu elliptischen Formen entsprechend Bild 68 stellt in beiden Prozessen einen weiteren Ansatz zur Beeinflussung der Bauteilmaßhaltigkeit dar. In Abschnitt 6.1.4 wurde identifiziert, dass durch elliptische Stempelquerschnitte, deren lange Durchmesser in Vorschubrichtung orientiert sind, die ungleichmäßigen Radien kompensiert werden. In, entgegen und senkrecht zur Vorschubrichtung werden im Quer- und Rückwärtsfließpressen durch diese Maßnahme näherungsweise einheitliche Radien ausgeformt (Bild 69). Der anisotrope Stofffluss aus der Umformzone oder dessen Ursachen werden durch die Maßnahme hingegen nicht beeinflusst (Bild 70). Zudem wird weder die Zapfenhöhe erhöht (Bild 71), noch werden die zu großen Radien reduziert (Bild 69).

Die angepassten Stempelgeometrien bewirken in beiden Prozessen einen minimalen Rückgang der maximalen Umformkräfte (Bild 72). Dieser ist auf das geringfügig niedrigere Umformvolumen infolge der geometrischen Anpassungen zurückzuführen. Auch reduzieren sich die Spannungen in den Stempeln (Bild 73), einerseits aufgrund der niedrigeren Umformkräfte, andererseits, weil durch die adaptierte Werkzeuggeometrie der Querschnitt im hochbeanspruchten Bereich der Stempel zunimmt.

Adaptierte Stempelgeometrien sind nur zur Kompensation der ungleichmäßigen Radien als bandspezifische Herausforderung geeignet. Im Vergleich zu einer Adaption der Bandbreite oder Vorschubweite verringern sie nicht die Materialeffizienz. Auch besteht nicht das Risiko von verschleißbedingten Prozessschwankungen wie bei lokalen Reibungsanpassungen über modifizierte Werkzeugoberflächen. Allerdings ist die Maßnahme nicht in der Lage, den allgemeinen Herausforderungen – die zu kleinen Zapfen und zu großen Radien – entgegenzuwirken. Deshalb stellt die Adaption der Werkzeuggeometrie nur eine geeignete Maßnahme dar, wenn ausschließlich ein Ausgleich der bandspezifischen Herausforderungen angestrebt wird.

# 9 Zusammenfassung und Ausblick

Durch die Blechmassivumformung werden funktionsintegrierte Leichtbauteile effizient gefertigt. Diese Funktionsbauteile werden häufig in hohen Stückzahlen benötigt. Aktuell fokussiert ein Großteil der Forschung auf die Umformung vorbeschnittener Ronden. Eine Fertigung vom Band hat hingegen durch den Wegfall von Greifersystemen den Vorteil eines vereinfachten Bauteilhandlings und somit höherer Ausbringungsmengen. Allerdings tritt beim Einsatz von Coil ein anisotroper Werkstofffluss auf. Dieser limitiert die Maßhaltigkeit der Teile. Vor diesem Hintergrund wurde ein grundlegendes Prozessverständnis für die Blechmassivumformung vom Band in einem Quer- sowie Rückwärtsfließpressprozess erarbeitet. Zudem wurden Maßnahmen zur Verbesserung der Bauteilmaßhaltigkeit erforscht.

Durch den Einsatz von vorbeschnittenen Ronden und Band in beiden Prozessen wurde der Einfluss der Halbzeuggeometrie auf die Umformung ermittelt. Eine gemeinsame Herausforderung der Blechmassivumformung von Ronden und Band ist ein Stofffluss aus der Umformzone. Dieser bedingt eine begrenzte Maßhaltigkeit der Werkstücke. Zusätzlich ist die Bauteilausformung beim Fließpressen vom Coil als bandspezifische Herausforderung anisotrop. Es wurde identifiziert, dass dies einerseits auf die bandförmige Halbzeuggeometrie zurückzuführen ist. Hierdurch ist der Stofffluss aus der Umformzone senkrecht zur Bandorientierung ausgeprägter als parallel zum Coil. Andererseits wird bei einer Umformung im Dauerhub das Coil einseitig durch die Umformung des vorangegangenen Bauteiles verfestigt. Dies bedingt einen in diese Orientierung reduzierten Stofffluss aus der Umformzone. Ein derartiger Materialfluss tritt in beiden Prozessen sowie bei Variation des Werkstoffes oder der Ausgangsblechdicke auf. Er ist somit bandspezifisch. Eine Reduktion der Blechdicke bewirkt allerdings einen geringeren Stofffluss aus der Umformzone und somit eine bessere Formfüllung des Funktionselementes im Rückwärtsfließpressen. Die Anisotropie des Stoffflusses nimmt bei geringeren Blechdicken in beiden Prozessen zu. Der anisotrope Materialfluss beeinflusst die Werkzeugbeanspruchungen. Die Stempel werden durch die hohe axiale Belastung elastisch gestaucht. Diese Deformation ist durch das Nachstellen des Stempelhubes ausgleichbar. Zudem tritt eine lokale Biegung der Stempel, ausgelöst durch die ungleichmäßige Vorverfestigung des Bands und den somit anisotropen Kontaktdruck in der Wirkfuge, auf. Dies ist bei der Auslegung von Fließpressprozessen vom Band zu berücksichtigen, um Abweichungen der Bauteilgeometrie durch eine anisotrope Werkzeugauffederung oder vorzeitigen Werkzeugausfall infolge von Ermüdung durch Biegebeanspruchung zu vermeiden.

Es wurden Ansätze zur Verringerung des anisotropen Stoffflusses bereitgestellt. Eine Erhöhung der Bandbreite reduziert aufgrund höherer Stützwirkung in beiden Prozessen den Stofffluss senkrecht sowie parallel zur Vorschubrichtung aus der Umformzone. Somit wird die Bauteilmaßhaltigkeit verbessert. Gleichzeitig nimmt die Materialeffizienz ab. Durch eine Vergrößerung des Vorschubs wird der ungleichmäßige Stofffluss in und entgegen der Bandorientierung angeglichen. Der Stofffluss senkrecht zur Bandorientierung wird nicht beeinflusst. Deshalb ist dieser Ansatz nur bedingt geeignet. Durch den Einsatz von angepassten Stempelgeometrien wird den bandspezifischen Herausforderungen entgegengewirkt. Elliptische statt kreisförmige Stempelquerschnitte gleichen die ungleichmäßige Ausformung der Bauteile infolge des anisotropen Stoffflusses aus. Eine Reduktion des Stoffflusses aus der Umformzone als allgemeine Herausforderung findet nicht statt. Somit wird durch die Adaption der Stempelgeometrie nicht die Ausformung des Funktionselementes im Rückwärtsfließpressen verbessert. Das höchste Potential wurde für eine lokale Reibungsanpassung durch modifizierte Niederhalteroberflächen identifiziert. Diese verringern den anisotropen Stofffluss in sämtliche Orientierungen bei gleichbleibender Materialeffizienz und verbessern die Maßhaltigkeit der Bauteile. Durch Abrasivstrahlen modifizierte Werkzeugoberflächen verbessern nach einer Einlaufphase konstant die Bauteilmaßhaltigkeit für mindestens 5.000 Werkstücke.

Die Erkenntnisse dieser Arbeit sind in zukünftigen Untersuchungen durch das Erforschen der Fertigung weiterer Bauteilgeometrien zu vertiefen. Es ist unter anderem zu erforschen, wie sich der anisotrope, bandspezifische Stofffluss auf das Ausformen von Funktionselementen wie Verzahnungen auswirkt. Hierbei ist ein Verständnis dafür zu schaffen, ob die Zähne unterschiedlich stark füllen und wie diese zyklisch-symmetrischen Bauteile im Band zu orientieren sind. Die im Rahmen der Arbeit erforschten stoffflusssteuernden Maßnahmen sind für eine Materialflussteuerung bei nicht rotationssymmetrischen Bauteilen zu qualifizieren. Des Weiteren ist ein Verständnis für das Fließpressen von Bauteilen in mehrstufigen Umformoperation vom Band zu erarbeiten. Hierbei ist unter anderem auf das Potential einer Adaption des Bandlayouts, also der Stadienplanung sowie des Bandbeschnitts, zur Stoffflussteuerung zu fokussieren.

# 10 Summary and outlook

By sheet-bulk metal forming functionally integrated lightweight components are produced in an efficient way. Such workpieces are often required in large quantities. Currently, a majority of the research concerning sheet-bulk metal forming focuses on the processing of pre-cut blanks. Production from coil, on the other hand, has the advantage of simplified component handling and thus higher output quantities due to the elimination of gripper systems. However, an anisotropic material flow occurs when using coil, which limits the geometrical accuracy of parts. Considering this, a basic process understanding for sheet-bulk metal forming from coil in a lateral as well as a backward-extrusion process was developed. In addition, measures for improving geometrical component accuracy were researched.

By applying coil and pre-cut blanks in both processes, the influence of the semi-finished product geometry on the processes was determined. A common challenge in sheet-bulk metal forming of blanks and coil is a material flow out of the forming zone. This causes limited geometrical accuracy of the workpieces. Additionally, as a coil-specific challenge, the shape of the parts is anisotropic. It was identified that on the one hand this is due to the coil-shaped semi-finished geometry. As a result, the material flow from the forming zone perpendicular to the coil orientation is more pronounced than parallel to the coil. On the other hand, in the case of forming in a continuous stroke, the coil is locally pre-hardened on one side by the forming of the previous component. This causes a reduced material flow out of the forming zone in this orientation. Such an unequal material flow occurs in both processes and when the material or the initial sheet thickness is varied. It is therefore coil-specific. However, a reduction in sheet thickness results in less material flow from the forming zone and thus better die filling of the functional element in backward-extrusion. The anisotropy of the material flow increases with lower sheet thicknesses in both processes.

The material flow influences the tool loads. A global deflection of the tools occurs, which can be compensated by adjusting the stroke. In addition, local bending of the dies appears, induced by the unequal pre-hardening of the coil and thus anisotropic contact pressure between workpiece and tool. This must be considered when designing extrusion processes from coil in order to avoid deviation of the component geometry due to an anisotropic tool deflection or premature tool failure because of fatigue caused by bending stresses.

Measures to counteract the anisotropic material flow were investigated. An increase in coil width reduces the material flow perpendicular and parallel to the feed direction due to a higher supporting effect in both processes. This improves the geometrical accuracy of the components, while at the same time reducing the material efficiency of the processes. By increasing the feed width, the unequal material flow in and opposite to the coil orientation is balanced. Since this approach does not influence the material flow perpendicular to the coil orientation, it is of limited practical use. By applying adapted die geometries, the coil-specific challenges are met. Elliptical instead of circular cross sections of the dies compensate the unequal forming of the components. However, no reduction of the material flow from the forming zone as a common challenge of blanks and coil is achieved. Thus, the forming of the functional element in backward-extrusion is not improved. The highest potential was identified for a local friction adjustment by modified blankholder surfaces. These reduce the anisotropic material flow in all orientations while maintaining high material efficiency. After a running-in phase, the modified tool surfaces constantly improve the geometrical accuracy of the produced parts for at least 5,000 parts.

The findings of this thesis should be deepened in future investigations by the research of the forming of further component geometries. One of the things to be focused is how the anisotropic, coil-specific material flow influences the forming of functional elements such as gears. In this context, an understanding of whether the gears fill differently depending on their orientation to the feed direction and how these cyclically symmetrical components should be oriented in the coil has to be created. The measures for a material flow control researched in this thesis should be qualified for non-axially symmetrical components. Furthermore, an understanding of the extrusion of components in multi-stage forming operations from the coil has to be developed. Among other things, the potential of an adaptation of the coil layout, consisting of the forming step sequence and the cutting of the coil, for a material flow control should be researched.

# 11 Literaturverzeichnis


[1] Duflou, J. R.; Sutherland, J. W.; Dornfeld, D.; Herrmann, C.; Jeswiet, J.; Kara, S.; Hauschild, M.; Kellens, K.: Towards energy and resource efficient manufacturing: A processes and systems approach. CIRP Annals - Manufacturing Technology 61(2012)2, 587-609

[2] Dietrich, J.; Tschätsch, H.: Praxis der Umformtechnik. Wiesbaden: Vieweg Teubner, 2013, 11. Aufl.

[3] Tekkaya, A. E.; Allwood, J. M.; Bariani, P. F.; Bruschi, S.; Cao, J.; Gramlich, S.; Groche, P.; Hirt, G.; Ishikawa, T.; Löbbe, C.; Lueg-Althoff, J.; Merklein, M.; Misiolek, W. Z.; Pietrzyk, M.; Shivpuri, R.; Yanagimoto, J.: Metal forming beyond shaping: Predicting and setting product properties. CIRP Annals - Manufacturing Technology 64(2015)2, 629-653

[4] https://www.dihk.de/resource/blob/25362/38af4de00a502cab64ca7aee8f4128ff/blitzumfrage-corona-nr-4-data.pdf, (aufgerufen am 17.09.2020)

[5] Merklein, M.; Hagenah, H.: Introduction to sheet-bulk metal forming. Production Engineering 10(2016)1, 1-3

[6] Tekkaya, A. E.; Homberg, W.; Brosius, A.: 60 Excellent Inventions in Metal Forming. Berlin: Springer, 2016, 1. Aufl.

[7] Merklein, M.; Opel, S.; Schneider, T.; Koch, J.: Überblick der Blechmassivumformung. Umformtechnik 1(2012)3, 42-43

[8] Merklein, M.; Allwood, J. M.; Behrens, B. A.; Brosius, A.; Hagenah, H.; Kuzman, K.; Mori, K.; Tekkaya, A. E.; Weckenmann, A.: Bulk forming of sheet metal. CIRP Annals - Manufacturing Technology 61(2012)2, 725-745

[9] Tekkaya, A. E.; Khalifa, N. B.; Grzancic, G.; Hölker, R.: Forming of lightweight metal components: Need for new technologies. Procedia Engineering 81(2014), 28-37

[10] Mori, K.: Bulk forming of sheet metals for controlling wall thickness distribution of products. Steel Research International (2012)Special Issue, 17-24

[11] Pilz, F.; Merklein, M.: Comparison of extrusion processes in sheet-bulk metal forming for production of filigree functional elements. CIRP Journal of Manufacturing Science and Technology 26(2019), 41-49

[12] Birkert, A. R.; Haage, S.; Straub, M.: Umformtechnische Herstellung komplexer Karosserieteile: Auslegung von Ziehanlagen. Berlin/ Heidelberg: Springer, 2013, 1. Aufl.

[13] Zhuang, X.; Sun, X.; Xiang, H.; Xia, M.; Zhao, Z.: Compound deep drawing and extrusion process for the manufacture of geared drum. The International Journal of Advanced Manufacturing Technology 84(2015), 2331-2345

[14] Tajul, L.; Maeno, T.; Mori, K.: Successive Forging of Long Plate Having Inclined Cross-section. Procedia Engineering 81(2014), 2361-2366

[15] Mori, K.; Nakano, T.: State-of-the-art of plate forging in Japan. Production Engineering 10(2016)1, 81-91

[16] Kleiner, M.; Geiger, M.; Klaus, A.: Manufacturing of Lightweight Components by Metal Forming. CIRP Annals - Manufacturing Technology 52(2003)2, 521-542

[17] Maegaard, V.: Cold forging of net or near-net shape components. Journal of Materials Processing Technology 35(1992), 429-438

[18] Dean, T. A.: The net-shape forming of gears. Materials and Design 21(2000)4, 271-278

[19] Groche, P.; Stahlmann, J.; Hartel, J.; Köhler, M.: Hydrodynamic effects of macroscopic deterministic surface structures in cold forging processes. Tribology International 42(2009)8, 1173-1179

[20] Merklein, M.; Hagenah, H.; Schneider, T.: Blechmassivumformung - Stand der Technik und Ausblick. In: Merklein, M., Behrens, B.-A., Tekkaya, A. E. (Hrsg.): 2. Workshop Blechmassivumformung 2013, Bamberg: Meisenbach, 2013, 1-10

[21] Rick, M.: Erzeugung von Bearbeitungsflächen an Blechwerkstücken durch Kaltumformung. CIRP Annals - Manufacturing Technology 11(1962)4, 243-247

[22] Merklein, M.; Koch, J.; Schneider, T.; Opel, S.; Vierzigmann, U.: Manufacturing of complex functional components with variants by using a new metal forming process – sheet-bulk metal forming. International Journal of Material Forming 3(2010)1, 347-350

[23] Klocke, F.; König, W.: Fertigungsverfahren, Band 4: Umformen. Berlin/Heidelberg: Springer, 2017, 6. Aufl.

[24] Pilz, F.; Merklein, M.: Influence of component design on extrusion processes in sheet-bulk metal forming. International Journal of Material Forming 13(2020), 981-992

[25] Lange, K.: Umformtechnik: Handbuch für Industrie und Wissenschaft - 2. Massivumformung. Berlin/Heidelberg: Springer, 1988, 2. Aufl.

[26] Nakano, T.: Introduction of flow control forming (FCF) for sheet forging and new presses. In: Yoshida, Y., Matsumoto, R. (Hrsg.): Proceedings of the 5th International Seminar on Precision Forging, Kyoto: Ishikawa, 2009, 35-40

[27] Takami, T.: Production engineering strategies and metalworking at Toyota Motor Corporation. Procedia Engineering 81(2014), 5-17

[28] Merklein, M.; Opel, S.: Investigation Of Tailored Blank Production By The Process Class Sheet-Bulk Metal Forming. AIP Conference Proceedings 1315(2011), 395-400

[29] Sun, X.-L.; Zhuang, X.-C.; Yang, F.-C.; Zhao, Z.: Reduction of die roll height in duplex gears through a sheet-bulk metal forming method. Advances in Manufacturing 7(2019)1, 42-51

[30] Wang, Z. G.; Hirasawa, K.; Yoshikawa, Y.; Osakada, K.: Forming of light-weight gear wheel by plate forging. CIRP Annals - Manufacturing Technology 65(2016)1, 293-296

[31] Abe, Y.; Mori, K.; Ito, T.: Plate forging of drawn cup with flange including thickening of corners. Manufacturing Review 1(2014)16, 1-9

[32] Merklein, M.; Tekkaya, A. E.; Brosius, A.; Opel, S.; Koch, J.: Overview on sheet-bulk metal forming processes. In: Hirt, G., Tekkaya, A. E. (Hrsg.): Proceedings of the 10th international conference on technology of plasticity, ICTP, Aachen: Stahleisen, 2011, 1109-1114

[33] Merklein, M.; Opel, S.; Schneider, T.: Herstellung funktionaler Blechkomponenten. wt Werkstattstechnik online 100(2010)11/12, 910-915

[34] Gröbel, D.; Schulte, R.; Hildenbrand, P.; Lechner, M.; Engel, U.; Sieczkarek, P.; Wernicke, S.; Gies, S.; Tekkaya, A. E.; Behrens, B.-A.: Manufacturing of functional elements by sheet-bulk metal forming processes. Production Engineering 10(2016)1, 63-80

[35] Zhuang, X.-C.; Xiang, H.; Zhao, Z.: Analysis of sheet metal extrusion process using finite element method. International Journal of Automation and Computing 7(2010)3, 295-302

[36] Gröbel, D.: Herstellung von Nebenformelementen unterschiedlicher Geometrie an Blechen mittels Fließpressverfahren der Blechmassivumformung. Dissertation, Friedrich-Alexander-Universität Erlangen-Nürnberg, 2019

[37] Schneider, T.: Umformtechnische Herstellung dünnwandiger Funktionsbauteile aus Feinblech durch Verfahren der Blechmassivumformung. Dissertation, Friedrich-Alexander-Universität Erlangen-Nürnberg, 2016

[38] Merklein, M.; Plettke, R.; Opel, S.: Orbital forming of tailored blanks from sheet metal. CIRP Annals - Manufacturing Technology 61(2012)1, 263-266

[39] Kawai, K.; Koyama, H.; Kamei, T.; Kim, W.: Boss Forming, An Environment-Friendly Rotary Forming. Key Engineering Materials 344(2007), 947-953

[40] Sieczkarek, P.; Kwiatkowski, L.; Tekkaya, A. E.; Krebs, E.; Kersting, P.; Tillmann, W.; Herper, J.: Innovative Tools to Improve Incremental Bulk Forming Processes. Key Engineering Materials 554-557(2013), 1490-1497

[41] Sieczkarek, P.; Wernicke, S.; Gies, S.; Tekkaya, A. E.; Krebs, E.; Wiederkehr, P.; Biermann, D.; Tillmann, W.; Stangier, D.: Improvement strategies for the formfilling in incremental gear forming processes. Production Engineering 11(2017)6, 623-631

[42] Merklein, M.; Koch, J.; Opel, S.; Schneider, T.: Fundamental investigations on the material flow at combined sheet and bulk metal forming processes. CIRP Annals - Manufacturing Technology 60(2011)1, 283-286

[43] Biermann, D.; Merklein, M.; Engel, U.; Tillmann, W.; Surmann, T.; Hense, R.; Herper, J.; Koch, J.; Krebs, E.; Vierzigmann, U.: Umformwerkzeuge in der Blechmassivumformung. In: Merklein, M., Bach, F.-W., Tekkaya, A. E. (Hrsg.): Tagungsband zum 1. Erlanger Workshop Blechmassivumformung, Bamberg: Meisenbach, 2011, 119-138

[44] Merklein, M.; Plettke, R.; Schneider, S.; Opel, S.; Vipavc, D.: Manufacturing of sheet metal components with variants using process adapted semi-finished products. Key Engineering Materials 504-506(2012), 1023-1028

[45] Hildenbrand, P.: Entwicklung einer Methodik zur Herstellung von Tailored Blanks mit definierten Halbzeugeigenschaften durch einen Taumelprozess. Dissertation, Friedrich-Alexander-Universität Erlangen-Nürnberg, 2019

[46] Vogel, M.; Merklein, M.: Flexible rolling of rotational symmetric tailored blanks with a two-sided thickness profile. Procedia Manufacturing 34(2019), 139-146

[47] Löffler, M.; Schulte, R.; Freiburg, D.; Biermann, D.; Stangier, D.; Tillmann, W.; Merklein, M.: Control of the material flow in sheet-bulk metal forming using modifications of the tool surface. International Journal of Material Forming 12(2019)1, 17-26

[48] Lange, K.; Cser, L.; Geiger, M.; Kals, J. A. G.: Tool Life and Tool Quality in Bulk Metal Forming. CIRP Annals - Manufacturing Technology 41(1992)2, 667-675

[49] Engel, U.: Beanspruchung und Beanspruchbarkeit von Werkzeugen der Massivumformung. Habilitation, Friedrich-Alexander-Universität Erlangen-Nürnberg, 1996

[50] Löffler, M.; Andreas, K.; Engel, U.; Schulte, R.; Groebel, D.; Krebs, E.; Freiburg, D.; Biermann, D.; Stangier, D.; Tillmann, W.; Weikert, T.; Wartzack, S.; Tremmel, S.; Lucas, H.; Denkena, B.; Merklein, M.: Tribological measures for controlling material flow in sheet-bulk metal forming. Production Engineering 10(2016)4-5, 459-470

[51] Archard, J. F.: Wear Theory and Mechanisms. In: Winer, W., Peterson, M. B. (Hrsg.): Wear control handbook, New York: American Society of Mechanical Enginieers, 1980, 35-80

[52] Engel, U.: Strength vs Load - A general concept to estimate and to improve the reliability of tools in metal forming. In: Kuzman, K., Balic, J. (Hrsg.): Proceedings of the International Conference on Industrial Tools (ICIT) Maribor: Tecos, 1997, 43-50

[53] Lange, K.; Kammerer, M.; Pöhlandt, K.; Schöck, J.: Fließpressen - wirtschaftliche Fertigung metallischer Präzisionswerkstücke. Berlin/Heidelberg: Springer, 2008, 1. Aufl.

[54] Merklein, M.; Nürnberger, F.; Schneider, T.; Gröbel, D.: Blechmassivumformung – vom Halbzeug zum Funktionsbauteil. In: Behrens, B. A. (Hrsg.): 21. Umformtechnisches Kolloquium Hannover. 2014, 256-280

[55] Altan, T.: Metal forming handbook. Berlin: Springer, 1998

[56] Cheok, B. T.; Nee, A. Y. C.: Configuration of progressive dies. Artificial Intelligence for Engineering Design, Analysis and Manufacturing 12(1998), 405-418

[57] Hayashi, K.: Tool Engineering for Fineblanking and Sheet Metal Forging Complex Work. Journal of the Japan Society for Technology of Plasticity 47(2006)546, 554

[58] Schlagau, S.; Tobler, W.: Stand und Entwicklungstendenzen der Feinschneidtechnik. Materialwissenschaft und Werkstofftechnik 31(2000), 972-978

[59] Mori, K.; Maeno, T.; Tsuchiya, M.; Nanya, T.: Inclusion of hot stamping operations in progressive-die plate forging of tailored high strength gear part. The International Journal of Advanced Manufacturing Technology 90(2016)9-12, 3585-3594

[60] Kolbe, M.; Hellwig, W.: Spanlose Fertigung Stanzen - Präzisionsstanzteile, Hochleistungswerkzeuge, Hochgeschwindigkeitspressen. Wiesbaden: Springer Vieweg, 2015, 11. Aufl.

[61] Stellin, T.: Design of Manufacturing Processes for the Cold Bulk Forming of Small Metal Components from Metal Strip. Dissertation, Friedrich-Alexander-Universität Erlangen-Nürnberg, 2017

[62] Merklein, M.; Stellin, T.; Engel, U.: Experimental Study of a Full Forward Extrusion Process from Metal Strip. Key Engineering Materials 504-506(2012), 587-592

[63] Engel, U.; Eckstein, R.: Microforming - from basic research to its realization. Journal of Materials Processing Technology 125(2002), 35-44

[64] Tor, S. B.; Britton, G. A.; Zhang, W. Y.: Development of an object-oriented blackboard model for stamping process planning in progressive die design. Journal of Intelligent Manufacturing 16(2005), 499–513

[65] Chang, H.-C.; Tsai, Y.-T.; Chiu, K.-T.: A novel optimal working process in the design of parametric progressive dies. The International Journal of Advanced Manufacturing Technology 33(2007)9-10, 915-928

[66] Hussein, H. M. A.; Kumar, S.; Abouel Nasr, E. S.: Computer-aided design and simulation of strip layout for progressive die planning using Petri nets. Advances in Mechanical Engineering 8(2016)4, 1-9

[67] Doege, E.; Behrens, B.-A.: Handbuch Umformtechnik : Grundlagen, Technologien, Maschinen. Heidelberg/Dordrecht/London/New York: Springer, 2010, 2. Aufl.

[68] Löffler, M.: Steuerung von Blechmassivumformprozessen durch maßgeschneiderte tribologische Systeme. Dissertation, Friedrich-Alexander Universität Erlangen-Nürnberg, 2018

[69] Norm: DIN 8584-3: Fertigungsverfahren Zugdruckumformen. Berlin: Beuth, 2003

[70] Oehler, G.; Kaiser, F.: Schnitt-, Stanz- und Ziehwerkzeuge. Berlin/ Heidelberg: Springer, 2001, 8. Aufl.

[71] Müllerschön, H.: Beeinflussung des Werkstoffflusses beim Ziehen nicht-axialsymmetrischer Blechformteile durch Variation der Platinenbefettung. Dissertation, Universität Stuttgart, 1997

[72] Siegert, K.: Blechumformung - Verfahren, Werkzeuge und Maschinen. Berlin/Heidelberg: Springer, 2015, 1. Aufl.

[73] Papadia, G.; Del Prete, A.; Manisi, B.; Anglani, A.: Blank shape optimization in sheet metal hydromechanical deep drawing. International Journal of Material Forming 3(2010), 291-294

[74] Siegert, K.; Wagner, S.; Dogan, N.: Development of a Portable Sensor for the Three-Dimensional Measurement of Sheet and Tool Surfaces. Journal of Materials and Manufacturing 108(1999), 667-675

[75] Geiger, M.; Engel, U.; Pfestorf, M.: New Developments for the Qualification of Technical Surfaces in Forming Processes. CIRP Annals - Manufacturing Technology 46(1997)1, 171-174

[76] Neudecker, T.; Pfestorf, M.; Engel, U.: Einglättung strukturierter Oberflächen unter Druckbelastung mit und ohne Schmierstoffeinsatz. In: Proceedings of the Eighth Deutschsprachiges ABAQUS-Anwendertreffen, 1997, 11-20

[77] Sörensen, C. G.; Bech, J. I.; Andreasen, J. L.; Bay, N.; Engel, U.; Neudecker, T.: A basic study of the influence of surface topography on mechanisms of liquid lubrication in metal forming. Annals of the CIRP 48(1999)1, 203-208

[78] Steinhoff, K.; Rasp, W.; Pawelski, O.: Development of deterministic-stochastic surface structures to improve the tribological conditions of sheet forming processes. Journal of Materials Processing Technology 60(1996)1, 355-361

[79] Simao, J.; Aspinwall, D. K.; Wise, M. L. H.; El-Menshawy, M. F.: Mill roll texturing using EDT. Journal of Materials Processing Technology 45(1994)1-4, 207-214

[80] Merklein, M.; Johannes, M.; Lechner, M.; Kuppert, A.: A review on tailored blanks - Production, applications and evaluation. Journal of Materials Processing Technology 214(2014)2, 151-164

[81] Merklein, M.; Böhm, W.; Lechner, M.: Tailoring Material Properties of Aluminum by Local Laser Heat Treatment. Physics Procedia 39(2012), 232-239

[82] Geiger, M.; Merklein, M.; Vogt, U.: Aluminum tailored heat treated blanks. Production Engineering 3(2009)4-5, 401-410

[83] Obermeyer, E. J.; Majlessi, S. A.: A review of recent advances in the application of blank-holder force towards improving the forming limits of sheet metal parts. Journal of Materials Processing Technology 75(1998)1-3, 222-234

[84] Sommer, N.: Niederhalterdruck und Gestaltung des Niederhalters beim Tiefziehen von Feinblechen. Dissertation, Leibniz Universität Hannover, 1986

[85] Possehn, T.: Umformen von Tailored Blanks mit optimierter Werkzeugtechnik und angepasstem Schweißnahtverlauf. Dissertation, Universität Stuttgart, 2002

[86] Wurster, K.; Liewald, M.; Blaich, C.; Mihm, M.: Procedure for Automated Virtual Optimization of Variable Blank Holder Force Distributions for Deep-Drawing Processes with LS-Dyna and optiSLang. Weimarer Optimierungs- und Stochastiktage 8(2011), 1-16

[87] Kayhan, E.; Kaftanoglu, B.: Experimental investigation of non-isothermal deep drawing of DP600 steel. The International Journal of Advanced Manufacturing Technology 99(2018), 695-705

[88] Groche, P.; Steitz, M.: Maßgeschneiderte Werkzeugoberflächen zur Reibungs- und Verschleißreduktion in der Blechumformung. Hannover: Europäische Forschungsgesellschaft für Blechverarbeitung e.V., 2015

[89] Trauth, D.: Tribology of machine hammer peened tool surfaces for deep drawing. Dissertation, Rheinisch-Westfälische Technische Hochschule Aachen, 2016

[90] Lienert, F.; Gerstenmeyer, M.; Krall, S.; Lechner, C.; Trauth, D.; Bleicher, F.; Schulze, V.: Experimental Study on Comparing Intensities of Burnishing and Machine Hammer Peening Processes. Procedia CIRP 45(2016), 371-374

[91] Trauth, D.; Klocke, F.; Welling, D.; Terhorst, M.; Mattfeld, P.; Klink, A.: Investigation of the surface integrity and fatigue strength of Inconel718 after wire EDM and machine hammer peening. International Journal of Material Forming 9(2015)5, 635-651

[92] Mousavi, A.; Brosius, A.: Improving the springback behavior of deep drawn parts by macro-structured tools. Materials Science and Engineering 418(2018)

[93] Jähnig, T.; Mousavi, A.; Roch, T.; Beyer, E.; Lasagni, A.; Brosius, A.: Macro- and microstructuring of deep drawing tools for dry forming processes. Dry Metal Forming Open Access Journal 6(2020), 30-68

[94] Tenner, J.: Realisierung schmierstofffreier Tiefziehprozesse durch maßgeschneiderte Werkzeugoberflächen. Dissertation, Friedrich-Alexander Universität Erlangen-Nürnberg, 2019

[95] Häfner, T.; Heberle, J.; Hautmann, H.; Zhao, R.; Tenner, J.; Tremmel, S.; Merklein, M.; Schmidt, M.: Effect of picosecond laser based modifications of amorphous carbon coatings on lubricant-free tribological systems. In: The 18th International Symposium on Laser Precision Microfabrication (LPM), Toyama: 2017

[96] Neudecker, T.: Tribologische Eigenschaften keramischer Blechumformwerkzeuge: Einfluss einer Oberflächenendbearbeitung mittels Excimerlaserstrahlung. Dissertation, Friedrich-Alexander-Universität Erlangen-Nürnberg, 2004

[97] Chung, Y.: Geometric modelling of drawbeads using vertical section sweeping. Computer-Aided Design 45(2013)12, 1556-1561

[98] Norm: DIN 8582: -Fertigungsverfahren Umformen - Einordnung, Unterteilung, Begriffe, Alphabetische Übersicht. Berlin: Beuth, 2003

[99] Norm: DIN 8583-6: Fertigungsverfahren Druckumformen - Teil 6: Durchdrücken; Einordnung, Unterteilung, Begriffe. Berlin: Beuth, 2003

[100] Behrens, B. A.; Odening, D.: Process and tool design for precision forging of geared components. International Journal of Material Forming 2(2009), 125-128

[101] Norm: DIN 8583-5: Fertigungsverfahren Druckumformen - Teil 5: Eindrücken: Einordnung, Unterteilung, Begriffe. Berlin: Beuth, 2003

[102] Hoffmann, H.; Spur, G.; Neugebauer, R.: Handbuch Umformen. München: Carl Hanser-Verlag, 2012, 2. Auflage

[103] Löffler, M.; Engel, U.; Willner, K.; Beyer, F.; Merklein, M.: Investigation of the tribolgocal behaviour of microstructures for controlling the material flow in sheet-bulk metal forming. CIRP Journal of Manufacturing Science and Technology 22(2018), 66-75

[104] Hu, C.; Wang, K.; Liu, Q.: Study on a new technological scheme for cold forging of spur gears. Journal of Materials Processing Technology 187-188(2007), 600-603

[105] Groche, P.; Müller, C.; Stahlmann, J.; S., Z.: Mechanical conditions in bulk metal forming tribometers - Part one. Tribology International 62(2013), 223-231

[106] Köhler, M.: Beitrag zur zinkphosphatschichtfreien Kaltmassivumformung durch tribologisch vorteilhafte Halbzeugoberflächen. Dissertation, Technische Universität Darmstadt, 2010

[107] Bartz, W. J.; Barnert, L.: Tribologie und Schmierung bei der Massivumformung. Tübingen: expert-Verlag, 2004, 1. Aufl.

[108] Müller, C.; Rudel, L.; Yalcin, D.; Groche, P.: Cold Forging with Lubricated Tools. Key Engineering Materials 611-612(2014), 971-980

[109] Kappes, B.: Über den Nachweis tribologischer Effekte mit Hilfe von Modellversuchen im Bereich der umweltfreundlichen Kaltmassivumformung. Dissertation, Technische Universität Darmstadt, 2005

[110] Bobzin, B.; Klocke, F.; Bergs, T.; Brögelmann, T.; Feuerhack, A.; Kruppe, N.; Hild, R.; Hoffmann, D.: Dry forming of low alloy steel materials by full forward impact extrusion with self-lubricating tool coatings and structured workpieces. Dry Metal Forming Open Acces Journal 6(2020), 69-98

[111] Maeno, T.; Mori, K.-i.; Ichikawa, Y.; Sugawara, M.: Prevention of Seizure in Inner Spline Backward Extrusion by Low-cycle Oscillation Using Servo Press. Procedia Engineering 81(2014), 1860-1865

[112] Körner, E.; Knödler, R.: Possibilities of warm extrusion in combination with cold extrusion. Journal of Materials Processing Technology 35(1992)3-4, 451-465

[113] Weidig, U.; Hübner, K.; Steinhoff, K.: Bulk Steel Products with Functionally Graded Properties Produced by Differential Thermo-mechanical Processing. Steel Research International 79(2008)1, 59-65

[114] Kiener, C.; Merklein, M.: Research of Adapted Tool Design in Cold Forging of Gears. International Journal of Material Forming 13(2020), 873–883

[115] Doege, E.; Baumgarten, J.; Neumaier, T.: The concept of active deflection compensation and its application in precision forging. In: Inasaki, I. (Hrsg.): Initiatives of Precision Engineering at the Beginning of a Millennium, Boston: Springer, 2002, 27-31

[116] Baumgarten, J.: Ansätze zur Kompensation der elastischen Matrizenaufweitung bei Kaltmassivumformprozessen. Dissertation, Leibniz Universität Hannover, 2004

[117] Grønbæk, J.: Neuere Entwicklungen auf dem Gebiet regulierbarer Matrizen für die Massivumformung, In: Siegert, K., Liewald, M. (Hrsg.): Neuere Entwicklungen in der Massivumformung. MAT INFO Werkstoff-Informationsgesellschaft, 2005, 65-81

[118] Geiger, M.; Popp, U.; Engel, U.: Excimer Laser Micro Texturing of Cold Forging Tool Surfaces - Influence on Tool Life. CIRP Annals 51(2002)1, 231-234

[119] Popp, U.: Grundlegende Untersuchungen zum Laserstrahl-strukturieren von Kaltmassivumformwerkzeugen. Dissertation, Friedrich-Alexander-Universität Erlangen-Nürnberg, 2006

[120] Steinhoff, K.; Kapoor, A.; Guillon, N.: Controlled wear as mechanism for the design of geometrically defined nanometric surface structures on forming tools. Advanced Technology of Plasticity 1(1999), 265-271

[121] Pilz, F.: Fließpressen von Verzahnungselementen an Blechen. Dissertation, Friedrich-Alexander Universität Erlangen-Nürnberg, 2020

[122] Vierzigmann, H. U.: Beitrag zur Untersuchung der tribologischen Bedingungen in der Blechmassivumformung - Bereitstellung von tribologischen Modellversuchen und Realisierung von Tailored Surfaces. Dissertation, Friedrich-Alexander-Universität Erlangen-Nürnberg, 2015

[123] Löffler, M.; Andreas, K.; Engel, U.; Merklein, M.: Applicability of Blasted Blanks for Adaption of Tribological Conditions in Sheet-bulk Metal Forming. Procedia CIRP 45(2016), 239-242

[124] Chander, K. P.; Vashista, M.; Sabiruddin, K.; Paul, S.; Bandyopadhyay, P.: Effects of grit blasting on surface properties of steel substrates. Materials & Design 30(2009)8, 2895-2902

[125] Landkammer, P.; Steinmann, P.: A Fast Approach to Shape Optimization Using the Inverse FEM. Key Engineering Materials 611-612(2014), 1404-1410

[126] Landkammer, P.; Söhngen, B.; Loderer, A.; Krebs, E.; Steinmann, P.; Willner, K.; Hausotte, T.; Kersting, P.; Biermann, D.: Experimentelle Verifizierung eines Benchmark-Umformprozesses. In: Tekkaya, A. E. (Hrsg.): 18. Workshop Simulation in der Umformtechnik und 3. Industriekolloquium des SFB/TR73, Düren: Shaker, 2015, 91-110

[127] Landkammer, P.; Loderer, A.; Krebs, E.; Söhngen, B.; Steinmann, P.; Hausotte, T.; Kersting, P.; Biermann, D.; Willner, K.: Experimental verification of a benchmark forming simulation. Key Engineering Materials 639(2015), 251-258

[128] Koch, S.; Vucetic, M.; Hübner, S.; Bouguecha, A.; Behrens, B. A.: Superimposed Oscillating and Non-Oscillating Ring Compression Tests for Sheet-Bulk Metal Forming Technology. Applied Mechanics and Materials 794(2015), 89-96

[129] Maeno, T.; Osakada, K.; Mori, K.: Reduction of friction in compression of plates by load pulsation. International Journal of Machine Tools and Manufacture 51(2011), 612-617

[130] Behrens, B. A.; Hübner, S.; Vucetic, M.: Influence of Superimposing of Oscillation on Sheet-Bulk Metal Forming. Key Engineering Materials 554-557(2013), 1484-1489

[131] Maeno, T.; Mori, K.; Hori, A.: Application of load pulsation using servo press to plate forging of stainless steel parts. Journal of Materials Processing Technology 214(2014)7, 1379-1387

[132] Osakada, K.; Mori, K.; Altan, T.; Groche, P.: Mechanical servo press technology for metal forming. CIRP Annals - Manufacturing Technology 60(2011)2, 651-672

[133] Koch, J.; Merklein, M.: Cold forging of closely-tolerated functional components out of blanks – possibilities of the new process class sheet-bulk metal forming. In: Ishikawa, T. (Hrsg.): Proceedings of the 6th International Seminar on Precision Forging, Kyoto: The Japan Society for Technology of Plasticity (JSTP), 2013, 109-112

[134] Löffler, M.; Andreas, K.; Engel, U.; Weikert, T.; Tremmel, S.; Wartzack, S.; Tillmann, W.; Stangier, D.; Merklein, M.: Surface modifications for adaption of tribological conditions in sheet-bulk metal forming processes. In: Bobzin, K., Bouzakis, K.-D., Denkena, B., Maier, H. J., Merklein, M. (Hrsg.): Proceedings of THE "A" Coatings 2016, Garbsen: Tewis, 2016, 13-20

[135] Weikert, T.; Tremmel, S.; Stangier, D.; Tillmann, W.; Krebs, E.; Biermann, D.: Tribological studies on multi-coated forming tools. Journal of Manufacturing Processes 49(2020), 141-152

[136] Freiburg, D.: Hochvorschubfräsen zur Strukturierung von Werkzeugoberflächen für die Blechmassivumformung. Dissertation, Technische Universität Dortmund, 2018

[137] Kersting, P.; Gröbel, D.; Merklein, M.; Sieczkarek, P.; Wernicke, S.; Tekkaya, A. E.; Krebs, E.; Freiburg, D.; Biermann, D.; Weikert, T.; Tremmel, S.; Stangier, D.; Tillmann, W.; Matthias, S.; Reithmeier, E.; Löffler, M.; Beyer, F.; Willner, K.: Experimental and numerical analysis of tribological effective surfaces for forming tools in Sheet-Bulk Metal Forming. Production Engineering 10(2016)1, 37-50

[138] Andreas, K.: Einfluss der Oberflächenbeschaffenheit auf das Werkzeugeinsatzverhalten beim Kaltfließpressen. Dissertation, Friedrich-Alexander-Universität Erlangen-Nürnberg, 2015

[139] Pilz, F.; Gröbel, D.; Merklein, M.: Investigation of fatigue strength of tool steels in sheet-bulk metal forming, In: AIP Publishing (Hrsg.): Proceedings of the 21st International ESAFORM Conference on Material Forming. American Institute of Physics, 2018, 1-6

[140] Norm: DIN EN 10139: Kaltband ohne Überzug aus weichen Stählen zum Kaltumformen -Technische Lieferbedingungen. Berlin: Beuth, 2016

[141] Norm: DIN EN 10130: Kaltgewalzte Flacherzeugnisse aus weichen Stählen zum Kaltumformen. Berlin: Beuth, 2007

[142] http://www.bilstein-cee.cz/de/produkte/sorten-bilstein-group/mikrolegierte-sorten/, (aufgerufen am 16.02.2021)

[143] Roos, E; Maile, K.: Werkstoffkunde für Ingenieure - Grundlagen, Anwendung, Prüfung. Berlin/Heidelberg: Springer-Vieweg, 2015, 5. Aufl.

[144] Salzgitter Flachstahl GmbH: DC04 Flachstahl - Weiche Stähle zum Kaltumformen. Salzgitter, 2014

[145] Salzgitter Flachstahl GmbH: HC260LA Stähle mit hoher Streckgrenze zum Kaltumformen – mikrolegiert. Salzgitter, 2014

[146] Salzgitter Flachstahl GmbH: Flachstahl DP600. Salzgitter, 2015

[147] Norm: DIN 50106: Prüfung metallischer Werkstoffe – Druckversuch bei Raumtemperatur. Berlin: Beuth, 2016

[148] Merklein, M.; Kuppert, A.: A Method for the Layer Compression Test Considering the Anisotropic Material Behavior. Journal of Metal Forming 12(2009), 483-486

[149] Hockett, J. E.; Sherby, O. D.: Large strain deformation of polycrystalline metal at low homologous temperatures. Journal of the Mechanics and Physics of Solids 23(1975), 87-98

[150] Swift, H. W.: Plastic instability under plain stress. Journal of the Mechanics and Physics of Solids 1(1952), 1-18

[151] Lange, K.: Umformtechnik: Handbuch für Industrie und Wissenschaft - 4. Sonderverfahren, Prozeßsimulation, Werkzeugtechnik, Produktion. Berlin/Heidelberg: Springer, 1993, 2. Aufl.

[152] Dörrenberg Edelstahl GmbH: X153CrMoV12. Engelskirchen, 2008

[153] Robert Zapp Werkstofftechnik GmbH: Pulvermetallurgische Schnellarbeitsstähle ASP2030. Ratingen: 2008

[154] Löffler, M.; Andreas, K.: Einfluss des Schmierstoffs auf die Werkstückqualität in der Blechmassivumformung. In: Buchmayr, B. (Hrsg.): Verformungskundliches Kolloquium, Leoben: 2016

[155] Carl Bechem GmbH: Technische Produktinformation BERUFORGE 150 DL. Hagen, 2010

[156] Bobzin, B.; Bagcivan, N.; Immich, P.; Warnke, C.; Klocke, F.; Zeppenfeld, C.; Mattfeld, P.: Advancement of a nanolaminated TiHfN/CrN PVD tool coating by a nano-structured CrN top layer in interaction with a biodegradable lubricant for green metal forming. Surface & Coatings Technology 2003(2009), 3184-3188

[157] Abele, E.; Dewald, M.; Heimrich, F.: Leistungsgrenzen von Hochvorschubstrategien im Werkzeug- und Formenbau. Zeitschrift für Wirtschaftlichen Fabrikbetrieb 105(2010)7-8, 737-743

[158] Freiburg, D.; Aßmuth, R.; Garcia Carballo, R.; Biermann, D.; Henneberg, J.; Merklein, M.: Adaption of tool surface for sheet-bulk metal forming by means of pressurized air wet abrasive jet machining. Production Engineering 13(2018)1, 71-77

[159] Henneberg, J.; Lucas, H.; Denkena, B.; Merklein, M.: Investigation on the Tribological Behavior of Tool-sided Tailored Surfaces for Controlling the Material Flow in Sheet-Bulk Metal Forming. In: AIP Proceedings (Hrsg.): Proceedings of 22nd International ESAFORM Conference on Material Forming, American Institute of Physics, 2019

[160] Norm: DIN EN ISO 145577-1: Metallische Werkstoffe - Instrumentierte Eindringprüfung zur Bestimmung der Härte und anderer Werkstoffparameter. Berlin: Beuth, 2015

[161] Weißbach, W.; Dahms, M.; Jaroschek, C.: Werkstoffkunde - Strukturen, Eigenschaften, Prüfung. Wiesbaden: Springer, 2015

[162] Norm: DIN EN ISO 4287: Geometrische Produktspezifikation-Oberflächenbeschaffenheit: Tastschnittverfahren - Benennung, Definition und Kenngrößen der Oberflächenbeschaffenheit. Berlin: Beuth, 2010

[163] Norm: DIN EN ISO 4288: Oberflächenbeschaffenheit: Tastschnittverfahren. Berlin: Beuth, 1998

[164] Norm: DIN 4768-1: Ermittlung der Rauheitsgrößen mit elektrischen Tastschnittgeräten. Berlin: Beuth, 1974

[165] Norm: DIN 25178-602: Geometrische Produktspezifikation (GPS) – Oberflächenbeschaffenheit: Flächenhaft – Teil 602: Merkmale von berührungslos messenden Geräten. Berlin: Beuth, 2011

[166] Merklein, M.; Andreas, K.; Kraus, M.; Löffler, M.; Pilz, F.: Development and launching of an application-oriented test rig for wear investigations in sheet-bulk metal forming. In: Bobzin, K., Bouzakis, K.-D., Denkena, B., Maier, H. J., Merklein, M. (Hrsg.): Proceedings of THE "A" Coatings 2017, Thessaloniki: 2017, 31-40

[167] Tekkaya, A. E.: A guide for validation of FE-simulations in bulk metal forming. The Arabian Journal for Science and Engineering 30(2005), 113-136

[168] Tekkaya, A. E.; Martins, P. A. F.: Accuracy, reliability and validity of finite element analysis in metal forming: A user's perspective. International Journal for Computer-Aided Engineering and Software 26(2008)8, 1026-1055

[169] International Cold Forging Group ICFG: General recommondations for design, manufacture and operational aspects of cold extrusion tools for steel components. In: International Cold Forging Group 1967-1992 - Objectives, History Published Documents, Bamberg: Meisenbach, 1992, 33-58

[170] Merklein, M.; Hagenah, H.; Schneider, T.: Sheet-bulk metal forming processes - State of the art and its perspective. In: Science Meets

Industry, TTP, Tools and Technologies for Processing Ultra High Strength Materials, 2013, Graz: Verlag der Technischen Universität, 2013, 197-204

[171] Dong, W.; Zhang, C.; Lin, Q.; Wang, Z.: Investigation on dimple defect mechanism in solid boss forming process by plate forging. Procedia Engineering 207(2017), 1159-1164

[172] Wang, Z. G.; Yoshikawa, Y.; Osakada, K.: A new forming method of solid bosses on a cup made by deep drawing. CIRP Annals - Manufacturing Technology 62(2013)1, 291-294

[173] Pilz, F.; Henneberg, J.; Merklein, M.: Extension of the forming limits of extrusion processes in sheet-bulk metal forming for production of minute functional elements. Manufacturing Review 7(2020)9, 1-12

[174] Groenbaek, J.; Birker, T.: Innovations in cold forging die design. Journal of Materials Processing Technology 98(2000), 155-161

[175] Sun, X.; Zhuang, X.; Zhao, Z.: Investigation of anisotropy effects on sheet-bulk forming of duplex gear parts. International Journal of Mechanical Sciences 140(2018), 51-59

[176] Bay, N.; Azushima, A.; Groche, P.; Ishibashi, I.; Merklein, M.; Morishita, M.; Nakamura, T.; Schmid, S.; Yoshida, M.: Environmentally benign tribo-systems for metal forming. CIRP Annals - Manufacturing Technology 59(2010)2, 760-780

[177] German Cold Forging Group (GCFG): Studie "Festigkeit von Werkzeugstählen für die Kaltmassivumformung". Erlangen: 2015

[178] Schneider, T.; Vierzigmann, U.; Merklein, M.: Analysis of Varying Properties of Semi-finished Products in Sheet-bulk Metal Forming of Functional Components. In: Yoon, J. W., Stoughton, T. B., Rolfe, B., Beynon, J. H., Hodgson, P. (Hrsg.): NUMISHEET 2014: The 9th International Conference and Workshop on Numerical Simulation of 3D Sheet Metal Forming Processes, American Institute of Physics, 2014, 930-933

[179] Merklein, M.; Löffler, M.; Gröbel, D.; Henneberg, J.: Investigation on blasted tool surfaces as a measure for material flow control in sheet-bulk metal forming. Manufacturing Review 6(2019)10, 1-9

[180] Tröber, P.; Demmel, P.; Hoffmann, H.; Golle, R.; Volk, W.: On the influence of Seebeck coefficients on adhesive tool wear during sheet metal processing. CIRP Annals - Manufacturing Technology 66(2017)1, 293-296

[181] Behrens, B. A.; Bouguecha, A.; Vucetic, M.; Chugreev, A.; Rosenbusch, D.: Advanced Finite Element Analysis of Die Wear in Sheet-Bulk Metal Forming Processes. In: API Publishing (Hrsg.):

Proceedings of the 19th International ESAFORM Conference on Material Forming, Nantes: American Institute of Physics, 2016, 1-6

[182] Groche, P.; Moeller, N.; Hoffmann, H.; Suh, J.: Influence of gliding speed and contact pressure on the wear of forming tools. Wear 271(2011)9-10, 2570-2578

[183] Schewe, M.; Menzel, A.: Mechanism-Based Modelling of Wear in Sheet-Bulk Metal Forming. In: Merklein, M.; Tekkaya, A. E.; Behrens, B.-A. (Hrsg.): Sheet Bulk Metal Forming, Cham: Springer Nature, 2021, 434-457

[184] Henneberg, J.; Merklein, M.: Investigation on extrusion processes in sheet-bulk metal forming from coil. CIRP Journal of Manufacturing Science and Technology 31(2020), 561–574

[185] Müller, C.; Filzek, J.; Groche, P.; Oehler, O.; Scherzinger, P.; Twickler, M.: Temperaturentstehung und die tribologischen Folgen bei Produktionsbeginn der Kaltmassivumformung. Schmiede-Journal (2014), 28 - 32

[186] Tillmann, W.; Stangier, D.; Laemmerhirt, I.-A.; Biermann, D.; Freiburg, D.: Investigation of the tribological properties of high-feed milled structures and Cr-based hard PVD-coatings. Vacuum 131(2016), 5-13

## Verzeichnis promotionsbezogener, eigener Publikationen

[P1] Merklein, M.; Löffler, M.; Gröbel, D.; Henneberg, J.: Material flow control in sheet-bulk metal forming processes using blasted tool surfaces. In: Qin, Y.; Dean, T.; Lin, J.; Yuan, S.; Vollertsen, F. (Hrsg.): International Conference on New Forming Technologies 2018, DOI: 10.1051/matecconf/201819013003

[159] Henneberg, J.; Lucas, H.; Denkena, B.; Merklein, M.: Investigation on the Tribological Behavior of Tool-sided Tailored Surfaces for Controlling the Material Flow in Sheet-Bulk Metal Forming. In: AIP Proceedings (Hrsg.): Proceedings of the 22nd International ESAFORM Conference on Material Forming, 2019, DOI: 10.1063/1.5112718

[179] Merklein, M.; Löffler, M.; Gröbel, D.; Henneberg, J.: Investigation on blasted tool surfaces as a measure for material flow control in sheet-bulk metal forming. Manufacturing Review 6 (2019)10, DOI: 10.1051/mfreview/2019012

[158] Freiburg, D.; Aßmuth, R.; Garcia Carballo, R.; Biermann, D.; Henneberg, J.; Merklein, M.: Adaption of tool surface for sheet-bulk metal forming by means of pressurized air wet abrasive jet machining. Production Engineering 13(2019), 71 – 77

[P2] Henneberg, J.; Rothammer, B.; Zhao, R.; Vorndran, M.; Tenner, J.; Krachenfels, K.; Häfner, T.; Tremmel, S.; Schmidt, M.; Merklein, M: Analysis of tribological behavior of surface modifications for a dry deep drawing process. Dry Metal Forming Open Access Journal 5(2019), 13-24

[173] Pilz, F.; Henneberg, J.; Merklein, M.: Extension of the forming limits of extrusion processes in sheet-bulk metal forming for production of minute functional elements. Manufacturing Review 7(2020)9, DOI: 10.1051/mfreview/2020003

[P3] Henneberg, J.; Beyer, F.; Willner, K.; Merklein, M.: Konstitutives Reibgesetz zur Beschreibung und Optimierung von Tailored Surfaces. In: Behrens, B. (Hrsg.): 23. Umformtechnisches Kolloquium Hannover: Aktuelle Entwicklungen im Bereich der Umformtechnik, 2020

[P4] Henneberg, J.; Merklein, M.: Investigation on the wear behavior of coatings for lubricant-free deep drawing processes with a novel application-oriented test rig. Defect and Diffusion Forum 404(2020), 11-18

[P5] Henneberg, J.; Rothammer, B.; Zhao, R.; Vorndran, M.; Tenner, J.; Krachenfels, K.; Häfner, T.; Tremmel, S.; Schmidt, M.; Merklein, M: Lubricant free forming with tailored tribological conditions. Dry Metal Forming Open Access Journal 6(2020), 228-261

[184] Henneberg, J.; Merklein, M.: Investigation on extrusion processes in sheet-bulk metal forming from coil. CIRP Journal of Manufacturing Science and Technology 31(2020), 561-574

[P6] Henneberg, J.; Merklein, M.: Measures for controlling the material flow when extruding sheet-bulk metal forming parts from coil. Manufacturing Review 7(2020)31, DOI: 10.1051/mfreview/2020033 7(2020)36

[P7] Henneberg, J.; Beyer, F.; Löffler, M.; Willner, K.; Merklein, M.: Constitutive Friction Law for the Description and Optimization of Tailored Surfaces. In: Merklein, M.; Tekkaya, A. E.; Behrens, B.-A. (Hrsg.): Sheet Bulk Metal Forming, Cham: Springer Nature, 2021, 305-333

## Verzeichnis promotionsbezogener, studentischer Arbeiten

[S1] Merz, C: Untersuchung von werkzeugseitigen Tailored Surfaces in der Blechmassivumformung. Erlangen, 2018

[S2] Yin, Y.: Herstellung und Analyse von werkstückseitigen Schmiertaschen mittels Mikroprägen für das Einstellen der tribologischen Eigenschaften in der Blechmassivumformung. Erlangen, 2018

[S3] Bayer, J: Untersuchung von werkzeug- und schmierstoffseitigen Maßnahmen zur Stoffflusssteuerung in der Blechmassivumformung. Erlangen, 2018

[S4] Hassel, S.: Untersuchung maßgeschneiderter tribologischer Systeme für die Blechmassivumformung. Erlangen, 2018

[S5] Schmidt, E.: Untersuchung maßgeschneiderter tribologischer Systeme für die Blechmassivumformung im Laborversuch. Erlangen, 2018

[S6] Atakan, Y.: Numerische und experimentelle Untersuchung maßgeschneiderter Reibsysteme in der Blechmassivumformung. Erlangen, 2019

[S7] Garcia-Eibl, S.: Untersuchung des Verschleißverhaltens maßgeschneiderter Werkzeugoberflächen für die Blechmassivumformung. Erlangen, 2019

[S8] Albrecht, S.: Untersuchung maßgeschneiderter Werkzeugoberflächen für die Blechmassivumformung. Erlangen, 2019

[S9] Nguyen, D.: Untersuchung des tribologischen Einsatzverhaltens maßgeschneiderter Werkzeugoberflächen der Blechmassivumformung. Erlangen, 2019

[S10] Schempp, M.: Experimentelle Analyse maßgeschneiderter Reibsysteme der Blechmassivumformung. Erlangen, 2019

[S11] Fuß, B.: Untersuchung der Beanspruchbarkeit von Werkzeugbeschichtungen für das Trockentiefziehen unter variierenden Prozessbedingungen. Erlangen, 2019

[S12] Albrecht, S.: Untersuchung des tribologischen Einsatzverhaltens maßgeschneiderter Werkzeugoberflächen der Blechmassivumformung. Erlangen, 2020

[S13] Bäuerlein, J.: Numerische und experimentelle Untersuchung stoffflusssteuernder Maßnahmen für die Blechmassivumformung. Erlangen, 2020

[S14] Xinzhi, Y.: Analyse stoffflusssteuernder Maßnahmen für die Blechmassivumformung. Erlangen, 2020

[S15] Gong, J.: Numerische und experimentelle Untersuchung stoffflusssteuernder Maßnahmen für die Blechmassivumformung. Erlangen, 2020

[S16] Rindl, M.: Numerische und experimentelle Untersuchung eines Rückwärtsfließpressprozesses. Erlangen, 2021

[S17] März, R.: Numerische und experimentelle Untersuchung eines Querfließpressprozesses. Erlangen, 2021

# Reihenübersicht

Koordination der Reihe (Stand 2022):
Geschäftsstelle Maschinenbau, Dr.-Ing. Oliver Kreis, www.mb.fau.de/diss/

Im Rahmen der Reihe sind bisher die nachfolgenden Bände erschienen.

Band 1 – 52
Fertigungstechnik – Erlangen
ISSN 1431-6226
Carl Hanser Verlag, München

Band 53 – 307
Fertigungstechnik – Erlangen
ISSN 1431-6226
Meisenbach Verlag, Bamberg

ab Band 308
FAU Studien aus dem Maschinenbau
ISSN 2625-9974
FAU University Press, Erlangen

Die Zugehörigkeit zu den jeweiligen Lehrstühlen ist wie folgt gekennzeichnet:

Lehrstühle:

| | |
|---|---|
| **FAPS** | Lehrstuhl für Fertigungsautomatisierung und Produktionssystematik |
| **FMT** | Lehrstuhl für Fertigungsmesstechnik |
| **KTmfk** | Lehrstuhl für Konstruktionstechnik |
| **LFT** | Lehrstuhl für Fertigungstechnologie |
| **LGT** | Lehrstuhl für Gießereitechnik |
| **LPT** | Lehrstuhl für Photonische Technologien |
| **REP** | Lehrstuhl für Ressourcen- und Energieeffiziente Produktionsmaschinen |

Band 1: Andreas Hemberger
Innovationspotentiale in der rechnerintegrierten Produktion durch wissensbasierte Systeme
FAPS, 208 Seiten, 107 Bilder. 1988.
ISBN 3-446-15234-2.

Band 2: Detlef Classe
Beitrag zur Steigerung der Flexibilität automatisierter Montagesysteme durch Sensorintegration und erweiterte Steuerungskonzepte
FAPS, 194 Seiten, 70 Bilder. 1988.
ISBN 3-446-15529-5.

Band 3: Friedrich-Wilhelm Nolting
Projektierung von Montagesystemen
FAPS, 201 Seiten, 107 Bilder, 1 Tab. 1989.
ISBN 3-446-15541-4.

Band 4: Karsten Schlüter
Nutzungsgradsteigerung von Montagesystemen durch den Einsatz der Simulationstechnik
FAPS, 177 Seiten, 97 Bilder. 1989.
ISBN 3-446-15542-2.

Band 5: Shir-Kuan Lin
Aufbau von Modellen zur Lageregelung von Industrierobotern
FAPS, 168 Seiten, 46 Bilder. 1989.
ISBN 3-446-15546-5.

Band 6: Rudolf Nuss
Untersuchungen zur Bearbeitungsqualität im Fertigungssystem Laserstrahlschneiden
LFT, 206 Seiten, 115 Bilder, 6 Tab. 1989.
ISBN 3-446-15783-2.

Band 7: Wolfgang Scholz
Modell zur datenbankgestützten Planung automatisierter Montageanlagen
FAPS, 194 Seiten, 89 Bilder. 1989.
ISBN 3-446-15825-1.

Band 8: Hans-Jürgen Wißmeier
Beitrag zur Beurteilung des Bruchverhaltens von Hartmetall-Fließpreßmatrizen
LFT, 179 Seiten, 99 Bilder, 9 Tab. 1989.
ISBN 3-446-15921-5.

Band 9: Rainer Eisele
Konzeption und Wirtschaftlichkeit von Planungssystemen in der Produktion
FAPS, 183 Seiten, 86 Bilder. 1990.
ISBN 3-446-16107-4.

Band 10: Rolf Pfeiffer
Technologisch orientierte Montageplanung am Beispiel der Schraubtechnik
FAPS, 216 Seiten, 102 Bilder, 16 Tab. 1990.
ISBN 3-446-16161-9.

Band 11: Herbert Fischer
Verteilte Planungssysteme zur Flexibilitätssteigerung der rechnerintegrierten Teilefertigung
FAPS, 201 Seiten, 82 Bilder. 1990.
ISBN 3-446-16105-8.

Band 12: Gerhard Kleineidam
CAD/CAP: Rechnergestützte Montagefeinplanung
FAPS, 203 Seiten, 107 Bilder. 1990.
ISBN 3-446-16112-0.

Band 13: Frank Vollertsen
Pulvermetallurgische Verarbeitung eines übereutektoiden verschleißfesten Stahls
LFT, XIII u. 217 Seiten, 67 Bilder, 34 Tab. 1990. ISBN 3-446-16133-3.

Band 14: Stephan Biermann
Untersuchungen zur Anlagen- und Prozeßdiagnostik für das Schneiden mit CO2-Hochleistungslasern
LFT, VIII u. 170 Seiten, 93 Bilder, 4 Tab. 1991. ISBN 3-446-16269-0.

Band 15: Uwe Geißler
Material- und Datenfluß in einer flexiblen Blechbearbeitungszelle
LFT, 124 Seiten, 41 Bilder, 7 Tab. 1991. ISBN 3-446-16358-1.

Band 16: Frank Oswald Hake
Entwicklung eines rechnergestützten Diagnosesystems für automatisierte Montagezellen
FAPS, XIV u. 166 Seiten, 77 Bilder. 1991. ISBN 3-446-16428-6.

Band 17: Herbert Reichel
Optimierung der Werkzeugbereitstellung durch rechnergestützte Arbeitsfolgenbestimmung
FAPS, 198 Seiten, 73 Bilder, 2 Tab. 1991. ISBN 3-446-16453-7.

Band 18: Josef Scheller
Modellierung und Einsatz von Softwaresystemen für rechnergeführte Montagezellen
FAPS, 198 Seiten, 65 Bilder. 1991. ISBN 3-446-16454-5.

Band 19: Arnold vom Ende
Untersuchungen zum Biegeumforme mit elastischer Matrize
LFT, 166 Seiten, 55 Bilder, 13 Tab. 1991. ISBN 3-446-16493-6.

Band 20: Joachim Schmid
Beitrag zum automatisierten Bearbeiten von Keramikguß mit Industrierobotern
FAPS, XIV u. 176 Seiten, 111 Bilder, 6 Tab. 1991. ISBN 3-446-16560-6.

Band 21: Egon Sommer
Multiprozessorsteuerung für kooperierende Industrieroboter in Montagezellen
FAPS, 188 Seiten, 102 Bilder. 1991. ISBN 3-446-17062-6.

Band 22: Georg Geyer
Entwicklung problemspezifischer Verfahrensketten in der Montage
FAPS, 192 Seiten, 112 Bilder. 1991. ISBN 3-446-16552-5.

Band 23: Rainer Flohr
Beitrag zur optimalen Verbindungstechnik in der Oberflächenmontage (SMT)
FAPS, 186 Seiten, 79 Bilder. 1991. ISBN 3-446-16568-1.

Band 24: Alfons Rief
Untersuchungen zur Verfahrensfolge Laserstrahlschneiden und -schweißen in der Rohkarosseriefertigung
LFT, VI u. 145 Seiten, 58 Bilder, 5 Tab. 1991. ISBN 3-446-16593-2.

Band 25: Christoph Thim
Rechnerunterstützte Optimierung von Materialflußstrukturen in der Elektronikmontage durch Simulation
FAPS, 188 Seiten, 74 Bilder. 1992.
ISBN 3-446-17118-5.

Band 26: Roland Müller
CO2 -Laserstrahlschneiden von kurzglasverstärkten Verbundwerkstoffen
LFT, 141 Seiten, 107 Bilder, 4 Tab. 1992.
ISBN 3-446-17104-5.

Band 27: Günther Schäfer
Integrierte Informationsverarbeitung bei der Montageplanung
FAPS, 195 Seiten, 76 Bilder. 1992.
ISBN 3-446-17117-7.

Band 28: Martin Hoffmann
Entwicklung einer CAD/CAM-Prozeßkette für die Herstellung von Blechbiegeteilen
LFT, 149 Seiten, 89 Bilder. 1992.
ISBN 3-446-17154-1.

Band 29: Peter Hoffmann
Verfahrensfolge Laserstrahlschneiden und -schweißen: Prozeßführung und Systemtechnik in der 3D-Laserstrahlbearbeitung von Blechformteilen
LFT, 186 Seiten, 92 Bilder, 10 Tab. 1992.
ISBN 3-446-17153-3.

Band 30: Olaf Schrödel
Flexible Werkstattsteuerung mit objektorientierten Softwarestrukturen
FAPS, 180 Seiten, 84 Bilder. 1992.
ISBN 3-446-17242-4.

Band 31: Hubert Reinisch
Planungs- und Steuerungswerkzeuge zur impliziten Geräteprogrammierung in Roboterzellen
FAPS, XI u. 212 Seiten, 112 Bilder. 1992.
ISBN 3-446-17380-3.

Band 32: Brigitte Bärnreuther
Ein Beitrag zur Bewertung des Kommunikationsverhaltens von Automatisierungsgeräten in flexiblen Produktionszellen
FAPS, XI u. 179 Seiten, 71 Bilder. 1992.
ISBN 3-446-17451-6.

Band 33: Joachim Hutfless
Laserstrahlregelung und Optikdiagnostik in der Strahlführung einer CO2-Hochleistungslaseranlage
LFT, 175 Seiten, 70 Bilder, 17 Tab. 1993.
ISBN 3-446-17532-6.

Band 34: Uwe Günzel
Entwicklung und Einsatz eines Simulationsverfahrens für operative und strategische Probleme der Produktionsplanung und -steuerung
FAPS, XIV u. 170 Seiten, 66 Bilder, 5 Tab. 1993. ISBN 3-446-17604-7.

Band 35: Bertram Ehmann
Operatives Fertigungscontrolling durch Optimierung auftragsbezogener Bearbeitungsabläufe in der Elektronikfertigung
FAPS, XV u. 167 Seiten, 114 Bilder. 1993.
ISBN 3-446-17658-6.

Band 36: Harald Kolléra
Entwicklung eines benutzerorientierten Werkstattprogrammiersystems für das Laserstrahlschneiden
LFT, 129 Seiten, 66 Bilder, 1 Tab. 1993.
ISBN 3-446-17719-1.

Band 37: Stephanie Abels
Modellierung und Optimierung von Montageanlagen in einem integrierten Simulationssystem
FAPS, 188 Seiten, 88 Bilder. 1993.
ISBN 3-446-17731-0.

Band 38: Robert Schmidt-Hebbel
Laserstrahlbohren durchflußbestimmender Durchgangslöcher
LFT, 145 Seiten, 63 Bilder, 11 Tab. 1993.
ISBN 3-446-17778-7.

Band 39: Norbert Lutz
Oberflächenfeinbearbeitung keramischer Werkstoffe mit XeCl-Excimerlaserstrahlung
LFT, 187 Seiten, 98 Bilder, 29 Tab. 1994.
ISBN 3-446-17970-4.

Band 40: Konrad Grampp
Rechnerunterstützung bei Test und Schulung an Steuerungssoftware von SMD-Bestücklinien
FAPS, 178 Seiten, 88 Bilder. 1995.
ISBN 3-446-18173-3.

Band 41: Martin Koch
Wissensbasierte Unterstützung der Angebotsbearbeitung in der Investitionsgüterindustrie
FAPS, 169 Seiten, 68 Bilder. 1995.
ISBN 3-446-18174-1.

Band 42: Armin Gropp
Anlagen- und Prozeßdiagnostik beim Schneiden mit einem gepulsten Nd:YAG-Laser
LFT, 160 Seiten, 88 Bilder, 7 Tab. 1995.
ISBN 3-446-18241-1.

Band 43: Werner Heckel
Optische 3D-Konturerfassung und on-line Biegewinkelmessung mit dem Lichtschnittverfahren
LFT, 149 Seiten, 43 Bilder, 11 Tab. 1995.
ISBN 3-446-18243-8.

Band 44: Armin Rothhaupt
Modulares Planungssystem zur Optimierung der Elektronikfertigung
FAPS, 180 Seiten, 101 Bilder. 1995.
ISBN 3-446-18307-8.

Band 45: Bernd Zöllner
Adaptive Diagnose in der Elektronikproduktion
FAPS, 195 Seiten, 74 Bilder, 3 Tab. 1995.
ISBN 3-446-18308-6.

Band 46: Bodo Vormann
Beitrag zur automatisierten Handhabungsplanung komplexer Blechbiegeteile
LFT, 126 Seiten, 89 Bilder, 3 Tab. 1995.
ISBN 3-446-18345-0.

Band 47: Peter Schnepf
Zielkostenorientierte Montageplanung
FAPS, 144 Seiten, 75 Bilder. 1995.
ISBN 3-446-18397-3.

Band 48: Rainer Klotzbücher
Konzept zur rechnerintegrierten Materialversorgung in flexiblen Fertigungssystemen
FAPS, 156 Seiten, 62 Bilder. 1995.
ISBN 3-446-18412-0.

Band 49: Wolfgang Greska
Wissensbasierte Analyse und Klassifizierung von Blechteilen
LFT, 144 Seiten, 96 Bilder. 1995.
ISBN 3-446-18462-7.

Band 50: Jörg Franke
Integrierte Entwicklung neuer Produkt- und Produktionstechnologien für räumliche spritzgegossene Schaltungsträger (3-D MID)
FAPS, 196 Seiten, 86 Bilder, 4 Tab. 1995.
ISBN 3-446-18448-1.

Band 51: Franz-Josef Zeller
Sensorplanung und schnelle Sensorregelung für Industrieroboter
FAPS, 190 Seiten, 102 Bilder, 9 Tab. 1995.
ISBN 3-446-18601-8.

Band 52: Michael Solvie
Zeitbehandlung und Multimedia-Unterstützung in Feldkommunikationssystemen
FAPS, 200 Seiten, 87 Bilder, 35 Tab. 1996.
ISBN 3-446-18607-7.

Band 53: Robert Hopperdietzel
Reengineering in der Elektro- und Elektronikindustrie
FAPS, 180 Seiten, 109 Bilder, 1 Tab. 1996.
ISBN 3-87525-070-2.

Band 54: Thomas Rebhahn
Beitrag zur Mikromaterialbearbeitung mit Excimerlasern - Systemkomponenten und Verfahrensoptimierungen
LFT, 148 Seiten, 61 Bilder, 10 Tab. 1996.
ISBN 3-87525-075-3.

Band 55: Henning Hanebuth
Laserstrahlhartlöten mit Zweistrahltechnik
LFT, 157 Seiten, 58 Bilder, 11 Tab. 1996.
ISBN 3-87525-074-5.

Band 56: Uwe Schönherr
Steuerung und Sensordatenintegration für flexible Fertigungszellen mit kooperierenden Robotern
FAPS, 188 Seiten, 116 Bilder, 3 Tab. 1996.
ISBN 3-87525-076-1.

Band 57: Stefan Holzer
Berührungslose Formgebung mit Laserstrahlung
LFT, 162 Seiten, 69 Bilder, 11 Tab. 1996.
ISBN 3-87525-079-6.

Band 58: Markus Schultz
Fertigungsqualität beim 3D-Laserstrahlschweißen von Blechformteilen
LFT, 165 Seiten, 88 Bilder, 9 Tab. 1997.
ISBN 3-87525-080-X.

Band 59: Thomas Krebs
Integration elektromechanischer CA-Anwendungen über einem STEP-Produktmodell
FAPS, 198 Seiten, 58 Bilder, 8 Tab. 1997.
ISBN 3-87525-081-8.

Band 60: Jürgen Sturm
Prozeßintegrierte Qualitätssicherung in der Elektronikproduktion
FAPS, 167 Seiten, 112 Bilder, 5 Tab. 1997.
ISBN 3-87525-082-6.

Band 61: Andreas Brand
Prozesse und Systeme zur Bestückung räumlicher elektronischer Baugruppen (3D-MID)
FAPS, 182 Seiten, 100 Bilder. 1997.
ISBN 3-87525-087-7.

Band 62: Michael Kauf
Regelung der Laserstrahlleistung und der Fokusparameter einer CO2-Hochleistungslaseranlage
LFT, 140 Seiten, 70 Bilder, 5 Tab. 1997.
ISBN 3-87525-083-4.

Band 63: Peter Steinwasser
Modulares Informationsmanagement in der integrierten Produkt- und Prozeßplanung
FAPS, 190 Seiten, 87 Bilder. 1997.
ISBN 3-87525-084-2.

Band 64: Georg Liedl
Integriertes Automatisierungskonzept für den flexiblen Materialfluß in der Elektronikproduktion
FAPS, 196 Seiten, 96 Bilder, 3 Tab. 1997.
ISBN 3-87525-086-9.

Band 65: Andreas Otto
Transiente Prozesse beim Laserstrahlschweißen
LFT, 132 Seiten, 62 Bilder, 1 Tab. 1997.
ISBN 3-87525-089-3.

Band 66: Wolfgang Blöchl
Erweiterte Informationsbereitstellung an offenen CNC-Steuerungen zur Prozeß- und Programmoptimierung
FAPS, 168 Seiten, 96 Bilder. 1997.
ISBN 3-87525-091-5.

Band 67: Klaus-Uwe Wolf
Verbesserte Prozeßführung und Prozeßplanung zur Leistungs- und Qualitätssteigerung beim Spulenwickeln
FAPS, 186 Seiten, 125 Bilder. 1997.
ISBN 3-87525-092-3.

Band 68: Frank Backes
Technologieorientierte Bahnplanung für die 3D-Laserstrahlbearbeitung
LFT, 138 Seiten, 71 Bilder, 2 Tab. 1997.
ISBN 3-87525-093-1.

Band 69: Jürgen Kraus
Laserstrahlumformen von Profilen
LFT, 137 Seiten, 72 Bilder, 8 Tab. 1997.
ISBN 3-87525-094-X.

Band 70: Norbert Neubauer
Adaptive Strahlführungen für CO2-Laseranlagen
LFT, 120 Seiten, 50 Bilder, 3 Tab. 1997.
ISBN 3-87525-095-8.

Band 71: Michael Steber
Prozeßoptimierter Betrieb flexibler Schraubstationen in der automatisierten Montage
FAPS, 168 Seiten, 78 Bilder, 3 Tab. 1997.
ISBN 3-87525-096-6.

Band 72: Markus Pfestorf
Funktionale 3D-Oberflächenkenngrößen in der Umformtechnik
LFT, 162 Seiten, 84 Bilder, 15 Tab. 1997.
ISBN 3-87525-097-4.

Band 73: Volker Franke
Integrierte Planung und Konstruktion von Werkzeugen für die Biegebearbeitung
LFT, 143 Seiten, 81 Bilder. 1998.
ISBN 3-87525-098-2.

Band 74: Herbert Scheller
Automatisierte Demontagesysteme und recyclinggerechte Produktgestaltung elektronischer Baugruppen
FAPS, 184 Seiten, 104 Bilder, 17 Tab. 1998.
ISBN 3-87525-099-0.

Band 75: Arthur Meßner
Kaltmassivumformung metallischer Kleinstteile – Werkstoffverhalten, Wirkflächenreibung, Prozeßauslegung
LFT, 164 Seiten, 92 Bilder, 14 Tab. 1998.
ISBN 3-87525-100-8.

Band 76: Mathias Glasmacher
Prozeß- und Systemtechnik zum Laserstrahl-Mikroschweißen
LFT, 184 Seiten, 104 Bilder, 12 Tab. 1998.
ISBN 3-87525-101-6.

Band 77: Michael Schwind
Zerstörungsfreie Ermittlung mechanischer Eigenschaften von Feinblechen mit dem Wirbelstromverfahren
LFT, 124 Seiten, 68 Bilder, 8 Tab. 1998.
ISBN 3-87525-102-4.

Band 78: Manfred Gerhard
Qualitätssteigerung in der Elektronikproduktion durch Optimierung der Prozeßführung beim Löten komplexer Baugruppen
FAPS, 179 Seiten, 113 Bilder, 7 Tab. 1998.
ISBN 3-87525-103-2.

Band 79: Elke Rauh
Methodische Einbindung der Simulation in die betrieblichen Planungs- und Entscheidungsabläufe
FAPS, 192 Seiten, 114 Bilder, 4 Tab. 1998.
ISBN 3-87525-104-0.

Band 80: Sorin Niederkorn
Meßeinrichtung zur Untersuchung der Wirkflächenreibung bei umformtechnischen Prozessen
LFT, 99 Seiten, 46 Bilder, 6 Tab. 1998.
ISBN 3-87525-105-9.

Band 81: Stefan Schuberth
Regelung der Fokuslage beim Schweißen mit CO2-Hochleistungslasern unter Einsatz von adaptiven Optiken
LFT, 140 Seiten, 64 Bilder, 3 Tab. 1998.
ISBN 3-87525-106-7.

Band 82: Armando Walter Colombo
Development and Implementation of Hierarchical Control Structures of Flexible Production Systems Using High Level Petri Nets
FAPS, 216 Seiten, 86 Bilder. 1998.
ISBN 3-87525-109-1.

Band 83: Otto Meedt
Effizienzsteigerung bei Demontage und Recycling durch flexible Demontagetechnologien und optimierte Produktgestaltung
FAPS, 186 Seiten, 103 Bilder. 1998.
ISBN 3-87525-108-3.

Band 84: Knuth Götz
Modelle und effiziente Modellbildung zur Qualitätssicherung in der Elektronikproduktion
FAPS, 212 Seiten, 129 Bilder, 24 Tab. 1998.
ISBN 3-87525-112-1.

Band 85: Ralf Luchs
Einsatzmöglichkeiten leitender Klebstoffe zur zuverlässigen Kontaktierung elektronischer Bauelemente in der SMT
FAPS, 176 Seiten, 126 Bilder, 30 Tab. 1998.
ISBN 3-87525-113-7.

Band 86: Frank Pöhlau
Entscheidungsgrundlagen zur Einführung räumlicher spritzgegossener Schaltungsträger (3-D MID)
FAPS, 144 Seiten, 99 Bilder. 1999.
ISBN 3-87525-114-8.

Band 87: Roland T. A. Kals
Fundamentals on the miniaturization of sheet metal working processes
LFT, 128 Seiten, 58 Bilder, 11 Tab. 1999.
ISBN 3-87525-115-6.

Band 88: Gerhard Luhn
Implizites Wissen und technisches Handeln am Beispiel der Elektronikproduktion
FAPS, 252 Seiten, 61 Bilder, 1 Tab. 1999.
ISBN 3-87525-116-4.

Band 89: Axel Sprenger
Adaptives Streckbiegen von Aluminium-Strangpreßprofilen
LFT, 114 Seiten, 63 Bilder, 4 Tab. 1999.
ISBN 3-87525-117-2.

Band 90: Hans-Jörg Pucher
Untersuchungen zur Prozeßfolge Umformen, Bestücken und Laserstrahllöten von Mikrokontakten
LFT, 158 Seiten, 69 Bilder, 9 Tab. 1999.
ISBN 3-87525-119-9.

Band 91: Horst Arnet
Profilbiegen mit kinematischer Gestalterzeugung
LFT, 128 Seiten, 67 Bilder, 7 Tab. 1999.
ISBN 3-87525-120-2.

Band 92: Doris Schubart
Prozeßmodellierung und Technologieentwicklung beim Abtragen mit CO2-Laserstrahlung
LFT, 133 Seiten, 57 Bilder, 13 Tab. 1999.
ISBN 3-87525-122-9.

Band 93: Adrianus L. P. Coremans
Laserstrahlsintern von Metallpulver - Prozeßmodellierung, Systemtechnik, Eigenschaften laserstrahlgesinterter Metallkörper
LFT, 184 Seiten, 108 Bilder, 12 Tab. 1999.
ISBN 3-87525-124-5.

Band 94: Hans-Martin Biehler
Optimierungskonzepte für Qualitätsdatenverarbeitung und Informationsbereitstellung in der Elektronikfertigung
FAPS, 194 Seiten, 105 Bilder. 1999.
ISBN 3-87525-126-1.

Band 95: Wolfgang Becker
Oberflächenausbildung und tribologische Eigenschaften excimerlaserstrahlbearbeiteter Hochleistungskeramiken
LFT, 175 Seiten, 71 Bilder, 3 Tab. 1999.
ISBN 3-87525-127-X.

Band 96: Philipp Hein
Innenhochdruck-Umformen von Blechpaaren: Modellierung, Prozeßauslegung und Prozeßführung
LFT, 129 Seiten, 57 Bilder, 7 Tab. 1999.
ISBN 3-87525-128-8.

Band 97: Gunter Beitinger
Herstellungs- und Prüfverfahren für thermoplastische Schaltungsträger
FAPS, 169 Seiten, 92 Bilder, 20 Tab. 1999.
ISBN 3-87525-129-6.

Band 98: Jürgen Knoblach
Beitrag zur rechnerunterstützten verursachungsgerechten Angebotskalkulation von Blechteilen mit Hilfe wissensbasierter Methoden
LFT, 155 Seiten, 53 Bilder, 26 Tab. 1999.
ISBN 3-87525-130-X.

Band 99: Frank Breitenbach
Bildverarbeitungssystem zur Erfassung der Anschlußgeometrie elektronischer SMT-Bauelemente
LFT, 147 Seiten, 92 Bilder, 12 Tab. 2000.
ISBN 3-87525-131-8.

Band 100: Bernd Falk
Simulationsbasierte Lebensdauervorhersage für Werkzeuge der Kaltmassivumformung
LFT, 134 Seiten, 44 Bilder, 15 Tab. 2000.
ISBN 3-87525-136-9.

Band 101: Wolfgang Schlögl
Integriertes Simulationsdaten-Management für Maschinenentwicklung und Anlagenplanung
FAPS, 169 Seiten, 101 Bilder, 20 Tab. 2000.
ISBN 3-87525-137-7.

Band 102: Christian Hinsel
Ermüdungsbruchversagen hartstoffbeschichteter Werkzeugstähle in der Kaltmassivumformung
LFT, 130 Seiten, 80 Bilder, 14 Tab. 2000.
ISBN 3-87525-138-5.

Band 103: Stefan Bobbert
Simulationsgestützte Prozessauslegung für das Innenhochdruck-Umformen von Blechpaaren
LFT, 123 Seiten, 77 Bilder. 2000.
ISBN 3-87525-145-8.

Band 104: Harald Rottbauer
Modulares Planungswerkzeug zum Produktionsmanagement in der Elektronikproduktion
FAPS, 166 Seiten, 106 Bilder. 2001.
ISBN 3-87525-139-3.

Band 105: Thomas Hennige
Flexible Formgebung von Blechen durch Laserstrahlumformen
LFT, 119 Seiten, 50 Bilder. 2001.
ISBN 3-87525-140-7.

Band 106: Thomas Menzel
Wissensbasierte Methoden für die rechnergestützte Charakterisierung und Bewertung innovativer Fertigungsprozesse
LFT, 152 Seiten, 71 Bilder. 2001.
ISBN 3-87525-142-3.

Band 107: Thomas Stöckel
Kommunikationstechnische Integration der Prozeßebene in Produktionssysteme durch Middleware-Frameworks
FAPS, 147 Seiten, 65 Bilder, 5 Tab. 2001.
ISBN 3-87525-143-1.

Band 108: Frank Pitter
Verfügbarkeitssteigerung von Werkzeugmaschinen durch Einsatz mechatronischer Sensorlösungen
FAPS, 158 Seiten, 131 Bilder, 8 Tab. 2001.
ISBN 3-87525-144-X.

Band 109: Markus Korneli
Integration lokaler CAP-Systeme in einen globalen Fertigungsdatenverbund
FAPS, 121 Seiten, 53 Bilder, 11 Tab. 2001.
ISBN 3-87525-146-6.

Band 110: Burkhard Müller
Laserstrahljustieren mit Excimer-Lasern - Prozeßparameter und Modelle zur Aktorkonstruktion
LFT, 128 Seiten, 36 Bilder, 9 Tab. 2001.
ISBN 3-87525-159-8.

Band 111: Jürgen Göhringer
Integrierte Telediagnose via Internet zum effizienten Service von Produktionssystemen
FAPS, 178 Seiten, 98 Bilder, 5 Tab. 2001.
ISBN 3-87525-147-4.

Band 112: Robert Feuerstein
Qualitäts- und kosteneffiziente Integration neuer Bauelementetechnologien in die Flachbaugruppenfertigung
FAPS, 161 Seiten, 99 Bilder, 10 Tab. 2001.
ISBN 3-87525-151-2.

Band 113: Marcus Reichenberger
Eigenschaften und Einsatzmöglichkeiten alternativer Elektroniklote in der Oberflächenmontage (SMT)
FAPS, 165 Seiten, 97 Bilder, 18 Tab. 2001.
ISBN 3-87525-152-0.

Band 114: Alexander Huber
Justieren vormontierter Systeme mit dem Nd:YAG-Laser unter Einsatz von Aktoren
LFT, 122 Seiten, 58 Bilder, 5 Tab. 2001.
ISBN 3-87525-153-9.

Band 115: Sami Krimi
Analyse und Optimierung von Montagesystemen in der Elektronikproduktion
FAPS, 155 Seiten, 88 Bilder, 3 Tab. 2001.
ISBN 3-87525-157-1.

Band 116: Marion Merklein
Laserstrahlumformen von Aluminiumwerkstoffen - Beeinflussung der Mikrostruktur und der mechanischen Eigenschaften
LFT, 122 Seiten, 65 Bilder, 15 Tab. 2001.
ISBN 3-87525-156-3.

Band 117: Thomas Collisi
Ein informationslogistisches Architekturkonzept zur Akquisition simulationsrelevanter Daten
FAPS, 181 Seiten, 105 Bilder, 7 Tab. 2002.
ISBN 3-87525-164-4.

Band 118: Markus Koch
Rationalisierung und ergonomische Optimierung im Innenausbau durch den Einsatz moderner Automatisierungstechnik
FAPS, 176 Seiten, 98 Bilder, 9 Tab. 2002.
ISBN 3-87525-165-2.

Band 119: Michael Schmidt
Prozeßregelung für das Laserstrahl-Punktschweißen in der Elektronikproduktion
LFT, 152 Seiten, 71 Bilder, 3 Tab. 2002.
ISBN 3-87525-166-0.

Band 120: Nicolas Tiesler
Grundlegende Untersuchungen zum Fließpressen metallischer Kleinstteile
LFT, 126 Seiten, 78 Bilder, 12 Tab. 2002.
ISBN 3-87525-175-X.

Band 121: Lars Pursche
Methoden zur technologieorientierten Programmierung für die 3D-Lasermikrobearbeitung
LFT, 111 Seiten, 39 Bilder, 0 Tab. 2002.
ISBN 3-87525-183-0.

Band 122: Jan-Oliver Brassel
Prozeßkontrolle beim Laserstrahl-Mikroschweißen
LFT, 148 Seiten, 72 Bilder, 12 Tab. 2002.
ISBN 3-87525-181-4.

Band 123: Mark Geisel
Prozeßkontrolle und -steuerung beim Laserstrahlschweißen mit den Methoden der nichtlinearen Dynamik
LFT, 135 Seiten, 46 Bilder, 2 Tab. 2002.
ISBN 3-87525-180-6.

Band 124: Gerd Eßer
Laserstrahlunterstützte Erzeugung metallischer Leiterstrukturen auf Thermoplastsubstraten für die MID-Technik
LFT, 148 Seiten, 60 Bilder, 6 Tab. 2002.
ISBN 3-87525-171-7.

Band 125: Marc Fleckenstein
Qualität laserstrahl-gefügter Mikroverbindungen elektronischer Kontakte
LFT, 159 Seiten, 77 Bilder, 7 Tab. 2002.
ISBN 3-87525-170-9.

Band 126: Stefan Kaufmann
Grundlegende Untersuchungen zum Nd:YAG- Laserstrahlfügen von Silizium für Komponenten der Optoelektronik
LFT, 159 Seiten, 100 Bilder, 6 Tab. 2002.
ISBN 3-87525-172-5.

Band 127: Thomas Fröhlich
Simultanes Löten von Anschlußkontakten elektronischer Bauelemente mit Diodenlaserstrahlung
LFT, 143 Seiten, 75 Bilder, 6 Tab. 2002.
ISBN 3-87525-186-5.

Band 128: Achim Hofmann
Erweiterung der Formgebungsgrenzen beim Umformen von Aluminiumwerkstoffen durch den Einsatz prozessangepasster Platinen
LFT, 113 Seiten, 58 Bilder, 4 Tab. 2002.
ISBN 3-87525-182-2.

Band 129: Ingo Kriebitzsch
3 - D MID Technologie in der Automobilelektronik
FAPS, 129 Seiten, 102 Bilder, 10 Tab. 2002.
ISBN 3-87525-169-5.

Band 130: Thomas Pohl
Fertigungsqualität und Umformbarkeit laserstrahlgeschweißter Formplatinen aus Aluminiumlegierungen
LFT, 133 Seiten, 93 Bilder, 12 Tab. 2002.
ISBN 3-87525-173-3.

Band 131: Matthias Wenk
Entwicklung eines konfigurierbaren Steuerungssystems für die flexible Sensorführung von Industrierobotern
FAPS, 167 Seiten, 85 Bilder, 1 Tab. 2002.
ISBN 3-87525-174-1.

Band 132: Matthias Negendanck
Neue Sensorik und Aktorik für Bearbeitungsköpfe zum Laserstrahlschweißen
LFT, 116 Seiten, 60 Bilder, 14 Tab. 2002.
ISBN 3-87525-184-9.

Band 133: Oliver Kreis
Integrierte Fertigung - Verfahrensintegration durch Innenhochdruck-Umformen, Trennen und Laserstrahlschweißen in einem Werkzeug sowie ihre tele- und multimediale Präsentation
LFT, 167 Seiten, 90 Bilder, 43 Tab. 2002.
ISBN 3-87525-176-8.

Band 134: Stefan Trautner
Technische Umsetzung produktbezogener Instrumente der Umweltpolitik bei Elektro- und Elektronikgeräten
FAPS, 179 Seiten, 92 Bilder, 11 Tab. 2002.
ISBN 3-87525-177-6.

Band 135: Roland Meier
Strategien für einen produktorientierten Einsatz räumlicher spritzgegossener Schaltungsträger (3-D MID)
FAPS, 155 Seiten, 88 Bilder, 14 Tab. 2002.
ISBN 3-87525-178-4.

Band 136: Jürgen Wunderlich
Kostensimulation - Simulationsbasierte Wirtschaftlichkeitsregelung komplexer Produktionssysteme
FAPS, 202 Seiten, 119 Bilder, 17 Tab. 2002.
ISBN 3-87525-179-2.

Band 137: Stefan Novotny
Innenhochdruck-Umformen von Blechen aus Aluminium- und Magnesiumlegierungen bei erhöhter Temperatur
LFT, 132 Seiten, 82 Bilder, 6 Tab. 2002.
ISBN 3-87525-185-7.

Band 138: Andreas Licha
Flexible Montageautomatisierung zur Komplettmontage flächenhafter Produktstrukturen durch kooperierende Industrieroboter
FAPS, 158 Seiten, 87 Bilder, 8 Tab. 2003.
ISBN 3-87525-189-X.

Band 139: Michael Eisenbarth
Beitrag zur Optimierung der Aufbau- und Verbindungstechnik für mechatronische Baugruppen
FAPS, 207 Seiten, 141 Bilder, 9 Tab. 2003.
ISBN 3-87525-190-3.

Band 140: Frank Christoph
Durchgängige simulationsgestützte Planung von Fertigungseinrichtungen der Elektronikproduktion
FAPS, 187 Seiten, 107 Bilder, 9 Tab. 2003.
ISBN 3-87525-191-1.

Band 141: Hinnerk Hagenah
Simulationsbasierte Bestimmung der zu erwartenden Maßhaltigkeit für das Blechbiegen
LFT, 131 Seiten, 36 Bilder, 26 Tab. 2003.
ISBN 3-87525-192-X.

Band 142: Ralf Eckstein
Scherschneiden und Biegen metallischer Kleinstteile - Materialeinfluss und Materialverhalten
LFT, 148 Seiten, 71 Bilder, 19 Tab. 2003.
ISBN 3-87525-193-8.

Band 143: Frank H. Meyer-Pittroff
Excimerlaserstrahlbiegen dünner metallischer Folien mit homogener Lichtlinie
LFT, 138 Seiten, 60 Bilder, 16 Tab. 2003.
ISBN 3-87525-196-2.

Band 144: Andreas Kach
Rechnergestützte Anpassung von Laserstrahlschneidbahnen an Bauteilabweichungen
LFT, 139 Seiten, 69 Bilder, 11 Tab. 2004.
ISBN 3-87525-197-0.

Band 145: Stefan Hierl
System- und Prozeßtechnik für das simultane Löten mit Diodenlaserstrahlung von elektronischen Bauelementen
LFT, 124 Seiten, 66 Bilder, 4 Tab. 2004.
ISBN 3-87525-198-9.

Band 146: Thomas Neudecker
Tribologische Eigenschaften keramischer Blechumformwerkzeuge- Einfluss einer Oberflächenendbearbeitung mittels Excimerlaserstrahlung
LFT, 166 Seiten, 75 Bilder, 26 Tab. 2004.
ISBN 3-87525-200-4.

Band 147: Ulrich Wenger
Prozessoptimierung in der Wickeltechnik durch innovative maschinenbauliche und regelungstechnische Ansätze
FAPS, 132 Seiten, 88 Bilder, 0 Tab. 2004.
ISBN 3-87525-203-9.

Band 148: Stefan Slama
Effizienzsteigerung in der Montage durch marktorientierte Montagestrukturen und erweiterte Mitarbeiterkompetenz
FAPS, 188 Seiten, 125 Bilder, 0 Tab. 2004.
ISBN 3-87525-204-7.

Band 149: Thomas Wurm
Laserstrahljustieren mittels Aktoren-Entwicklung von Konzepten und Methoden für die rechnerunterstützte Modellierung und Optimierung von komplexen Aktorsystemen in der Mikrotechnik
LFT, 122 Seiten, 51 Bilder, 9 Tab. 2004.
ISBN 3-87525-206-3.

Band 150: Martino Celeghini
Wirkmedienbasierte Blechumformung: Grundlagenuntersuchungen zum Einfluss von Werkstoff und Bauteilgeometrie
LFT, 146 Seiten, 77 Bilder, 6 Tab. 2004.
ISBN 3-87525-207-1.

Band 151: Ralph Hohenstein
Entwurf hochdynamischer Sensor- und Regelsysteme für die adaptive Laserbearbeitung
LFT, 282 Seiten, 63 Bilder, 16 Tab. 2004.
ISBN 3-87525-210-1.

Band 152: Angelika Hutterer
Entwicklung prozessüberwachender Regelkreise für flexible Formgebungsprozesse
LFT, 149 Seiten, 57 Bilder, 2 Tab. 2005.
ISBN 3-87525-212-8.

Band 153: Emil Egerer
Massivumformen metallischer Kleinstteile bei erhöhter Prozesstemperatur
LFT, 158 Seiten, 87 Bilder, 10 Tab. 2005.
ISBN 3-87525-213-6.

Band 154: Rüdiger Holzmann
Strategien zur nachhaltigen Optimierung von Qualität und Zuverlässigkeit in der Fertigung hochintegrierter Flachbaugruppen
FAPS, 186 Seiten, 99 Bilder, 19 Tab. 2005.
ISBN 3-87525-217-9.

Band 155: Marco Nock
Biegeumformen mit Elastomerwerkzeugen Modellierung, Prozessauslegung und Abgrenzung des Verfahrens am Beispiel des Rohrbiegens
LFT, 164 Seiten, 85 Bilder, 13 Tab. 2005.
ISBN 3-87525-218-7.

Band 156: Frank Niebling
Qualifizierung einer Prozesskette zum Laserstrahlsintern metallischer Bauteile
LFT, 148 Seiten, 89 Bilder, 3 Tab. 2005.
ISBN 3-87525-219-5.

Band 157: Markus Meiler
Großserientauglichkeit trockenschmierstoffbeschichteter Aluminiumbleche im Presswerk Grundlegende Untersuchungen zur Tribologie, zum Umformverhalten und Bauteilversuche
LFT, 104 Seiten, 57 Bilder, 21 Tab. 2005.
ISBN 3-87525-221-7.

Band 158: Agus Sutanto
Solution Approaches for Planning of Assembly Systems in Three-Dimensional Virtual Environments
FAPS, 169 Seiten, 98 Bilder, 3 Tab. 2005.
ISBN 3-87525-220-9.

Band 159: Matthias Boiger
Hochleistungssysteme für die Fertigung elektronischer Baugruppen auf der Basis flexibler Schaltungsträger
FAPS, 175 Seiten, 111 Bilder, 8 Tab. 2005.
ISBN 3-87525-222-5.

Band 160: Matthias Pitz
Laserunterstütztes Biegen höchstfester Mehrphasenstähle
LFT, 120 Seiten, 73 Bilder, 11 Tab. 2005.
ISBN 3-87525-223-3.

Band 161: Meik Vahl
Beitrag zur gezielten Beeinflussung des Werkstoffflusses beim Innenhochdruck-Umformen von Blechen
LFT, 165 Seiten, 94 Bilder, 15 Tab. 2005.
ISBN 3-87525-224-1.

Band 162: Peter K. Kraus
Plattformstrategien - Realisierung einer varianz- und kostenoptimierten Wertschöpfung
FAPS, 181 Seiten, 95 Bilder, 0 Tab. 2005.
ISBN 3-87525-226-8.

Band 163: Adrienn Cser
Laserstrahlschmelzabtrag - Prozessanalyse und -modellierung
LFT, 146 Seiten, 79 Bilder, 3 Tab. 2005.
ISBN 3-87525-227-6.

Band 164: Markus C. Hahn
Grundlegende Untersuchungen zur Herstellung von Leichtbauverbundstrukturen mit Aluminiumschaumkern
LFT, 143 Seiten, 60 Bilder, 16 Tab. 2005.
ISBN 3-87525-228-4.

Band 165: Gordana Michos
Mechatronische Ansätze zur Optimierung von Vorschubachsen
FAPS, 146 Seiten, 87 Bilder, 17 Tab. 2005.
ISBN 3-87525-230-6.

Band 166: Markus Stark
Auslegung und Fertigung hochpräziser Faser-Kollimator-Arrays
LFT, 158 Seiten, 115 Bilder, 11 Tab. 2005.
ISBN 3-87525-231-4.

Band 167: Yurong Zhou
Kollaboratives Engineering Management in der integrierten virtuellen Entwicklung der Anlagen für die Elektronikproduktion
FAPS, 156 Seiten, 84 Bilder, 6 Tab. 2005.
ISBN 3-87525-232-2.

Band 168: Werner Enser
Neue Formen permanenter und lösbarer elektrischer Kontaktierungen für mechatronische Baugruppen
FAPS, 190 Seiten, 112 Bilder, 5 Tab. 2005.
ISBN 3-87525-233-0.

Band 169: Katrin Melzer
Integrierte Produktpolitik bei elektrischen und elektronischen Geräten zur Optimierung des Product-Life-Cycle
FAPS, 155 Seiten, 91 Bilder, 17 Tab. 2005.
ISBN 3-87525-234-9.

Band 170: Alexander Putz
Grundlegende Untersuchungen zur Erfassung der realen Vorspannung von armierten Kaltfließpresswerkzeugen mittels Ultraschall
LFT, 137 Seiten, 71 Bilder, 15 Tab. 2006.
ISBN 3-87525-237-3.

Band 171: Martin Prechtl
Automatisiertes Schichtverfahren für metallische Folien - System- und Prozesstechnik
LFT, 154 Seiten, 45 Bilder, 7 Tab. 2006.
ISBN 3-87525-238-1.

Band 172: Markus Meidert
Beitrag zur deterministischen Lebensdauerabschätzung von Werkzeugen der Kaltmassivumformung
LFT, 131 Seiten, 78 Bilder, 9 Tab. 2006.
ISBN 3-87525-239-X.

Band 173: Bernd Müller
Robuste, automatisierte Montagesysteme durch adaptive Prozessführung und montageübergreifende Fehlerprävention am Beispiel flächiger Leichtbauteile
FAPS, 147 Seiten, 77 Bilder, 0 Tab. 2006.
ISBN 3-87525-240-3.

Band 174: Alexander Hofmann
Hybrides Laserdurchstrahlschweißen von Kunststoffen
LFT, 136 Seiten, 72 Bilder, 4 Tab. 2006.
ISBN 978-3-87525-243-9.

Band 175: Peter Wölflick
Innovative Substrate und Prozesse mit feinsten Strukturen für bleifreie Mechatronik-Anwendungen
FAPS, 177 Seiten, 148 Bilder, 24 Tab. 2006.
ISBN 978-3-87525-246-0.

Band 176: Attila Komlodi
Detection and Prevention of Hot Cracks during Laser Welding of Aluminium Alloys Using Advanced Simulation Methods
LFT, 155 Seiten, 89 Bilder, 14 Tab. 2006.
ISBN 978-3-87525-248-4.

Band 177: Uwe Popp
Grundlegende Untersuchungen zum Laserstrahlstrukturieren von Kaltmassivumformwerkzeugen
LFT, 140 Seiten, 67 Bilder, 16 Tab. 2006.
ISBN 978-3-87525-249-1.

Band 178: Veit Rückel
Rechnergestützte Ablaufplanung und Bahngenerierung Für kooperierende Industrieroboter
FAPS, 148 Seiten, 75 Bilder, 7 Tab. 2006.
ISBN 978-3-87525-250-7.

Band 179: Manfred Dirscherl
Nicht-thermische Mikrojustiertechnik mittels ultrakurzer Laserpulse
LFT, 154 Seiten, 69 Bilder, 10 Tab. 2007.
ISBN 978-3-87525-251-4.

Band 180: Yong Zhuo
Entwurf eines rechnergestützten integrierten Systems für Konstruktion und Fertigungsplanung räumlicher spritzgegossener Schaltungsträger (3D-MID)
FAPS, 181 Seiten, 95 Bilder, 5 Tab. 2007.
ISBN 978-3-87525-253-8.

Band 181: Stefan Lang
Durchgängige Mitarbeiterinformation zur Steigerung von Effizienz und Prozesssicherheit in der Produktion
FAPS, 172 Seiten, 93 Bilder. 2007.
ISBN 978-3-87525-257-6.

Band 182: Hans-Joachim Krauß
Laserstrahlinduzierte Pyrolyse präkeramischer Polymere
LFT, 171 Seiten, 100 Bilder. 2007.
ISBN 978-3-87525-258-3.

Band 183: Stefan Junker
Technologien und Systemlösungen für die flexibel automatisierte Bestückung permanent erregter Läufer mit oberflächenmontierten Dauermagneten
FAPS, 173 Seiten, 75 Bilder. 2007.
ISBN 978-3-87525-259-0.

Band 184: Rainer Kohlbauer
Wissensbasierte Methoden für die simulationsgestützte Auslegung wirkmedienbasierter Blechumformprozesse
LFT, 135 Seiten, 50 Bilder. 2007.
ISBN 978-3-87525-260-6.

Band 185: Klaus Lamprecht
Wirkmedienbasierte Umformung tiefgezogener Vorformen unter besonderer Berücksichtigung maßgeschneiderter Halbzeuge
LFT, 137 Seiten, 81 Bilder. 2007.
ISBN 978-3-87525-265-1.

Band 186: Bernd Zolleiß
Optimierte Prozesse und Systeme für die Bestückung mechatronischer Baugruppen
FAPS, 180 Seiten, 117 Bilder. 2007.
ISBN 978-3-87525-266-8.

Band 187: Michael Kerausch
Simulationsgestützte Prozessauslegung für das Umformen lokal wärmebehandelter Aluminiumplatinen
LFT, 146 Seiten, 76 Bilder, 7 Tab. 2007.
ISBN 978-3-87525-267-5.

Band 188: Matthias Weber
Unterstützung der Wandlungsfähigkeit von Produktionsanlagen durch innovative Softwaresysteme
FAPS, 183 Seiten, 122 Bilder, 3 Tab. 2007.
ISBN 978-3-87525-269-9.

Band 189: Thomas Frick
Untersuchung der prozessbestimmenden Strahl-Stoff-Wechselwirkungen beim Laserstrahlschweißen von Kunststoffen
LFT, 104 Seiten, 62 Bilder, 8 Tab. 2007.
ISBN 978-3-87525-268-2.

Band 190: Joachim Hecht
Werkstoffcharakterisierung und Prozessauslegung für die wirkmedienbasierte Doppelblech-Umformung von Magnesiumlegierungen
LFT, 107 Seiten, 91 Bilder, 2 Tab. 2007.
ISBN 978-3-87525-270-5.

Band 191: Ralf Völkl
Stochastische Simulation zur Werkzeuglebensdaueroptimierung und Präzisionsfertigung in der Kaltmassivumformung
LFT, 178 Seiten, 75 Bilder, 12 Tab. 2008.
ISBN 978-3-87525-272-9.

Band 192: Massimo Tolazzi
Innenhochdruck-Umformen verstärkter Blech-Rahmenstrukturen
LFT, 164 Seiten, 85 Bilder, 7 Tab. 2008.
ISBN 978-3-87525-273-6.

Band 193: Cornelia Hoff
Untersuchung der Prozesseinflussgrößen beim Presshärten des höchstfesten Vergütungsstahls 22MnB5
LFT, 133 Seiten, 92 Bilder, 5 Tab. 2008.
ISBN 978-3-87525-275-0.

Band 194: Christian Alvarez
Simulationsgestützte Methoden zur effizienten Gestaltung von Lötprozessen in der Elektronikproduktion
FAPS, 149 Seiten, 86 Bilder, 8 Tab. 2008.
ISBN 978-3-87525-277-4.

Band 195: Andreas Kunze
Automatisierte Montage von makromechatronischen Modulen zur flexiblen Integration in hybride Pkw-Bordnetzsysteme
FAPS, 160 Seiten, 90 Bilder, 14 Tab. 2008.
ISBN 978-3-87525-278-1.

Band 196: Wolfgang Hußnätter
Grundlegende Untersuchungen zur experimentellen Ermittlung und zur Modellierung von Fließortkurven bei erhöhten Temperaturen
LFT, 152 Seiten, 73 Bilder, 21 Tab. 2008.
ISBN 978-3-87525-279-8.

Band 197: Thomas Bigl
Entwicklung, angepasste Herstellungsverfahren und erweiterte Qualitätssicherung von einsatzgerechten elektronischen Baugruppen
FAPS, 175 Seiten, 107 Bilder, 14 Tab. 2008.
ISBN 978-3-87525-280-4.

Band 198: Stephan Roth
Grundlegende Untersuchungen zum Excimerlaserstrahl-Abtragen unter Flüssigkeitsfilmen
LFT, 113 Seiten, 47 Bilder, 14 Tab. 2008.
ISBN 978-3-87525-281-1.

Band 199: Artur Giera
Prozesstechnische Untersuchungen zum Rührreibschweißen metallischer Werkstoffe
LFT, 179 Seiten, 104 Bilder, 36 Tab. 2008.
ISBN 978-3-87525-282-8.

Band 200: Jürgen Lechler
Beschreibung und Modellierung des Werkstoffverhaltens von presshärtbaren Bor-Manganstählen
LFT, 154 Seiten, 75 Bilder, 12 Tab. 2009.
ISBN 978-3-87525-286-6.

Band 201: Andreas Blankl
Untersuchungen zur Erhöhung der Prozessrobustheit bei der Innenhochdruck-Umformung von flächigen Halbzeugen mit vor- bzw. nachgeschalteten Laserstrahlfügeoperationen
LFT, 120 Seiten, 68 Bilder, 9 Tab. 2009.
ISBN 978-3-87525-287-3.

Band 202: Andreas Schaller
Modellierung eines nachfrageorientierten Produktionskonzeptes für mobile Telekommunikationsgeräte
FAPS, 120 Seiten, 79 Bilder, 0 Tab. 2009.
ISBN 978-3-87525-289-7.

Band 203: Claudius Schimpf
Optimierung von Zuverlässigkeitsuntersuchungen, Prüfabläufen und Nacharbeitsprozessen in der Elektronikproduktion
FAPS, 162 Seiten, 90 Bilder, 14 Tab. 2009.
ISBN 978-3-87525-290-3.

Band 204: Simon Dietrich
Sensoriken zur Schwerpunktslagebestimmung der optischen Prozessemissionen beim Laserstrahltiefschweißen
LFT, 138 Seiten, 70 Bilder, 5 Tab. 2009.
ISBN 978-3-87525-292-7.

Band 205: Wolfgang Wolf
Entwicklung eines agentenbasierten Steuerungssystems zur Materialflussorganisation im wandelbaren Produktionsumfeld
FAPS, 167 Seiten, 98 Bilder. 2009.
ISBN 978-3-87525-293-4.

Band 206: Steffen Polster
Laserdurchstrahlschweißen transparenter Polymerbauteile
LFT, 160 Seiten, 92 Bilder, 13 Tab. 2009.
ISBN 978-3-87525-294-1.

Band 207: Stephan Manuel Dörfler
Rührreibschweißen von walzplattiertem Halbzeug und Aluminiumblech zur Herstellung flächiger Aluminiumschaum-Sandwich-Verbundstrukturen
LFT, 190 Seiten, 98 Bilder, 5 Tab. 2009.
ISBN 978-3-87525-295-8.

Band 208: Uwe Vogt
Seriennahe Auslegung von Aluminium Tailored Heat Treated Blanks
LFT, 151 Seiten, 68 Bilder, 26 Tab. 2009.
ISBN 978-3-87525-296-5.

Band 209: Till Laumann
Qualitative und quantitative Bewertung der Crashtauglichkeit von höchstfesten Stählen
LFT, 117 Seiten, 69 Bilder, 7 Tab. 2009.
ISBN 978-3-87525-299-6.

Band 210: Alexander Diehl
Größeneffekte bei Biegeprozessen- Entwicklung einer Methodik zur Identifikation und Quantifizierung
LFT, 180 Seiten, 92 Bilder, 12 Tab. 2010.
ISBN 978-3-87525-302-3.

Band 211: Detlev Staud
Effiziente Prozesskettenauslegung für das Umformen lokal wärmebehandelter und geschweißter Aluminiumbleche
LFT, 164 Seiten, 72 Bilder, 12 Tab. 2010.
ISBN 978-3-87525-303-0.

Band 212: Jens Ackermann
Prozesssicherung beim Laserdurchstrahlschweißen thermoplastischer Kunststoffe
LPT, 129 Seiten, 74 Bilder, 13 Tab. 2010.
ISBN 978-3-87525-305-4.

Band 213: Stephan Weidel
Grundlegende Untersuchungen zum Kontaktzustand zwischen Werkstück und Werkzeug bei umformtechnischen Prozessen unter tribologischen Gesichtspunkten
LFT, 144 Seiten, 67 Bilder, 11 Tab. 2010.
ISBN 978-3-87525-307-8.

Band 214: Stefan Geißdörfer
Entwicklung eines mesoskopischen Modells zur Abbildung von Größeneffekten in der Kaltmassivumformung mit Methoden der FE-Simulation
LFT, 133 Seiten, 83 Bilder, 11 Tab. 2010.
ISBN 978-3-87525-308-5.

Band 215: Christian Matzner
Konzeption produktspezifischer Lösungen zur Robustheitssteigerung elektronischer Systeme gegen die Einwirkung von Betauung im Automobil
FAPS, 165 Seiten, 93 Bilder, 14 Tab. 2010.
ISBN 978-3-87525-309-2.

Band 216: Florian Schüßler
Verbindungs- und Systemtechnik für thermisch hochbeanspruchte und miniaturisierte elektronische Baugruppen
FAPS, 184 Seiten, 93 Bilder, 18 Tab. 2010.
ISBN 978-3-87525-310-8.

Band 217: Massimo Cojutti
Strategien zur Erweiterung der Prozessgrenzen bei der Innhochdruck-Umformung von Rohren und Blechpaaren
LFT, 125 Seiten, 56 Bilder, 9 Tab. 2010.
ISBN 978-3-87525-312-2.

Band 218: Raoul Plettke
Mehrkriterielle Optimierung komplexer Aktorsysteme für das Laserstrahljustieren
LFT, 152 Seiten, 25 Bilder, 3 Tab. 2010.
ISBN 978-3-87525-315-3.

Band 219: Andreas Dobroschke
Flexible Automatisierungslösungen für die Fertigung wickeltechnischer Produkte
FAPS, 184 Seiten, 109 Bilder, 18 Tab. 2011.
ISBN 978-3-87525-317-7.

Band 220: Azhar Zam
Optical Tissue Differentiation for Sensor-Controlled Tissue-Specific Laser Surgery
LPT, 99 Seiten, 45 Bilder, 8 Tab. 2011.
ISBN 978-3-87525-318-4.

Band 221: Michael Rösch
Potenziale und Strategien zur Optimierung des Schablonendruckprozesses in der Elektronikproduktion
FAPS, 192 Seiten, 127 Bilder, 19 Tab. 2011.
ISBN 978-3-87525-319-1.

Band 222: Thomas Rechtenwald
Quasi-isothermes Laserstrahlsintern von Hochtemperatur-Thermoplasten - Eine Betrachtung werkstoff-prozessspezifischer Aspekte am Beispiel PEEK
LPT, 150 Seiten, 62 Bilder, 8 Tab. 2011.
ISBN 978-3-87525-320-7.

Band 223: Daniel Craiovan
Prozesse und Systemlösungen für die SMT-Montage optischer Bauelemente auf Substrate mit integrierten Lichtwellenleitern
FAPS, 165 Seiten, 85 Bilder, 8 Tab. 2011.
ISBN 978-3-87525-324-5.

Band 224: Kay Wagner
Beanspruchungsangepasste Kaltmassivumformwerkzeuge durch lokal optimierte Werkzeugoberflächen
LFT, 147 Seiten, 103 Bilder, 17 Tab. 2011.
ISBN 978-3-87525-325-2.

Band 225: Martin Brandhuber
Verbesserung der Prognosegüte des Versagens von Punktschweißverbindungen bei höchstfesten Stahlgüten
LFT, 155 Seiten, 91 Bilder, 19 Tab. 2011.
ISBN 978-3-87525-327-6.

Band 226: Peter Sebastian Feuser
Ein Ansatz zur Herstellung von pressgehärteten Karosseriekomponenten mit maßgeschneiderten mechanischen Eigenschaften: Temperierte Umformwerkzeuge. Prozessfenster, Prozesssimuation und funktionale Untersuchung
LFT, 195 Seiten, 97 Bilder, 60 Tab. 2012.
ISBN 978-3-87525-328-3.

Band 227: Murat Arbak
Material Adapted Design of Cold Forging Tools Exemplified by Powder Metallurgical Tool Steels and Ceramics
LFT, 109 Seiten, 56 Bilder, 8 Tab. 2012.
ISBN 978-3-87525-330-6.

Band 228: Indra Pitz
Beschleunigte Simulation des Laserstrahlumformens von Aluminiumblechen
LPT, 137 Seiten, 45 Bilder, 27 Tab. 2012.
ISBN 978-3-87525-333-7.

Band 229: Alexander Grimm
Prozessanalyse und -überwachung des Laserstrahlhartlötens mittels optischer Sensorik
LPT, 125 Seiten, 61 Bilder, 5 Tab. 2012.
ISBN 978-3-87525-334-4.

Band 230: Markus Kaupper
Biegen von höhenfesten Stahlblechwerkstoffen - Umformverhalten und Grenzen der Biegbarkeit
LFT, 160 Seiten, 57 Bilder, 10 Tab. 2012.
ISBN 978-3-87525-339-9.

Band 231: Thomas Kroiß
Modellbasierte Prozessauslegung für die Kaltmassivumformung unter Brücksichtigung der Werkzeug- und Pressenauffederung
LFT, 169 Seiten, 50 Bilder, 19 Tab. 2012.
ISBN 978-3-87525-341-2.

Band 232: Christian Goth
Analyse und Optimierung der Entwicklung und Zuverlässigkeit räumlicher Schaltungsträger (3D-MID)
FAPS, 176 Seiten, 102 Bilder, 22 Tab. 2012.
ISBN 978-3-87525-340-5.

Band 233: Christian Ziegler
Ganzheitliche Automatisierung mechatronischer Systeme in der Medizin am Beispiel Strahlentherapie
FAPS, 170 Seiten, 71 Bilder, 19 Tab. 2012.
ISBN 978-3-87525-342-9.

Band 234: Florian Albert
Automatisiertes Laserstrahllöten und -reparaturlöten elektronischer Baugruppen
LPT, 127 Seiten, 78 Bilder, 11 Tab. 2012.
ISBN 978-3-87525-344-3.

Band 235: Thomas Stöhr
Analyse und Beschreibung des mechanischen Werkstoffverhaltens von presshärtbaren Bor-Manganstählen
LFT, 118 Seiten, 74 Bilder, 18 Tab. 2013.
ISBN 978-3-87525-346-7.

Band 236: Christian Kägeler
Prozessdynamik beim Laserstrahlschweißen verzinkter Stahlbleche im Überlappstoß
LPT, 145 Seiten, 80 Bilder, 3 Tab. 2013.
ISBN 978-3-87525-347-4.

Band 237: Andreas Sulzberger
Seriennahe Auslegung der Prozesskette zur wärmeunterstützten Umformung von Aluminiumblechwerkstoffen
LFT, 153 Seiten, 87 Bilder, 17 Tab. 2013.
ISBN 978-3-87525-349-8.

Band 238: Simon Opel
Herstellung prozessangepasster Halbzeuge mit variabler Blechdicke durch die Anwendung von Verfahren der Blechmassivumformung
LFT, 165 Seiten, 108 Bilder, 27 Tab. 2013.
ISBN 978-3-87525-350-4.

Band 239: Rajesh Kanawade
In-vivo Monitoring of Epithelium Vessel and Capillary Density for the Application of Detection of Clinical Shock and Early Signs of Cancer Development
LPT, 124 Seiten, 58 Bilder, 15 Tab. 2013.
ISBN 978-3-87525-351-1.

Band 240: Stephan Busse
Entwicklung und Qualifizierung eines Schneidclinchverfahrens
LFT, 119 Seiten, 86 Bilder, 20 Tab. 2013.
ISBN 978-3-87525-352-8.

Band 241: Karl-Heinz Leitz
Mikro- und Nanostrukturierung mit kurz und ultrakurz gepulster Laserstrahlung
LPT, 154 Seiten, 71 Bilder, 9 Tab. 2013.
ISBN 978-3-87525-355-9.

Band 242: Markus Michl
Webbasierte Ansätze zur ganzheitlichen technischen Diagnose
FAPS, 182 Seiten, 62 Bilder, 20 Tab. 2013.
ISBN 978-3-87525-356-6.

Band 243: Vera Sturm
Einfluss von Chargenschwankungen auf die Verarbeitungsgrenzen von Stahlwerkstoffen
LFT, 113 Seiten, 58 Bilder, 9 Tab. 2013.
ISBN 978-3-87525-357-3.

Band 244: Christian Neudel
Mikrostrukturelle und mechanisch-technologische Eigenschaften widerstandspunktgeschweißter Aluminium-Stahl-Verbindungen für den Fahrzeugbau
LFT, 178 Seiten, 171 Bilder, 31 Tab. 2014.
ISBN 978-3-87525-358-0.

Band 245: Anja Neumann
Konzept zur Beherrschung der Prozessschwankungen im Presswerk
LFT, 162 Seiten, 68 Bilder, 15 Tab. 2014.
ISBN 978-3-87525-360-3.

Band 246: Ulf-Hermann Quentin
Laserbasierte Nanostrukturierung mit optisch positionierten Mikrolinsen
LPT, 137 Seiten, 89 Bilder, 6 Tab. 2014.
ISBN 978-3-87525-361-0.

Band 247: Erik Lamprecht
Der Einfluss der Fertigungsverfahren auf die Wirbelstromverluste von Stator-Einzelzahnblechpaketen für den Einsatz in Hybrid- und Elektrofahrzeugen
FAPS, 148 Seiten, 138 Bilder, 4 Tab. 2014.
ISBN 978-3-87525-362-7.

Band 248: Sebastian Rösel
Wirkmedienbasierte Umformung von Blechhalbzeugen unter Anwendung magnetorheologischer Flüssigkeiten als kombiniertes Wirk- und Dichtmedium
LFT, 148 Seiten, 61 Bilder, 12 Tab. 2014.
ISBN 978-3-87525-363-4.

Band 249: Paul Hippchen
Simulative Prognose der Geometrie indirekt pressgehärteter Karosseriebauteile für die industrielle Anwendung
LFT, 163 Seiten, 89 Bilder, 12 Tab. 2014.
ISBN 978-3-87525-364-1.

Band 250: Martin Zubeil
Versagensprognose bei der Prozess simulation von Biegeumform- und Falzverfahren
LFT, 171 Seiten, 90 Bilder, 5 Tab. 2014.
ISBN 978-3-87525-365-8.

Band 251: Alexander Kühl
Flexible Automatisierung der Statorenmontage mit Hilfe einer universellen ambidexteren Kinematik
FAPS, 142 Seiten, 60 Bilder, 26 Tab. 2014.
ISBN 978-3-87525-367-2.

Band 252: Thomas Albrecht
Optimierte Fertigungstechnologien für Rotoren getriebeintegrierter PM-Synchronmotoren von Hybridfahrzeugen
FAPS, 198 Seiten, 130 Bilder, 38 Tab. 2014.
ISBN 978-3-87525-368-9.

Band 253: Florian Risch
Planning and Production Concepts for Contactless Power Transfer Systems for Electric Vehicles
FAPS, 185 Seiten, 125 Bilder, 13 Tab. 2014.
ISBN 978-3-87525-369-6.

Band 254: Markus Weigl
Laserstrahlschweißen von Mischverbindungen aus austenitischen und ferritischen korrosionsbeständigen Stahlwerkstoffen
LPT, 184 Seiten, 110 Bilder, 6 Tab. 2014.
ISBN 978-3-87525-370-2.

Band 255: Johannes Noneder
Beanspruchungserfassung für die Validierung von FE-Modellen zur Auslegung von Massivumformwerkzeugen
LFT, 161 Seiten, 65 Bilder, 14 Tab. 2014.
ISBN 978-3-87525-371-9.

Band 256: Andreas Reinhardt
Ressourceneffiziente Prozess- und Produktionstechnologie für flexible Schaltungsträger
FAPS, 123 Seiten, 69 Bilder, 19 Tab. 2014.
ISBN 978-3-87525-373-3.

Band 257: Tobias Schmuck
Ein Beitrag zur effizienten Gestaltung globaler Produktions- und Logistiknetzwerke mittels Simulation
FAPS, 151 Seiten, 74 Bilder. 2014.
ISBN 978-3-87525-374-0.

Band 258: Bernd Eichenhüller
Untersuchungen der Effekte und Wechselwirkungen charakteristischer Einflussgrößen auf das Umformverhalten bei Mikroumformprozessen
LFT, 127 Seiten, 29 Bilder, 9 Tab. 2014.
ISBN 978-3-87525-375-7.

Band 259: Felix Lütteke
Vielseitiges autonomes Transportsystem basierend auf Weltmodellerstellung mittels Datenfusion von Deckenkameras und Fahrzeugsensoren
FAPS, 152 Seiten, 54 Bilder, 20 Tab. 2014.
ISBN 978-3-87525-376-4.

Band 260: Martin Grüner
Hochdruck-Blechumformung mit formlos festen Stoffen als Wirkmedium
LFT, 144 Seiten, 66 Bilder, 29 Tab. 2014.
ISBN 978-3-87525-379-5.

Band 261: Christian Brock
Analyse und Regelung des Laserstrahltiefschweißprozesses durch Detektion der Metalldampffackelposition
LPT, 126 Seiten, 65 Bilder, 3 Tab. 2015.
ISBN 978-3-87525-380-1.

Band 262: Peter Vatter
Sensitivitätsanalyse des 3-Rollen-Schubbiegens auf Basis der Finite Elemente Methode
LFT, 145 Seiten, 57 Bilder, 26 Tab. 2015.
ISBN 978-3-87525-381-8.

Band 263: Florian Klämpfl
Planung von Laserbestrahlungen durch simulationsbasierte Optimierung
LPT, 169 Seiten, 78 Bilder, 32 Tab. 2015.
ISBN 978-3-87525-384-9.

Band 264: Matthias Domke
Transiente physikalische Mechanismen bei der Laserablation von dünnen Metallschichten
LPT, 133 Seiten, 43 Bilder, 3 Tab. 2015.
ISBN 978-3-87525-385-6.

Band 265: Johannes Götz
Community-basierte Optimierung des Anlagenengineerings
FAPS, 177 Seiten, 80 Bilder, 30 Tab. 2015.
ISBN 978-3-87525-386-3.

Band 266: Hung Nguyen
Qualifizierung des Potentials von Verfestigungseffekten zur Erweiterung des Umformvermögens aushärtbarer Aluminiumlegierungen
LFT, 137 Seiten, 57 Bilder, 16 Tab. 2015.
ISBN 978-3-87525-387-0.

Band 267: Andreas Kuppert
Erweiterung und Verbesserung von Versuchs- und Auswertetechniken für die Bestimmung von Grenzformänderungskurven
LFT, 138 Seiten, 82 Bilder, 2 Tab. 2015.
ISBN 978-3-87525-388-7.

Band 268: Kathleen Klaus
Erstellung eines Werkstofforientierten Fertigungsprozessfensters zur Steigerung des Formgebungsvermögens von Aluminiumlegierungen unter Anwendung einer zwischengeschalteten Wärmebehandlung
LFT, 154 Seiten, 70 Bilder, 8 Tab. 2015.
ISBN 978-3-87525-391-7.

Band 269: Thomas Svec
Untersuchungen zur Herstellung von funktionsoptimierten Bauteilen im partiellen Presshärtprozess mittels lokal unterschiedlich temperierter Werkzeuge
LFT, 166 Seiten, 87 Bilder, 15 Tab. 2015.
ISBN 978-3-87525-392-4.

Band 270: Tobias Schrader
Grundlegende Untersuchungen zur Verschleißcharakterisierung beschichteter Kaltmassivumformwerkzeuge
LFT, 164 Seiten, 55 Bilder, 11 Tab. 2015.
ISBN 978-3-87525-393-1.

Band 271: Matthäus Brela
Untersuchung von Magnetfeld-Messmethoden zur ganzheitlichen Wertschöpfungsoptimierung und Fehlerdetektion an magnetischen Aktoren
FAPS, 170 Seiten, 97 Bilder, 4 Tab. 2015.
ISBN 978-3-87525-394-8.

Band 272: Michael Wieland
Entwicklung einer Methode zur Prognose adhäsiven Verschleißes an Werkzeugen für das direkte Presshärten
LFT, 156 Seiten, 84 Bilder, 9 Tab. 2015.
ISBN 978-3-87525-395-5.

Band 273: René Schramm
Strukturierte additive Metallisierung durch kaltaktives Atmosphärendruckplasma
FAPS, 136 Seiten, 62 Bilder, 15 Tab. 2015.
ISBN 978-3-87525-396-2.

Band 274: Michael Lechner
Herstellung beanspruchungsangepasster Aluminiumblechhalbzeuge durch eine maßgeschneiderte Variation der Abkühlgeschwindigkeit nach Lösungsglühen
LFT, 136 Seiten, 62 Bilder, 15 Tab. 2015.
ISBN 978-3-87525-397-9.

Band 275: Kolja Andreas
Einfluss der Oberflächenbeschaffenheit auf das Werkzeugeinsatzverhalten beim Kaltfließpressen
LFT, 169 Seiten, 76 Bilder, 4 Tab. 2015.
ISBN 978-3-87525-398-6.

Band 276: Marcus Baum
Laser Consolidation of ITO Nanoparticles for the Generation of Thin Conductive Layers on Transparent Substrates
LPT, 158 Seiten, 75 Bilder, 3 Tab. 2015.
ISBN 978-3-87525-399-3.

Band 277: Thomas Schneider
Umformtechnische Herstellung dünnwandiger Funktionsbauteile aus Feinblech durch Verfahren der Blechmassivumformung
LFT, 188 Seiten, 95 Bilder, 7 Tab. 2015.
ISBN 978-3-87525-401-3.

Band 278: Jochen Merhof
Sematische Modellierung automatisierter Produktionssysteme zur Verbesserung der IT-Integration zwischen Anlagen-Engineering und Steuerungsebene
FAPS, 157 Seiten, 88 Bilder, 8 Tab. 2015.
ISBN 978-3-87525-402-0.

Band 279: Fabian Zöller
Erarbeitung von Grundlagen zur Abbildung des tribologischen Systems in der Umformsimulation
LFT, 126 Seiten, 51 Bilder, 3 Tab. 2016.
ISBN 978-3-87525-403-7.

Band 280: Christian Hezler
Einsatz technologischer Versuche zur Erweiterung der Versagensvorhersage bei Karosseriebauteilen aus höchstfesten Stählen
LFT, 147 Seiten, 63 Bilder, 44 Tab. 2016.
ISBN 978-3-87525-404-4.

Band 281: Jochen Bönig
Integration des Systemverhaltens von Automobil-Hochvoltleitungen in die virtuelle Absicherung durch strukturmechanische Simulation
FAPS, 177 Seiten, 107 Bilder, 17 Tab. 2016.
ISBN 978-3-87525-405-1.

Band 282: Johannes Kohl
Automatisierte Datenerfassung für diskret ereignisorientierte Simulationen in der energieflexibelen Fabrik
FAPS, 160 Seiten, 80 Bilder, 27 Tab. 2016.
ISBN 978-3-87525-406-8.

Band 283: Peter Bechtold
Mikroschockwellenumformung mittels ultrakurzer Laserpulse
LPT, 155 Seiten, 59 Bilder, 10 Tab. 2016.
ISBN 978-3-87525-407-5.

Band 284: Stefan Berger
Laserstrahlschweißen thermoplastischer Kohlenstofffaserverbundwerkstoffe mit spezifischem Zusatzdraht
LPT, 118 Seiten, 68 Bilder, 9 Tab. 2016.
ISBN 978-3-87525-408-2.

Band 285: Martin Bornschlegl
Methods-Energy Measurement - Eine Methode zur Energieplanung für Fügeverfahren im Karosseriebau
FAPS, 136 Seiten, 72 Bilder, 46 Tab. 2016.
ISBN 978-3-87525-409-9.

Band 286: Tobias Rackow
Erweiterung des Unternehmenscontrollings um die Dimension Energie
FAPS, 164 Seiten, 82 Bilder, 29 Tab. 2016.
ISBN 978-3-87525-410-5.

Band 287: Johannes Koch
Grundlegende Untersuchungen zur Herstellung zyklisch-symmetrischer Bauteile mit Nebenformelementen durch Blechmassivumformung
LFT, 125 Seiten, 49 Bilder, 17 Tab. 2016.
ISBN 978-3-87525-411-2.

Band 288: Hans Ulrich Vierzigmann
Beitrag zur Untersuchung der tribologischen Bedingungen in der Blechmassivumformung - Bereitstellung von tribologischen Modellversuchen und Realisierung von Tailored Surfaces
LFT, 174 Seiten, 102 Bilder, 34 Tab. 2016.
ISBN 978-3-87525-412-9.

Band 289: Thomas Senner
Methodik zur virtuellen Absicherung der formgebenden Operation des Nasspressprozesses von Gelege-Mehrschichtverbunden
LFT, 156 Seiten, 96 Bilder, 21 Tab. 2016.
ISBN 978-3-87525-414-3.

Band 290: Sven Kreitlein
Der grundoperationsspezifische Mindestenergiebedarf als Referenzwert zur Bewertung der Energieeffizienz in der Produktion
FAPS, 185 Seiten, 64 Bilder, 30 Tab. 2016.
ISBN 978-3-87525-415-0.

Band 291: Christian Roos
Remote-Laserstrahlschweißen verzinkter Stahlbleche in Kehlnahtgeometrie
LPT, 123 Seiten, 52 Bilder, 0 Tab. 2016.
ISBN 978-3-87525-416-7.

Band 292: Alexander Kahrimanidis
Thermisch unterstützte Umformung von Aluminiumblechen
LFT, 165 Seiten, 103 Bilder, 18 Tab. 2016.
ISBN 978-3-87525-417-4.

Band 293: Jan Tremel
Flexible Systems for Permanent Magnet Assembly and Magnetic Rotor Measurement / Flexible Systeme zur Montage von Permanentmagneten und zur Messung magnetischer Rotoren
FAPS, 152 Seiten, 91 Bilder, 12 Tab. 2016.
ISBN 978-3-87525-419-8.

Band 294: Ioannis Tsoupis
Schädigungs- und Versagensverhalten hochfester Leichtbauwerkstoffe unter Biegebeanspruchung
LFT, 176 Seiten, 51 Bilder, 6 Tab. 2017.
ISBN 978-3-87525-420-4.

Band 295: Sven Hildering
Grundlegende Untersuchungen zum Prozessverhalten von Silizium als Werkzeugwerkstoff für das Mikroscherschneiden metallischer Folien
LFT, 177 Seiten, 74 Bilder, 17 Tab. 2017.
ISBN 978-3-87525-422-8.

Band 296: Sasia Mareike Hertweck
Zeitliche Pulsformung in der Lasermikromaterialbearbeitung – Grundlegende Untersuchungen und Anwendungen
LPT, 146 Seiten, 67 Bilder, 5 Tab. 2017.
ISBN 978-3-87525-423-5.

Band 297: Paryanto
Mechatronic Simulation Approach for the Process Planning of Energy-Efficient Handling Systems
FAPS, 162 Seiten, 86 Bilder, 13 Tab. 2017.
ISBN 978-3-87525-424-2.

Band 298: Peer Stenzel
Großserientaugliche Nadelwickeltechnik für verteilte Wicklungen im Anwendungsfall der E-Traktionsantriebe
FAPS, 239 Seiten, 147 Bilder, 20 Tab. 2017.
ISBN 978-3-87525-425-9.

Band 299: Mario Lušić
Ein Vorgehensmodell zur Erstellung montageführender Werkerinformationssysteme simultan zum Produktentstehungsprozess
FAPS, 174 Seiten, 79 Bilder, 22 Tab. 2017.
ISBN 978-3-87525-426-6.

Band 300: Arnd Buschhaus
Hochpräzise adaptive Steuerung und Regelung robotergeführter Prozesse
FAPS, 202 Seiten, 96 Bilder, 4 Tab. 2017.
ISBN 978-3-87525-427-3.

Band 301: Tobias Laumer
Erzeugung von thermoplastischen Werkstoffverbunden mittels simultanem, intensitätsselektivem Laserstrahlschmelzen
LPT, 140 Seiten, 82 Bilder, 0 Tab. 2017.
ISBN 978-3-87525-428-0.

Band 302: Nora Unger
Untersuchung einer thermisch unterstützten Fertigungskette zur Herstellung umgeformter Bauteile aus der höherfesten Aluminiumlegierung EN AW-7020
LFT, 142 Seiten, 53 Bilder, 8 Tab. 2017.
ISBN 978-3-87525-429-7.

Band 303: Tommaso Stellin
Design of Manufacturing Processes for the Cold Bulk Forming of Small Metal Components from Metal Strip
LFT, 146 Seiten, 67 Bilder, 7 Tab. 2017.
ISBN 978-3-87525-430-3.

Band 304: Bassim Bachy
Experimental Investigation, Modeling, Simulation and Optimization of Molded Interconnect Devices (MID) Based on Laser Direct Structuring (LDS) / Experimentelle Untersuchung, Modellierung, Simulation und Optimierung von Molded Interconnect Devices (MID) basierend auf Laser Direktstrukturierung (LDS)
FAPS, 168 Seiten, 120 Bilder, 26 Tab. 2017.
ISBN 978-3-87525-431-0.

Band 305: Michael Spahr
Automatisierte Kontaktierungsverfahren für flachleiterbasierte Pkw-Bordnetzsysteme
FAPS, 197 Seiten, 98 Bilder, 17 Tab. 2017.
ISBN 978-3-87525-432-7.

Band 306: Sebastian Suttner
Charakterisierung und Modellierung des spannungszustandsabhängigen Werkstoffverhaltens der Magnesiumlegierung AZ31B für die numerische Prozessauslegung
LFT, 150 Seiten, 84 Bilder, 19 Tab. 2017.
ISBN 978-3-87525-433-4.

Band 307: Bhargav Potdar
A reliable methodology to deduce thermomechanical flow behaviour of hot stamping steels
LFT, 203 Seiten, 98 Bilder, 27 Tab. 2017.
ISBN 978-3-87525-436-5.

Band 308: Maria Löffler
Steuerung von Blechmassivumformprozessen durch maßgeschneiderte tribologische Systeme
LFT, viii u. 166 Seiten, 90 Bilder, 5 Tab. 2018. ISBN 978-3-96147-133-1.

Band 309: Martin Müller
Untersuchung des kombinierten Trenn- und Umformprozesses beim Fügen artungleicher Werkstoffe mittels Schneidclinchverfahren
LFT, xi u. 149 Seiten, 89 Bilder, 6 Tab. 2018. ISBN: 978-3-96147-135-5.

Band 310: Christopher Kästle
Qualifizierung der Kupfer-Drahtbondtechnologie für integrierte Leistungsmodule in harschen Umgebungsbedingungen
FAPS, xii u. 167 Seiten, 70 Bilder, 18 Tab. 2018. ISBN 978-3-96147-145-4.

Band 311: Daniel Vipavc
Eine Simulationsmethode für das 3-Rollen-Schubbiegen
LFT, xiii u. 121 Seiten, 56 Bilder, 17 Tab. 2018. ISBN 978-3-96147-147-8.

Band 312: Christina Ramer
Arbeitsraumüberwachung und autonome Bahnplanung für ein sicheres und flexibles Roboter-Assistenzsystem in der Fertigung
FAPS, xiv u. 188 Seiten, 57 Bilder, 9 Tab. 2018. ISBN 978-3-96147-153-9.

Band 313: Miriam Rauer
Der Einfluss von Poren auf die Zuverlässigkeit der Lötverbindungen von Hochleistungs-Leuchtdioden
FAPS, xii u. 209 Seiten, 108 Bilder, 21 Tab. 2018. ISBN 978-3-96147-157-7.

Band 314: Felix Tenner
Kamerabasierte Untersuchungen der Schmelze und Gasströmungen beim Laserstrahlschweißen verzinkter Stahlbleche
LPT, xxiii u. 184 Seiten, 94 Bilder, 7 Tab. 2018. ISBN 978-3-96147-160-7.

Band 315: Aarief Syed-Khaja
Diffusion Soldering for High-temperature Packaging of Power Electronics
FAPS, x u. 202 Seiten, 144 Bilder, 32 Tab. 2018. ISBN 978-3-87525-162-1.

Band 316: Adam Schaub
Grundlagenwissenschaftliche Untersuchung der kombinierten Prozesskette aus Umformen und Additive Fertigung
LFT, xi u. 192 Seiten, 72 Bilder, 27 Tab. 2019. ISBN 978-3-96147-166-9.

Band 317: Daniel Gröbel
Herstellung von Nebenformelementen unterschiedlicher Geometrie an Blechen mittels Fließpressverfahren der Blechmassivumformung
LFT, x u. 165 Seiten, 96 Bilder, 13 Tab. 2019. ISBN 978-3-96147-168-3.

Band 318: Philipp Hildenbrand
Entwicklung einer Methodik zur Herstellung von Tailored Blanks mit definierten Halbzeugeigenschaften durch einen Taumelprozess
LFT, ix u. 153 Seiten, 77 Bilder, 4 Tab. 2019. ISBN 978-3-96147-174-4.

Band 319: Tobias Konrad
Simulative Auslegung der Spann- und Fixierkonzepte im Karosserierohbau: Bewertung der Baugruppenmaßhaltigkeit unter Berücksichtigung schwankender Einflussgrößen
LFT, x u. 203 Seiten, 134 Bilder, 32 Tab. 2019. ISBN 978-3-96147-176-8.

Band 320: David Meinel
Architektur applikationsspezifischer Multi-Physics-Simulationskonfiguratoren am Beispiel modularer Triebzüge
FAPS, xii u. 166 Seiten, 82 Bilder, 25 Tab. 2019. ISBN 978-3-96147-184-3.

Band 321: Andrea Zimmermann
Grundlegende Untersuchungen zum Einfluss fertigungsbedingter Eigenschaften auf die Ermüdungsfestigkeit kaltmassivumgeformter Bauteile
LFT, ix u. 160 Seiten, 66 Bilder, 5 Tab. 2019. ISBN 978-3-96147-190-4.

Band 322: Christoph Amann
Simulative Prognose der Geometrie nassgepresster Karosseriebauteile aus Gelege-Mehrschichtverbunden
LFT, xvi u. 169 Seiten, 80 Bilder, 13 Tab. 2019. ISBN 978-3-96147-194-2.

Band 323: Jennifer Tenner
Realisierung schmierstofffreier Tiefziehprozesse durch maßgeschneiderte Werkzeugoberflächen
LFT, x u. 187 Seiten, 68 Bilder, 13 Tab. 2019. ISBN 978-3-96147-196-6.

Band 324: Susan Zöller
Mapping Individual Subjective Values to Product Design
KTmfk, xi u. 223 Seiten, 81 Bilder, 25 Tab.
2019. ISBN 978-3-96147-202-4.

Band 325: Stefan Lutz
Erarbeitung einer Methodik zur semiempirischen Ermittlung der Umwandlungskinetik durchhärtender Wälzlagerstähle für die Wärmebehandlungssimulation
LFT, xiv u. 189 Seiten, 75 Bilder, 32 Tab.
2019. ISBN 978-3-96147-209-3.

Band 326: Tobias Gnibl
Modellbasierte Prozesskettenabbildung rührreibgeschweißter Aluminiumhalbzeuge zur umformtechnischen Herstellung höchstfester Leichtbau-strukturteile
LFT, xii u. 167 Seiten, 68 Bilder, 17 Tab.
2019. ISBN 978-3-96147-217-8.

Band 327: Johannes Bürner
Technisch-wirtschaftliche Optionen zur Lastflexibilisierung durch intelligente elektrische Wärmespeicher
FAPS, xiv u. 233 Seiten, 89 Bilder, 27 Tab.
2019. ISBN 978-3-96147-219-2.

Band 328: Wolfgang Böhm
Verbesserung des Umformverhaltens von mehrlagigen Aluminiumblechwerkstoffen mit ultrafeinkörnigem Gefüge
LFT, ix u. 160 Seiten, 88 Bilder, 14 Tab.
2019. ISBN 978-3-96147-227-7.

Band 329: Stefan Landkammer
Grundsatzuntersuchungen, mathematische Modellierung und Ableitung einer Auslegungsmethodik für Gelenkantriebe nach dem Spinnenbeinprinzip
LFT, xii u. 200 Seiten, 83 Bilder, 13 Tab.
2019. ISBN 978-3-96147-229-1.

Band 330: Stephan Rapp
Pump-Probe-Ellipsometrie zur Messung transienter optischer Materialeigen-schaften bei der Ultrakurzpuls-Lasermaterialbearbeitung
LPT, xi u. 143 Seiten, 49 Bilder, 2 Tab.
2019. ISBN 978-3-96147-235-2.

Band 331: Michael Scholz
Intralogistics Execution System mit integrierten autonomen, servicebasierten Transportentitäten
FAPS, xi u. 195 Seiten, 55 Bilder, 11 Tab.
2019. ISBN 978-3-96147-237-6.

Band 332: Eva Bogner
Strategien der Produktindividualisierung in der produzierenden Industrie im Kontext der Digitalisierung
FAPS, ix u. 201 Seiten, 55 Bilder, 28 Tab.
2019. ISBN 978-3-96147-246-8.

Band 333: Daniel Benjamin Krüger
Ein Ansatz zur CAD-integrierten muskuloskelettalen Analyse der Mensch-Maschine-Interaktion
KTmfk, x u. 217 Seiten, 102 Bilder, 7 Tab.
2019. ISBN 978-3-96147-250-5.

Band 334: Thomas Kuhn
Qualität und Zuverlässigkeit laserdirekt-strukturierter mechatronisch integrierter Baugruppen (LDS-MID)
FAPS, ix u. 152 Seiten, 69 Bilder, 12 Tab.
2019. ISBN: 978-3-96147-252-9.

Band 335: Hans Fleischmann
Modellbasierte Zustands- und Prozessüberwachung auf Basis sozio-cyber-physischer Systeme
FAPS, xi u. 214 Seiten, 111 Bilder, 18 Tab.
2019. ISBN: 978-3-96147-256-7.

Band 336: Markus Michalski
Grundlegende Untersuchungen zum Prozess- und Werkstoffverhalten bei schwingungsüberlagerter Umformung
LFT, xii u. 197 Seiten, 93 Bilder, 11 Tab.
2019. ISBN: 978-3-96147-270-3.

Band 337: Markus Brandmeier
Ganzheitliches ontologiebasiertes Wissensmanagement im Umfeld der industriellen Produktion
FAPS, xi u. 255 Seiten, 77 Bilder, 33 Tab.
2020. ISBN: 978-3-96147-275-8.

Band 338: Stephan Purr
Datenerfassung für die Anwendung lernender Algorithmen bei der Herstellung von Blechformteilen
LFT, ix u. 165 Seiten, 48 Bilder, 4 Tab.
2020. ISBN: 978-3-96147-281-9.

Band 339: Christoph Kiener
Kaltfließpressen von gerad- und schrägverzahnten Zahnrädern
LFT, viii u. 151 Seiten, 81 Bilder, 3 Tab.
2020. ISBN 978-3-96147-287-1.

Band 340: Simon Spreng
Numerische, analytische und empirische Modellierung des Heißcrimpprozesses
FAPS, xix u. 204 Seiten, 91 Bilder, 27 Tab.
2020. ISBN 978-3-96147-293-2.

Band 341: Patrik Schwingenschlögl
Erarbeitung eines Prozessverständnisses zur Verbesserung der tribologischen Bedingungen beim Presshärten
LFT, x u. 177 Seiten, 81 Bilder, 8 Tab.
2020. ISBN 978-3-96147-297-0.

Band 342: Emanuela Affronti
Evaluation of failure behaviour of sheet metals
LFT, ix u. 136 Seiten, 57 Bilder, 20 Tab.
2020. ISBN 978-3-96147-303-8.

Band 343: Julia Degner
Grundlegende Untersuchungen zur Herstellung hochfester Aluminiumblechbauteile in einem kombinierten Umform- und Abschreckprozess
LFT, x u. 172 Seiten, 61 Bilder, 9 Tab.
2020. ISBN 978-3-96147-307-6.

Band 344: Maximilian Wagner
Automatische Bahnplanung für die Aufteilung von Prozessbewegungen in synchrone Werkstück- und Werkzeugbewegungen mittels Multi-Roboter-Systemen
FAPS, xxi u. 181 Seiten, 111 Bilder, 15 Tab.
2020. ISBN 978-3-96147-309-0.

Band 345: Stefan Härter
Qualifizierung des Montageprozesses hochminiaturisierter elektronischer Bauelemente
FAPS, ix u. 194 Seiten, 97 Bilder, 28 Tab.
2020. ISBN 978-3-96147-314-4.

Band 346: Toni Donhauser
Ressourcenorientierte Auftragsregelung in einer hybriden Produktion mittels betriebsbegleitender Simulation
FAPS, xix u. 242 Seiten, 97 Bilder, 17 Tab. 2020. ISBN 978-3-96147-316-8.

Band 347: Philipp Amend
Laserbasiertes Schmelzkleben von Thermoplasten mit Metallen
LPT, xv u. 154 Seiten, 67 Bilder. 2020. ISBN 978-3-96147-326-7.

Band 348: Matthias Ehlert
Simulationsunterstützte funktionale Grenzlagenabsicherung
KTmfk, xvi u. 300 Seiten, 101 Bilder, 73 Tab. 2020. ISBN 978-3-96147-328-1.

Band 349: Thomas Sander
Ein Beitrag zur Charakterisierung und Auslegung des Verbundes von Kunststoffsubstraten mit harten Dünnschichten
KTmfk, xiv u. 178 Seiten, 88 Bilder, 21 Tab. 2020. ISBN 978-3-96147-330-4.

Band 350: Florian Pilz
Fließpressen von Verzahnungselementen an Blechen
LFT, x u. 170 Seiten, 103Bilder, 4 Tab. 2020. ISBN 978-3-96147-332-8.

Band 351: Sebastian Josef Katona
Evaluation und Aufbereitung von Produktsimulationen mittels abweichungsbehafteter Geometriemodelle
KTmfk, ix u. 147 Seiten, 73 Bilder, 11 Tab. 2020. ISBN 978-3-96147-336-6.

Band 352: Jürgen Herrmann
Kumulatives Walzplattieren. Bewertung der Umformeigenschaften mehrlagiger Blechwerkstoffe der ausscheidungshärtbaren Legierung AA6014
LFT, x u. 157 Seiten, 64 Bilder, 5 Tab. 2020. ISBN 978-3-96147-344-1.

Band 353: Christof Küstner
Assistenzsystem zur Unterstützung der datengetriebenen Produktentwicklung
KTmfk, xii u. 219 Seiten, 63 Bilder, 14 Tab. 2020. ISBN 978-3-96147-348-9.

Band 354: Tobias Gläßel
Prozessketten zum Laserstrahlschweißen von flachleiterbasierten Formspulenwicklungen für automobile Traktionsantriebe
FAPS, xiv u. 206 Seiten, 89 Bilder, 11 Tab. 2020. ISBN 978-3-96147-356-4.

Band 355: Andreas Meinel
Experimentelle Untersuchung der Auswirkungen von Axialschwingungen auf Reibung und Verschleiß in Zylinderrol-lenlagern
KTmfk, xii u. 162 Seiten, 56 Bilder, 7 Tab. 2020. ISBN 978-3-96147-358-8.

Band 356: Hannah Riedle
Haptische, generische Modelle weicher anatomischer Strukturen für die chirurgische Simulation
FAPS, xxx u. 179 Seiten, 82 Bilder, 35 Tab. 2020. ISBN 978-3-96147-367-0.

Band 357: Maximilian Landgraf
Leistungselektronik für den Einsatz dielektrischer Elastomere in aktorischen, sensorischen und integrierten sensomotorischen Systemen
FAPS, xxiii u. 166 Seiten, 71 Bilder, 10 Tab. 2020. ISBN 978-3-96147-380-9.

Band 358: Alireza Esfandyari
Multi-Objective Process Optimization for Overpressure Reflow Soldering in Electronics Production
FAPS, xviii u. 175 Seiten, 57 Bilder, 23 Tab. 2020. ISBN 978-3-96147-382-3.

Band 359: Christian Sand
Prozessübergreifende Analyse komplexer Montageprozessketten mittels Data Mining
FAPS, XV u. 168 Seiten, 61 Bilder, 12 Tab. 2021. ISBN 978-3-96147-398-4.

Band 360: Ralf Merkl
Closed-Loop Control of a Storage-Supported Hybrid Compensation System for Improving the Power Quality in Medium Voltage Networks
FAPS, xxvii u. 200 Seiten, 102 Bilder, 2 Tab. 2021. ISBN 978-3-96147-402-8.

Band 361: Thomas Reitberger
Additive Fertigung polymerer optischer Wellenleiter im Aerosol-Jet-Verfahren
FAPS, xix u. 141 Seiten, 65 Bilder, 11 Tab. 2021. ISBN 978-3-96147-400-4.

Band 362: Marius Christian Fechter
Modellierung von Vorentwürfen in der virtuellen Realität mit natürlicher Fingerinteraktion
KTmfk, x u. 188 Seiten, 67 Bilder, 19 Tab. 2021. ISBN 978-3-96147-404-2.

Band 363: Franziska Neubauer
Oberflächenmodifizierung und Entwicklung einer Auswertemethodik zur Verschleißcharakterisierung im Presshärteprozess
LFT, ix u. 177 Seiten, 42 Bilder, 6 Tab. 2021. ISBN 978-3-96147-406-6.

Band 364: Eike Wolfram Schäffer
Web- und wissensbasierter Engineering-Konfigurator für roboterzentrierte Automatisierungslösungen
FAPS, xxiv u. 195 Seiten, 108 Bilder, 25 Tab. 2021. ISBN 978-3-96147-410-3.

Band 365: Daniel Gross
Untersuchungen zur kohlenstoffdioxidbasierten kryogenen Minimalmengenschmierung
REP, xii u. 184 Seiten, 56 Bilder, 18 Tab. 2021. ISBN 978-3-96147-412-7.

Band 366: Daniel Junker
Qualifizierung laser-additiv gefertigter Komponenten für den Einsatz im Werkzeugbau der Massivumformung
LFT, vii u. 142 Seiten, 62 Bilder, 5 Tab. 2021. ISBN 978-3-96147-416-5.

Band 367: Tallal Javied
Totally Integrated Ecology Management for Resource Efficient and Eco-Friendly Production
FAPS, xv u. 160 Seiten, 60 Bilder, 13 Tab. 2021. ISBN 978-3-96147-418-9.

Band 368: David Marco Hochrein
Wälzlager im Beschleunigungsfeld – Eine Analysestrategie zur Bestimmung des Reibungs-, Axialschub- und Temperaturverhaltens von Nadelkränzen –
KTmfk, xiii u. 279 Seiten, 108 Bilder, 39 Tab. 2021. ISBN 978-3-96147-420-2.

Band 369: Daniel Gräf
Funktionalisierung technischer Oberflächen mittels prozessüberwachter aerosolbasierter Drucktechnologie
FAPS, xxii u. 175 Seiten, 97 Bilder, 6 Tab. 2021. ISBN 978-3-96147-433-2.

Band 370: Andreas Gröschl
Hochfrequent fokusabstandsmodulierte Konfokalsensoren für die Nanokoordinatenmesstechnik
FMT, x u. 144 Seiten, 98 Bilder, 6 Tab. 2021. ISBN 978-3-96147-435-6.

Band 371: Johann Tüchsen
Konzeption, Entwicklung und Einführung des Assistenzsystems D-DAS für die Produktentwicklung elektrischer Motoren
KTmfk, xii u. 178 Seiten, 92 Bilder, 12 Tab. 2021. ISBN 978-3-96147-437-0.

Band 372: Max Marian
Numerische Auslegung von Oberflächenmikrotexturen für geschmierte tribologische Kontakte
KTmfk, xviii u. 276 Seiten, 85 Bilder, 45 Tab. 2021. ISBN 978-3-96147-439-4.

Band 373: Johannes Strauß
Die akustooptische Strahlformung in der Lasermaterialbearbeitung
LPT, xvi u. 113 Seiten, 48 Bilder. 2021. ISBN 978-3-96147-441-7.

Band 374: Martin Hohmann
Machine learning and hyper spectral imaging: Multi Spectral Endoscopy in the Gastro Intestinal Tract towards Hyper Spectral Endoscopy
LPT, x u. 137 Seiten, 62 Bilder, 29 Tab. 2021. ISBN 978-3-96147-445-5.

Band 375: Timo Kordaß
Lasergestütztes Verfahren zur selektiven Metallisierung von epoxidharzbasierten Duromeren zur Steigerung der Integrationsdichte für dreidimensionale mechatronische Package-Baugruppen
FAPS, xviii u. 198 Seiten, 92 Bilder, 24 Tab. 2021. ISBN 978-3-96147-443-1.

Band 376: Philipp Kestel
Assistenzsystem für den wissensbasierten Aufbau konstruktionsbegleitender Finite-Elemente-Analysen
KTmfk, xviii u. 209 Seiten, 57 Bilder, 17 Tab. 2021. ISBN 978-3-96147-457-8.

Band 377: Martin Lerchen
Messverfahren für die pulverbettbasierte additive Fertigung zur Sicherstellung der Konformität mit geometrischen Produktspezifikationen
FMT, x u. 150 Seiten, 60 Bilder, 9 Tab. 2021. ISBN 978-3- 96147-463-9.

Band 378: Michael Schneider
Inline-Prüfung der Permeabilität in weichmagnetischen Komponenten
FAPS, xxii u. 189 Seiten, 79 Bilder, 14 Tab. 2021. ISBN 978-3-96147-465-3.

Band 379: Tobias Sprügel
Sphärische Detektorflächen als Unterstützung der Produktentwicklung zur Datenanalyse im Rahmen des Digital Engineering
KTmfk, xiii u. 213 Seiten, 84 Bilder, 33 Tab. 2021. ISBN 978-3-96147-475-2.

Band 380: Tom Häfner
Multipulseffekte beim Mikro-Materialabtrag von Stahllegierungen mit Pikosekunden-Laserpulsen
LPT, xxviii u. 159 Seiten, 57 Bilder, 13 Tab.
2021. ISBN 978-3-96147-479-0.

Band 381: Björn Heling
Einsatz und Validierung virtueller Absicherungsmethoden für abweichungs-behaftete Mechanismen im Kontext des Robust Design
KTmfk, xi u. 169 Seiten, 63 Bilder, 27 Tab.
2021. ISBN 978-3-96147-487-5.

Band 382: Tobias Kolb
Laserstrahl-Schmelzen von Metallen mit einer Serienanlage – Prozesscharakterisierung und Erweiterung eines Überwachungssystems
LPT, xv u. 170 Seiten, 128 Bilder, 16 Tab.
2021. ISBN 978-3-96147-491-2.

Band 383: Mario Meinhardt
Widerstandselementschweißen mit gestauchten Hilfsfügeelementen - Umformtechnische Wirkzusammenhänge zur Beeinflussung der Verbindungsfestigkeit
LFT, xii u. 189 Seiten, 87 Bilder, 4 Tab.
2022. ISBN 978-3-96147-473-8.

Band 384: Felix Bauer
Ein Beitrag zur digitalen Auslegung von Fügeprozessen im Karosseriebau mit Fokus auf das Remote-Laserstrahlschweißen unter Einsatz flexibler Spanntechnik
LFT, xi u. 185 Seiten, 74 Bilder, 12 Tab.
2022. ISBN 978-3-96147-498-1.

Band 385: Jochen Zeitler
Konzeption eines rechnergestützten Konstruktionssystems für optomechatronische Baugruppen
FAPS, xix u. 172 Seiten, 88 Bilder, 11 Tab.
2022. ISBN 978-3-96147-499-8.

Band 386: Vincent Mann
Einfluss von Strahloszillation auf das Laserstrahlschweißen hochfester Stähle
LPT, xiii u. 172 Seiten, 103 Bilder, 18 Tab.
2022. ISBN 978-3-96147-503-2.

Band 387: Chen Chen
Skin-equivalent opto-/elastofluidic in-vitro microphysiological vascular models for translational studies of optical biopsies
LPT, xx u. 126 Seiten, 60 Bilder, 10 Tab.
2022. ISBN 978-3-96147-505-6.

Band 388: Stefan Stein
Laser drop on demand joining as bonding method for electronics assembly and packaging with high thermal requirements
LPT, x u. 112 Seiten, 54 Bilder, 10 Tab. 2022.
ISBN 978-3-96147-507-0

Band 389: Nikolaus Urban
Untersuchung des Laserstrahlschmelzens von Neodym-Eisen-Bor zur additiven Herstellung von Permanentmagneten
FAPS, x u. 174 Seiten, 88 Bilder, 18 Tab.
2022. ISBN: 978-3-96147-501-8.

Band 390: Yiting Wu
Großflächige Topographiemessungen mit einem Weißlichtinterferenzmikroskop und einem metrologischen Rasterkraftmikroskop
FMT, xii u. 142 Seiten, 68 Bilder, 11 Tab.
2022. ISBN: 978-3-96147-513-1.

Band 391: Thomas Papke
Untersuchungen zur Umformbarkeit hybrider Bauteile aus Blechgrundkörper und additiv gefertigter Struktur
LFT, xii u. 194 Seiten, 71 Bilder, 16 Tab.
2022. ISBN 978-3-96147-515-5.

Band 392: Bastian Zimmermann
Einfluss des Vormaterials auf die mehrstufige Kaltumformung vom Draht
LFT, xi u. 182 Seiten, 36 Bilder, 6 Tab.
2022. ISBN 978-3-96147-519-3.

Band 393: Harald Völkl
Ein simulationsbasierter Ansatz zur Auslegung additiv gefertigter FLM-Faserverbundstrukturen
KTmfk, xx u. 204 Seiten, 95 Bilder, 22 Tab.
2022. ISBN 978-3-96147-523-0.

Band 394: Robert Schulte
Auslegung und Anwendung prozessangepasster Halbzeuge für Verfahren der Blechmassivumformung
LFT, x u. 163 Seiten, 93 Bilder, 5 Tab.
2022. ISBN 978-3-96147-525-4.

Band 395: Philipp Frey
Umformtechnische Strukturierung metallischer Einleger im Folgeverbund für mediendichte Kunststoff-Metall-Hybridbauteile
LFT, ix u. 180 Seiten, 83 Bilder, 7 Tab.
2022. ISBN 978-3-96147-534-6.

Band 396: Thomas Johann Luft
Komplexitätsmanagement in der Produktentwicklung - Holistische Modellierung, Analyse, Visualisierung und Bewertung komplexer Systeme
KTmfk, xiii u. 510 Seiten, 166 Bilder, 16 Tab. 2022. ISBN 978-3-96147-540-7.

Band 397: Li Wang
Evaluierung der Einsetzbarkeit des lasergestützten Verfahrens zur selektiven Metallisierung für die Verbesserung passiver Intermodulation in Hochfrequenzanwendungen
FAPS, xxii u.151 Seiten, 72 Bilder, 22 Tab.
2022. ISBN 978-3-96147-542-1.

Band 398: Sebastian Reitelshöfer
Der Aerosol-Jet-Druck Dielektrischer Elastomere als additives Fertigungsverfahren für elastische mechatronische Komponenten
FAPS, xxv u. 206 Seiten, 87 Bilder, 13 Tab.
2022. ISBN 978-3-96147-547-6.

Band 399: Alexander Meyer
Selektive Magnetmontage zur Verringerung des Rastmomentes permanenterregter Synchronmotoren
FAPS, xv u. 164 Seiten, 90 Bilder, 18 Tab.
2022. ISBN 978-3-96147-555-1.

Band 400: Rong Zhao
Design verschleißreduzierender amorpher Kohlenstoffschichtsysteme für trockene tribologische Gleitkontakte
KTmfk, x u. 148 Seiten, 69 Bilder, 14 Tab.
2022. ISBN 978-3-96147-557-5.

Band 401: Christian P. J. Schwarzer
Kupfersintern als Fügetechnologie für Leistungselektronik
FAPS, xxvii u. 234 Seiten, 125 Bilder, 24 Tab. 2022. ISBN 978-3-96147-566-7.

Band 402: Alexander Horn
Grundlegende Untersuchungen zur Gradierung der mechanischen Eigenschaften pressgehärteter Bauteile durch eine örtlich begrenzte Aufkohlung
LFT, xii u. 204 Seiten, 58 Bilder, 6 Tab.
2022. ISBN 978-3-96147-568-1.

Band 403: Artur Klos
Werkstoff- und umformtechnische Bewertung von hochfesten Aluminiumblechwerkstoffen für den Karosseriebau
LFT, x u. 192 Seiten, 73 Bilder, 12 Tab.
2022. ISBN 978-3-96147-572-8.

Band 404: Harald Schmid
Ganzheitliche Erarbeitung eines Prozessverständnisses von Tiefziehprozessen mit Ziehsicken auf Basis mechanischer und tribologischer Analysen
LFT, xiii u. 211 Seiten, 78 Bilder, 5 Tab.
2022. ISBN 978-3-96147-577-3.

Band 405: Johannes Henneberg
Blechmassivumformung von Funktionsbauteilen aus Bandmaterial
LFT, viii u. 176 Seiten, 101 Bilder, 2 Tab.
2022. ISBN 978-3-96147-579-7.

# Abstract

Sheet-bulk metal forming as an application of bulk forming processes to sheet metal combines the advantages of sheet and bulk metal forming. Thin-walled and thus lightweight components with integrated functional elements, such as gears or pins, are formed from flat semi-finished products by means of a three-dimensional material flow. This meets the goal of lightweight construction and realizes systems with sustainable application behavior.

In order to further increase the efficiency of sheet-bulk metal forming, the production of functional components from coil is being researched as part of the work. Forming from coil increases the output quantity compared to manufacturing with pre-cut blanks. The objective of this work is to develop a basic process understanding for the forming of functional components from coil. In this context, the coil-specific challenges and their causes with regard to the material flow and the tool loads are identified. Based on this, workpiece-, process- and tool-sided measures for material flow control are researched in order to extend the process limits. In the case of wear-critical measures, their application behavior is investigated in tool life tests and the suitability of the measures for the production of a high number of components is demonstrated. Finally, the results of the work are used to derive application-related recommendations for the sheet-bulk metal forming of functional components made from coil.